Aroma Therapy

아 로 마 테 라 피

전숙경 · 이명심 · 김광희 · 이정선

구민사

JN447801

저자 약력

김광희
연성대학교 뷰티스타일리스트과 스킨케어 전공 전임교수

이정선
을지대학교 학점은행제 미용학 전공 주임교수
아뜰리에 뷰티아카데미 미용학원 영등포캠퍼스 대표

전숙경
향기디자인컨설팅연구소 대표
한국평생학습교육원 아로마아카데미 이사

이명심
라벤더리 에코 앤 뷰티랩 대표
안산대학교 의료미용과 겸임교수

아로마테라피
AromaTherapy

초판 인쇄 2025년 8월 25일
초판 발행 2025년 8월 31일

저　　자 | 전숙경·이명심·김광희·이정선
발 행 인 | 조규백
발 행 처 | 도서출판 구민사
(07293) 서울시 영등포구 문래북로 116, 604호(문래동 3가 46, 트리플렉스)
전　　화 | (02) 701-7421
팩　　스 | (02) 3273-9642
홈페이지 | www.kuhminsa.co.kr
신고번호 | 제2012-000055호(1980년 2월 4일)

I S B N | 979-11-6875-579-6 [93590]
정　　가 | 30,000원

이 책은 구민사가 저작권자와 계약하여 발행했습니다.
본사의 서면 허락 없이는 어떠한 형태나 수단으로도 이 책의 내용을 이용할 수 없음을 알려드립니다.

머리말

현대인들은 극심한 변화를 따라가기 위해 과도하게 긴장하고 불안을 느끼며 과도한 스트레스 속에서 살아간다. 적절한 긴장과 불안은 오히려 삶에 활력을 주기도 하지만, 만병의 근원이 되기 때문에 현대인들은 스트레스 완화를 위한 다양한 치유법에 관심을 기울이고 자연 속에서 건강한 삶을 회복하려고 노력한다.

전 세계인이 함께 '팬데믹'이라는 초유의 사태를 겪으면서 우리는 몸의 건강뿐만 아니라 정신 건강이 얼마나 중요한지 더 뼈저리게 느낀 것 같다. 아로마테라피는 자연에서 추출한 방향성 약용식물의 향을 인체에 적용함으로써 지친 몸과 마음을 활기차게 회복시키고, 스스로의 치유력을 높이는 보완요법이다. 따라서 아로마테라피 관련 지식을 체계적으로 습득하고 다양한 임상 경험과 학술적인 연구를 토대로 안전하고 효과적인 방법으로 적용해야 하며 아로마테라피를 배우려는 사람들을 위한 전문적인 기본서가 필요하다고 생각하여 이 책을 집필하게 되었다.

아로마테라피를 올바르게 실천하기 위해서는 그 개념부터 활용까지의 모든 정보를 상세히 알아야 한다. 이 책은 방대한 정보를 빠르게 습득할 수 있도록 기초부터 심화까지 흐름에 맞게 내용을 편집 및 수록하였다.

특히, 에센셜오일 하나하나에 대한 화학적 구성 성분 다이어그램을 통해 오일이 가지고 있는 신체적 · 심리적 효능에 대한 이해도를 높였다.

이 책은 아로마테라피의 원리와 이해를 전반적으로 설명하였고, 40가지 에센셜오일은 추출한 식물의 학명, 분류, 분포, 추출 부위와 방법, 노트, 화학적 분류, 구성 성분 및 해당 오일이 우리 신체에 미치는 특성과 주의 사항을 표로 정리해서 수록하였다.

또한, 각 신체 시스템별로 아로마테라피의 효과, 증상별 레퍼런스 차트를 적용하였다. 마지막으로 향과 향수에 관한 경험을 바탕으로 지식의 깊이를 더하고 실제 조향에서 활용 가능한 팁을 추가하여 조금이라도 더 편하게 조향에 대한 지식과 호기심을 충족시킬 수 있도록 하였으며, 반려동물에 아로마테라피를 적용하기 위한 가이드라인을 제공하여 아로마테라피가 보다 많은 반려견과 보호자에게 안전하고 친숙한 건강관리 방법이 되기를 진심으로 바라는 마음으로, 도움이 될 수 있는 책이 되기를 기대한다.

우리 각자에게 필요한 향기를 발견하고, 실천 가능한 요법을 익힘으로써 우리 일상이 더 가벼워지기를 바랍니다. 깊이는 있지만 어렵지 않은 이 책 '아로마테라피'를 통해 식물이 선사하는 향기로움과 기분 좋은 영향력을 '우리 모두'가 느껴보면 좋겠습니다. 끝으로 이 책의 출판을 위해 적극적으로 도움을 주신 도서출판 구민사 조규백 대표님과 직원 여러분들께 깊은 감사를 드립니다.

저자 대표

CONTENTS
목차

03 PART 에센셜오일의 추출법

04 PART 아로마 식물학

05 PART 아로마 화학

CONTENTS
목차

06 PART 에센셜오일

07 PART 캐리어오일

08 PART 아로마 블랜딩 예술

09 PART 조향

10 PART 반려동물 아로마테라피

AromaTherapy
APRICOT
Aroma
Therapy
APRICOT

01

아로마테라피 소개

1. 아로마테라피 정의
2. 전인적 아로마테라
3. 아로마테라피 형태
4. 아로마테라피의 역사

01

아로마테라피 소개

1. 아로마테라피 정의

아로마테라피(Aromatherapy)란 Aroma(향기, 방향)와 Therapy(치료, 요법)의 합성어로 향기 나는 식물(Herb)의 꽃, 잎, 줄기, 뿌리 등에서 추출한 휘발성 정유(에센셜오일)의 에너지(氣)를 이용하여 몸과 마음을 건강하게 하고, 우리 몸 안에 있는 자가 면역력을 증강시켜 주는 자연 치료법을 의미한다.

향기 나는 식물의 꽃, 줄기, 잎, 뿌리, 열매 등에서 추출한 100% 순수한 정유(精油, 에센셜오일)를 호흡기 또는 피부를 통해 체내에 흡수시켜 몸과 마음을 치유한다. 약용식물에서 추출한 에센셜오일의 향기 입자는 코의 후각신경을 자극하여 뇌신경 전달 신호로 변환되어 뇌로 전달되면 인간의 본능과 감정을 관장하는 변연계와 생리기능, 내분비를 주관하는 시상하부 등 중추신경 기관

에 직접적인 영향을 주어 호르몬 분비를 조절하고 균형을 맞추는 등 인체의 중추신경계 전반에 걸쳐 작용하여 긍정적인 심리적, 신경적 변화 등을 일으킨다.

피부에 에센셜오일을 적용시키면 분자 크기가 작은 향 입자는 신속히 피부를 통과하여 혈관으로 유입되어 체내 전체 장기 속으로 흡수되어 작용한 뒤 수 시간 내로 배출된다. 또한 호흡을 통해 흡수되는 모든 향기 입자도 폐로 유입되어 가스 교환 시 곧바로 혈관을 통과하여 혈액 속으로 녹아 들어가 최종적으로 인체의 각 부위에 영향을 주게 된다.

누구나 빠른 효과를 위해 합성 의약품에 의한 치료를 시도하지만, 지속적인 사용에 의한 내성과 부작용, 거부 반응 등 많은 문제점을 가지고 있다. 이러한 문제점을 해결하거나 보완하기 위한 방편으로 많은 자연 대체 요법들이 등장하였다. 아로마테라피는 스트레스 해소, 통증 완화 등의 목적과 건강과 아름다움의 유지 증진에 도움을 주는 고대로부터 내려오는 자연요법이다.

에센셜오일을 사용하여 마사지하는 방법은 고대부터 의학적으로 사용되어 왔으며, 오늘날 가장 자연적이고 효과적인 대체의학의 한 분야로 인정받고 있다. 또한 1980년대에 건강과 웰빙에 대한 관심이 고조되어 화장품에도 자연 성분의 첨가가 새로운 기조로 자리 잡으면서 오일의 사용이 일반화되었다. 최근에는 환경에 대한 이슈와 치약의 유해한 화학성분 논란으로 천연제품이 더욱 각광을 받고 있다.

2. 전인적 아로마테라피(Holistic Aromatherapy)

약에만 의존하지 않고 자연의 소재를 이용해서 인간이 본래 갖고 있던 자연 치유력(자가 면역력)을 높여서 병의 원인이 되는 스트레스나 심신의 불균형 상태를 신체적, 정신적, 감정적, 영적인 차원에서 치유 개선의 효과를 가져오는 전인 치료(Holistic) 요법이다.

통상적인 의학에서 '몸'은 신체적인 면을 나타내지만 전인론적인 접근으로 '몸'은 육체, 정신, 영혼의 복합을 의미한다. 전인론적 아로마테라피는 병에 직접적으로 작용하기보다는 총체적인 치료에 목적을 둔다. 즉, 몸의 자연 치유력을 높이는 것을 목적으로 한다.

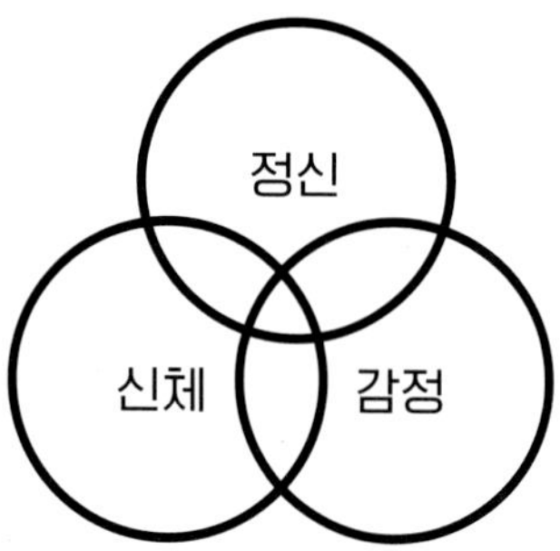

건강을 향상시키는데 있어
증상만을 다루는 것이 아니라
신체, 정신, 감정을 모두 고려하여 치유

3. 아로마테라피 형태

1) 코스메틱 아로마테라피(Cosmetic aromatherapy)

피부와 헤어 등의 화장품 제조를 위한 에센셜오일의 사용을 말한다. 에센셜오일을 이용하여 토너, 클렌징, 보습 등을 위한 얼굴 및 전신 피부 관리용 제품이나 헤어용 제품 등 화장품 제조에 사용되고 있다.

2) 심리적 아로마테라피(Psychological aromatherapy)

에센셜오일은 가볍고 휘발성이 크므로 호흡기 및 피부를 통하여 우리의 몸속에 쉽게 흡수될 수 있고, 마사지, 흡입, 목욕법 등의 다양한 적용법을 통해 스트레스를 해소하거나 심신의 균형을 잡아주어 건강을 증진시킨다.

3) 치료적 아로마테라피(Healing aromatherapy)

과학의 발달과 더불어 의학도 전문화 및 세분화가 이루어지고 있다. 치료적 아로마테라피는 질병의 치료에 에센셜오일을 사용하는 것을 말한다.

4) 마사지 아로마테라피(Massage aromatherapy)

에센셜오일을 마사지에 결합시킨 방법으로 전문 아로마테라피스트에 의해 이루어지며, 심신에 커다란 영향을 미친다. 아로마 마사지는 마가렛 모리(Marguerite Maury)라는 프랑스의 생화학자에 의해 시작되었으며, 다양한 마사지 기법과 아로마오일을 이용하여 스트레스 경감과 근육 긴장 완화를 통해 개개인의 자연 치유력을 증대시켜 정상적인 심신의 상태가 될 수 있도록 도와준다.

5) 후각 아로마테라피(Olfaction aromatherapy)

후각 효과만으로 중추신경계에 강력한 영향을 미칠 수 있다. 향기 연구가들에 의하면 향은 정신세계에 영향을 미치고 감정을 불러일으키며 스트레스와 고혈압을 억제시킨다고 한다. 아로마테라피는 후각 시스템을 통하여 오일의 향이 바로 뇌로 전달되고 모세혈관벽을 통과하게 된다. 흡입한 에센셜오일은 기억이나 연상을 자극하고 분위기와 느낌의 전환, 학습과 관련된 뇌의 외피질 부분을 자극하는 효과가 나타난다.

4. 아로마테라피의 역사

아로마를 사용하기 시작한 정확한 시기를 알아내는 것은 불가능하지만, 역사적 자료를 바탕으로 아로마테라피의 기원을 거슬러 올라가면 인류가 이 땅에 탄생한 선사시대 이전까지 거슬러 올라갈 수 있다. 당시의 원시인들은 자연습득 혹은 시행착오적인 경험을 바탕으로 주변에 산재한 특정 식물의 치유 효과를 알게 되고 이를 이용하는 방법을 알고 있었다.

아로마는 대부분 고대문명에서 사용되었고 최소한 6000년이 되었다고 여겨진다. 고대인들은 약효를 가진 식물이 신비한 힘이 있는 자연의 혼이라고 믿었고, 인류가 향유를 사용한 것은 아마도 훈향이 시초일 것이다. 향료의 어원이 "연기를 통하여"라는 라틴어인 'Perfumum'에서 유래한 것처럼 아로마테라피는 훈증에서 시작되었다고 볼 수도 있다.

'아로마테라피'라는 용어는 1930년대 프랑스의 '르네 모리스 가트포세'가 저술한 책에서 처음 등장했으며, 식물을 심신치유나 종교적 의식 및 화장품, 요리, 향료 등의 용도로 사용하기 시작한 것은 인류의 역사와 같이 시작했다고 볼 수 있다.

고대 인도에서는 백단 또는 열대성 식물들을 힌두교의 분향 의식에 사용하였고, 이집트나 메소포타미아 지역에서는 유향과 몰약이 대표적인 훈향의 용도로 사용되었다.
그 외 기원전 5500년경 메소포타미아 지방에 살던 수메르인들은 처방전,

식물 이름, 조제 방법 등을 적은 치료법을 점토판에 가록하였고, 아시리아에서는 200여 종의 약초를 의약, 화장, 미용, 종교의 용도로 사용하였다고 기록이 전해진다. B.C 1555년경으로 추정되는 의학서에 모든 질병에 대한 치료를 언급하였고, 적용 방법은 오늘날의 아로마테라피와 허브(약초)요법에서 사용하는 방법과 유사하다.

1) 고대 원시인

고대 원시인들은 식물을 식용으로 이용하기까지 많은 시행착오를 거치며 음식이나 난방용 땔감으로 이용하는 정도에 그쳤지만, 기원전 18000년경 프랑스의 동굴 벽화에서 발견된 자료에 의하면 식물을 주술적, 의학적 목적으로 사용한 내용의 그림이 발견되었다.

식물학자들은 신석기 시대인 6000~9000년 전에 최초로 올리브, 아마씨, 참깨에서 추출한 식물 성분을 사용했다고 한다.

2) 인도

인도에서는 약 5000년 전에 아율베딕(Ayurvedic)이라고 불리는 약학서에 각종 식물과 그 식물에서부터 추출한 성분들을 분류하고 자연의 조화에 맞게 치료하는 요법이 행해졌다. 산스크리트어인 아율베다(Ayuveda)의 어원은 생명, 삶, 활기, 건강, 수명, 장수를 뜻하는 아율과 지식 또는 지혜를 뜻하는 베다가 합쳐진 것으로, 과학적, 종교적, 철학적 요소를 두루 갖춘 의학 서적으로 볼 수 있다.

B.C. 2000년경에 쓰인 베다 경전에는 700여 개의 유용한 방향식물과 이 식물들의 특성이 기록되어 있다. 인도의 약용식물은 서양의학에서 치료의 목적으로 쓰이고 있으며 아로마테라피에 이용되고 있다.

아율베다 의학에서는 인간에게는 고유한 3개의 도사(dosa: 체질, 즉 몸과 마음 상태를 의미)가 있다고 보았다. 바타(vata: 공기와 바람의 요소), 피타(pitta: 불과 물의 요소), 카파(kapha: 물과 흙 요소)가 있다고 보며, 이들의 균형이 깨지면 아그니(소화를 시키는 불)가 약해져서 아마(소화되지 않은 물질)가 생기고 이것이 몸 안의 수많은 통로를 막아 병이 된다는 것이다.

아율베다에서는 이러한 도사의 불균형을 회복시키기 위해 체질과 상태에 맞추어 처방하는 법을 가르쳤고, 인간의 질병을 예방하고 치료하는 것은 자연 속에서 조화를 맞추는 데 있다고 생각했다. 인도는 향료의 나라로 향신료가 넘쳐나 지금도 세계에서 가장 큰 향신료 시장을 갖고 있다.

질병의 치료나 종교의식에 사용하였던 계피(cinnamon) · 생강(ginger) · 백단향(sandalwood) · 몰약(myrrh) 등은 인도에서 가장 광범위하게 쓰이는 신성한 약용식물들이다.

3) 중국

중국인들은 약용으로 사용되는 다양한 식물들의 치료적 효능에 관심을 갖고 인간과 자연 만물의 순환과 조화에 관해 깊이 탐구하였다. 기원전 2650년 전 편찬된 중국의 '황제내경'(Yellow Emperor's Book of Internal Medicine)은 주로 병의 원인과 치료법을 기록한 현존하는 가장 오래된 의학 서적이다.

기원전 1000년 전 신농이 편찬한 '신농본초기(神農本草記)'는 약물 식물에 관한 가장 오래된 문헌으로 350종류의 약물의 맛과 성질에 관해 서술하고 약물이 배합되는 처방 원리를 구체적으로 기록해 놓았다. 독성에 따라 상약, 중약, 하약으로 나누어 상약은 몸에 기(氣)를 보태고 독이 없으므로 장기간 복용할 수 있으며, 중약은 독성이 약해 질병을 치료하고 몸을 이롭게 하는 데 사용되며, 히약은 독이 많으므로 병을 치료하는 것에만 사용하고 오래 복용할 수 없다고 분류하였다.

중국의 아로마테라피의 가장 중요한 기여는 감귤류이다. 대부분의 감귤류는 중국에서 유래되었다고 여겨지며 네롤리는 10세기 아랍인들에 의해 지중해에 전해졌다. 중국에 영향을 받은 우리나라도 백두구(cardamon), 박하(Pepermint), 몰약(Myrrh), 유향(Frankinsence), 계피(Cinnamon), 생강(Ginger), 우슬초(Hyssop), 정향(Clove bud), 곽향(Patchouli) 등 아로마테라피에서도 사용되지만, 현재 우리 한의학에서도 주로 쓰이는 약재들이다. 이러한 약재들은 그 이용 방법에 차이가 있을 뿐 동 · 서양 모두에서 치료 약재로써 비슷한 효과를 위해 사용되고 있다는 점에 주목할 필요가 있다.

4) 이집트

이집트인들은 아로마오일을 의학, 미용, 종교적 목적 등으로 광범위한 분야에 사용한 민족이다. 기원전 4500년부터 향유, 수피, 수지, 향신료 등이 의료용 또는 화장용으로 사용되고 있었다는 것이 기록되어 있으며, 이집트 신전에는 향료의 연구소가 설치되어 있었다. 이집트인은 고대 세계 전체에 향료의 사용법을 가르치고 있었다.

인류 최초의 '향'으로 알려진 것은 기원전 14세기 18왕조 파라오 왕인 투탄카멘 무덤 안에 있던 향유이다. 20세기 발견 당시 세계인들을 놀라게 했던 향유는 손에 묻으면 녹는 끈적끈적한 고체에 가까운 물질이었으며 냄새는 풍부하면서 은은한 향기였다. '기피(Kyphi)'로 알려진 이 향은 신과 동격이었던 제사장이 신과 소통하기 위해 즐겨 사용하였다. 또한 사후세계를 위해 시체가 부식되지 않도록 미르(몰약), 시나몬, 주니퍼, 카다몬, 유향 등의 방향성 수지를 사용하고, 아마천으로 시체를 봉하여 미이라를 만들었다. 성직자이자 제사장인 이들은 에센셜오일의 방부 작용을 알고 있어 시체 보존과 부패를 방지할 목적으로 사용하였고, 이를 미라(Mirae)로 불렀는데 이는 강한 방부 작용을 하는 몰약(Myrrh)의 이름에서 유래한 것이기도 하다.

고대 이집트 사원들은 종교 행사를 주관하는 장소뿐만 아니라 향유를 연구하고 실험하는 장소로서의 역할도 하였으며, 사제들은 향유의 배합법에도 많은 연구를 하였다고 한다. 특히 향유를 발달시킨 3대 왕들이 있는데 네페르티티, 네페르타리, 클레오파트라가 대표적이다. 과도한 향료의 사용으로 국가가 위기에 빠지자, 파라오들은 계급에 따라 사용할 수 있는 향을 정하여 과도한 사용을 금지하기도 했다. 파라오 클레오파트라는 카이사르가 죽은 후 배의 돛에 감송(Spikenard)과 계피(Cinnamon) 향을 미풍에 실어 보내 옥타비아누스와 안토니우스를 유혹했으며, 매일 향유를 이용해 목욕하고 장미, 백합 등의 향이 담긴 향유를 몸에 발랐다.

5) 그리스

그리스인은 대부분의 의학지식을 이집트인으로부터 얻었다. 이집트를 거쳐 그리스로 퍼진 향유는 귀족의 권력과 부의 상징이 되었다. 그리스 출신의 '의학의 아버지'로 불리는 히포크라테스는 아로마 목욕은 특히, 여성의 질병에 도움이 되고 다른 상태에서도 도움이 된다'라고 기록했다. 주니퍼, 프랑킨센스, 몰약, 로즈 등의 식물을 의학적으로 사용하였으며 아로마 목욕과 향유를 발라 건강을 유지할 수 있다고 기술할 정도로 방향식물을 이용한 향기요법의 효과를 확신했다.

데오파라투스(Theophratus)는 B.C 300년경 '식물학의 탐구(Enquiry into Plants)'라는 책을 저술하여 훗날 식물학의 아버지로 불렸다. 그는 '자스민 향이 낮보다 밤에 향이 더 진하다'는걸 발견했다.

메갈러스(Megallus)는 자신의 이름을 따 '메갈론(Megaleion)' 이라는 향수를 만들어 상처 치료용이나 세균으로부터의 감염을 줄이는 약으로 사용했다.

6) 로마

이집트와 그리스에 영향을 받은 로마인들은 유흥과 치료를 위해 다양한 방향식물을 이용한 목욕, 마사지법을 사용하였으며, 네로황제는 특히 통증 치유에 종종 장미오일을 사용했다고 한다. 로마제국이 유럽으로 확장됨에 따라 로마 군인들의 상비약으로 사용되는 여러 가지 약용식물들이 유럽 전역으로 전파되었다. 이 시대에 이미 향유가 상처를 치유하거나 불쾌한 냄새를 중화하고 질병이나 오염된 냄새를 막을 수 있다고 인식되었다.

로마 군인들은 곳곳에서 수집한 식물과 종자들을 바탕으로 식물의 효능에 대한 지식을 가지고 있었다. 그들은 지중해 연안의 더운 지역에서 자연 서식하는 프렌치 라벤더(Lavandula stoechas)를 향기 나는 목욕을 위해 사용하였는데, 라틴어의 'lavare'는 '씻다'의 의미를 담고 있다. 1세기경 로마군 소속 그리스인 디오스코리테스(Dioscorides)는 자신의 저서 'De Materia Medica'에 약 500여 종에 해당하는 식물에 대해 상세한 내용들을 기록하였다.

7) 이슬람 문화의 영향- 중동(아랍)

5세기 로마제국 멸망과 함께 학문의 중심이 동쪽으로 이동하여 가레노스, 히포크라테스, 디오스코리데스의 공적이 아랍인에게 빠르게 받아들여졌고, 약초와 그 외의 동식물로 만든 약을 치료와 화장에 사용하였다. 약초의 배합법과 사용법, 증례는 아랍군의 유럽 침략과 함께 역수입하게 되었다.

11세기 아랍의 물리학자인 아비세나(Avicenna 980-1037)는 많은 책을 저술하였는데, 그중 'Canon of Medicine'은 약용식물을 이용한 치료 및 마사지에 관한 내용이 포함되어 있으며, 수 세기 동안 유럽의 권위적인 의학서로 사용되었다. 또한 아비세나는 최초로 장미에서 에센셜오일을 증류하는 법을 고안하여 에센셜오일을 더욱 쉽게 생산, 보존할 수 있게 하였으며, 그가 개발한 로즈워터는 13세기까지 유럽 사람들에게 널리 애용되었다.

아랍인들은 최초로 냉각장치를 이용한 증류법에 의해 순수한 에탄올을 얻게 되었으며, 지방유 대신 에탄올이 아로마오일을 추출하는 새로운 용매로 사용하게 되었다. 증류장치의 개발로 알코올이 아라비아에서 제조된 이후 유럽에 알려지면서 향수에 알코올이 첨가되기 시작했고, 이로부터 현대적 의미의 향수가 제조되기 시작했다. 1370년 지금의 "오뜨 뚜알렛" 풍의 향수인 "헝가리 워터"는 로즈마리오일을 에탄올에 녹여 만든 것이었다. 헝가리 워터는 14세기 헝가리의 엘리자베스 여왕이 애용하던 '콜로뉴(Cologne: 화장수)'로, 엘리자베스 '여왕의 물' 또는 아름다움을 유지하게 하는 '영혼의 물'이라고도 불린다. 처음엔 로즈마리 추출물로만 만들었으나 후에 라벤더와 마조람을 포함해서 만들게 된다.

헝가리 워터는 당시 70세였던 엘리자베스 여왕이 수도사가 바친 헝가리 워터를 수족 마비와 통풍을 치료하는 데 사용했다고 한다. 헝가리 워터를 온몸에 바르는 것은 기본이고 입욕제, 화장수 등으로 사용하자 지병이 다 나았을 뿐만 아니라 더욱 아름다워져 72세에 폴란드 국왕으로부터 청혼을 받았다는 유명한 일화가 전해지고 있다. 당시 사용한 헝가리 워터의 주재료는 로즈마리나 시더우드였는데, 세월이 흐르면서 점차 다양한 재료를 이용하게 되었다고 한다.

8) 중세

12세기 많은 십자군 기사들이 향유와 향수뿐 아니라 증류법의 지식도 가지고 되돌아왔다. 12세기 독일 수녀원장이었던 힐더가르트(Hildergard)는 라벤더의 치료적 효능에 관해 기술했다. 또한 이탈리아의 한 연금술사는 포도주를 증류하던 중 발생하는 알코올을 이용해 각종 향신료의 향을 오랫동안 유지시키는 방법을 발견하였다. 알코올에 용해된 발향 물질은 '향수'로 사용되었으며, 헝가리의 엘리자베스 여왕은 1370년경 로즈마리와 알코올을 이용해 만든 '헝가리 워터'를 사용해 건강을 되찾고 아름다움을 유지하였다 .

6세기부터 14세기 중세 유럽에서는 의학상의 진보는 별로 없었지만 1492년 크리스토퍼 콜럼버스가 신세계(북미대륙)에 발을 들여놓으며 유럽에 신종 식물을 가져왔으며, 중세 유럽에서의 향기 문화에 변화가 생긴 계기는 14세기 유럽 인구의 1/3이 희생된 흑사병 등 각종 전염병의 창궐 때문이었다.

14세기부터 17세기까지 유럽에는 주기적으로 전염병(흑사병)이 유행하였는데 아로마를 취급했던 사람들은 대부분 전염병에 걸리지 않았다고 한다. 이때 유럽 사람들은 마당이나 길거리에서 소나무나 로즈마리 등을 태워 질병의 확산을 막았다고 한다. 이는 아로마에센셜오일의 강력한 살균 효과를 입증해 주는 것이라 하겠다.

9) 현대의학의 개막

18~19세기는 과학혁명과 산업혁명으로 유기화학이 발전하면서 많은 종류의 향료가 본격적으로 연구되고 분석되었으며, 더불어 합성되기 시작하였다. 많은 에센셜오일의 화학성분이 발견되었고 화학명이 생겨났으며, 특정한 치료적 성분만을 분리하여 단독으로 쓰거나 천연향의 이름만 따온 합성된 향

료들이 생겨났다. 과학혁명으로 인해 이 시기의 의학은 성분의 발견에 힘입어 자연 식물을 그대로 이용하기보다 합성된 화학약품을 사용하는 쪽으로 발달하기 시작하였다.

10) 프랑스의 아로마테라피

19세기 프랑스에서 미생물의 역할은 많은 질병을 발생시키는 것으로 밝혀졌고, 몇몇 에센셜오일들은 항균성 물질이라는 것을 깨닫게 되었다.

(1) 르네 모리스 가테포세(Rene-Maurice Gattefosse)

프랑스 화학자 르네 모리스 가테포세는 어느 날 실험실에서 실험을 하던 중 손에 화상을 입어 우연히 라벤더가 들어 있는 오일통에 손을 넣게 된다. 그런데 이상하게도 화상 입은 손이 상처나 수포 없이 빨리 치유되는 것을 발견하였다. 그 이후 많은 에센셜오일들을 연구하여 에센셜오일들이 뛰어난 방부제 역할을 한다는 것을 발견하였다. 그는 1928년 'Aromatherapie' 라는 책을 저술하게 되는데 이때 처음 용어가 사용되었다.

(2) 장발렛(Dr. Jean Valet)

프랑스 군의관(외과의)으로서 1948년에서 1959년까지 인도차이나 전쟁 중에 상처를 치유하는데 아로마오일을 사용하여 큰 성과를 거뒀으며, 전쟁에서 정신적인 고통을 호소하는 환자들에게 정서적, 심리적 치료로 아로마오일을 성공적으로 이용하였다.

(3) 마가렛 모리(Marguerite Maury)

오늘날 실용화된 전인적 아로마테라피의 개발에 많은 역할을 한 사람은 프랑스 생화학자인 마가렛 모리(Marguerite Maury) 여사이다. 그녀는 장발레의 아로마테라피 연구를 응용, 발전시켜 의학과 건강, 에스테틱(Aesthetic)을 접목하여 마사지에 기초를 둔 아로마테라피를 연구하였다. 마가렛 모리 여사는 에스테틱 아로마테라피의 정립을 위해 노력하였으며, 에센셜오일의 피부 재생 효과에 대해 연구하였다. 1961년 출간된 '생명과 젊음의 비결(The Secret of Life and Youth)'은 마사지뿐 아니라 사람의 마음에 변화를 줄 수 있는 정신치료 물질로서 에센셜오일의 중요성을 강조했으며, 영국으로 이주한 후에도 그의 제자들에 의해 여전히 활발한 연구가 진행되어 아로마테라피 클리닉을 영국에 설립했다.

프랑스에서 아로마테라피는 의사들에 의해 생약과 함께 넓게 처방되고 있으며, 최근에는 합성된 화학약품의 치료보다는 자연요법에 대한 많은 관심과 연구가 이루어지고 있다. 아로마테라피, 동종요법(Homeopathy), 동양 전통의료 등이 많은 관심을 받고 있다.

현재 아로테라피를 적극적으로 발전시켜 나가는 사람들로는 영국의 미셸린 아셔(Micheline Arcier), 로버트 티저랜드(Robert Tisserland), 셜리 프라이스(Shirley Price) 부부, 가브리엘 모제이(Gabriel Mojay), 호주의 살바토레(Salvatore Battaglia), 미국의 쿠르드 슈나우베츠(Kurt Schnaubelt), 프랑스의 피에르 프랑콤(Pierre Franchomme), 다니엘 페노엘(Daniel Penoel) 등이 있다.

근대 아로마테라피의 발전사

국가	발전 분야	인물
프랑스	· Medical & Clinical Aromatherapy · Phytotherapy	· 1928년-르네 모리스 가테포세 저서: 〈Aromatherapie〉 · 1964년-장발레 저서: 〈The Art of Aromatherapy〉 · 1978년-벨라세 · 1990년-피에르 크랑콤 다니엘페 노엘
영국	· Aesthetic Aromatherapy · Holistic Aromatherapy	· 1961년-마가렛 모리 저서:〈The Secret of Life and Youth · 1971년-티저랜드 저서: 〈Art of Aromatherapy〉
기타	· Aromachology	· 1973년-제리넥

Aroma
Therapy
APRICOT
GRAPEFRUIT
APRICOT

02

에센셜오일의 이해

1. 에센셜오일의 정의
2. 에센셜오일의 작용기전
3. 에센셜오일의 체내 흡수경로 및 배출
4. 에센셜오일의 추출부위
5. 에센셜오일의 품질 검증 및 화학적 분석
6. 에센셜오일의 안전성
7. 에센셜오일의 일반적인 안전 수칙

02

에센셜오일의 이해

1. 에센셜오일의 정의

에센셜오일이란 아로마테라피의 근본이 되는 물질로 향기 나는 식물의 꽃, 잎, 줄기, 뿌리, 열매, 껍질, 수지 등에서 다양한 방법으로 추출한 휘발성 정유(Volatile oil)를 뜻한다. 토양 에너지(음)와 태양에너지(양)의 음양 조화에 의해 식물이 성장을 하게 되는데, 에센셜오일은 식물이 가지고 있는 이러한 에너지(氣)를 그대로 간직한 물질이라고 할 수 있다. 아로마테라피는 이 식물의 생명력에 도움을 받아 인간의 자연 치유력, 생명력을 높여주는 자연요법이라 하겠다.

지구상에는 대략 50만 종류의 식물이 존재한다. 그중에서 허브라 불리는 것은 약 3,500종류이고 아로마테라피에 사용되는 정유가 추출되는 식물은 그 허브 중에서 약 200종류로 추정된다. 대부분의 식물은 스스로 번식, 성장하는 힘을 가지고 있고 병을 고치고 상처를 아물게 하며 소독 및 방부 효과가 뛰어나다.

에센셜오일의 거의 모든 분자는 탄소와 수소 또는 탄소, 수소, 산소로 구성되어 있다. 에센셜오일은 식물의 종류에 따라 구성 물질이 달라지며, 추출 방법이나 지역적 조건에 따라 향이나 효과가 달라진다. 또한 식물마다 추출하는 부위가 다르며 추출률이 많으면 10% 이상, 적은 경우는 0.05%로 미미하다.

피부와 호흡기를 통해 흡수된 오일 분자는 혈액순환을 통해 전신을 순환하다 친화력을 가진 장기를 찾아 기능을 활성화하는데, 이러한 점은 인체의 호르몬과 유사하므로 정유를 사용할 때는 각별한 주의가 필요하다.

2. 에센셜오일의 작용기전

1) 약리적 효과

에센셜오일이 피부 등을 통해 혈관으로 들어가거나 신경전달물질, 호르몬, 효소 등과 반응하여 화학적 변이를 일으킴으로써 긍정적 효과를 준다.

2) 생리적 효과

냄새가 인식되는 것은 정보가 간뇌의 시상하부에 도달할 때이다. 여기는 중계지점이기도 하며 자율신경, 호르몬, 면역기능 등을 컨트롤하는 중추이기도 하다. 여기에서 뇌와 그 밖의 부위에 정보가 나누어진다.

예를 들면, 라벤더의 향은 시상하부로부터 세로토닌(serotonin)이란 생리활성 물질을 분비한다. 레몬의 경우에는 레몬에 포함된 리모넨이란 성분이 혈관을 확장시키는 작용이 있어 혈류의 흐름을 원활하게 하여 체온을 상승시키는 효과가 있다.

3) 심리적 효과

냄새의 정보가 뇌의 대뇌 기저에 있는 해마란 곳에 전해지면 해마는 기억의 축적을 담당하고 있기 때문에 옛날에 좋았던 향일 경우에 '그립고 행복한 기분을 주는 향기'란 감각이 발생한다. 이것이 정신의 릴랙스에 연결되는 것이다.

3. 에센셜오일의 체내 흡수경로 및 배출

1) 에센셜오일의 체내 흡수경로

정유는 호흡을 통하여 후상피, 후신경을 경유하여 뇌에 전달되어 인체에 영향을 끼치는 데 약 1.2초가 걸린다. 그러나 마사지 등을 통한 경피 흡수의 경우, 혈액에서 정유 성분의 검출은 정유의 침투력에 따라서 다르지만 약 20분 후에 나타난다는 보고가 있으며, 전신에 충분히 영향력을 끼치는 데는 2시간이 소요된다고 한다.

다음은 에센셜오일의 인체 흡수경로이다.

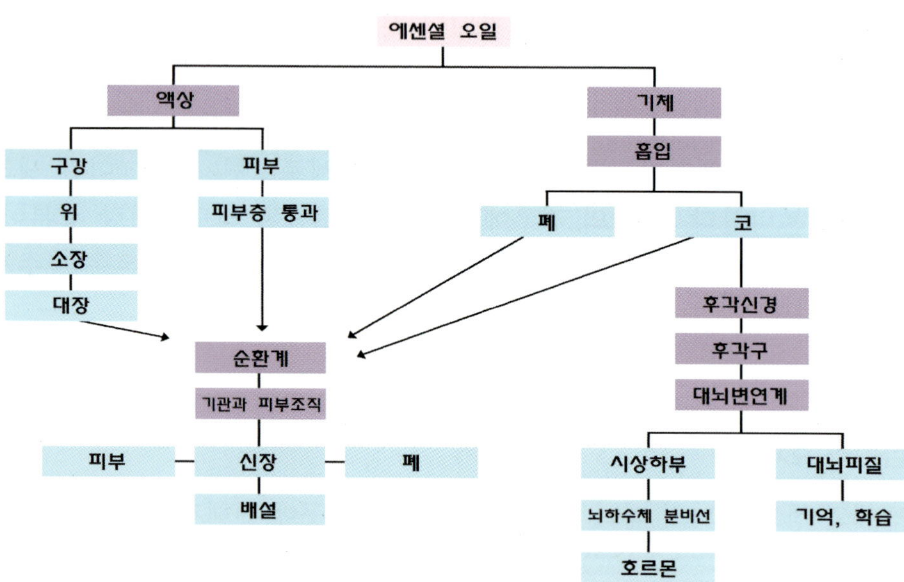

(1) 피부로부터 흡수되는 경로

정유를 식물성오일로 희석하여 피부에 바르거나 알코올, 소금, 우유, 꿀 등으로 희석한 정유를 욕조에 넣어 목욕함으로써 정유가 피부를 통하여 모세혈관에 흡수되어 혈액과 함께 흘러 기관, 조직으로 확산된다.

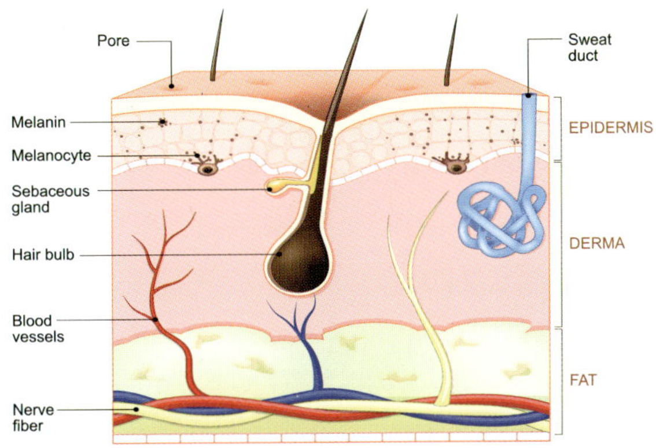

(2) 호흡을 통해 폐로 흡수되는 경로

호흡과 함께 향의 분자가 코, 기관, 기관지를 통해 폐에 들어가 혈관 속으로 흡수된다. 흡수된 향의 성분은 혈액과 함께 각 기관, 조직으로 운반, 분해되어 그 효과를 발휘한다.

(3) 코를 통해 뇌에 흡수되는 경로

향의 분자는 비강에서 수용되어 비강의 안쪽 깊이 있는 후상피에 도달한다. 후상피는 향을 인식하는 1,000~5,000만 개의 후신경세포가 존재하며 이 후신경세포의 표면에 후선모가 있다.

이 후선모의 끝부분에 향 분자와 결합하는 수용체가 있어 향 분자는 이 수용체와 결합한다. 향의 신호는 후신경세포로부터 뇌로 이어지는 축색을 거쳐 뇌의 후구에 전달되어 냄새의 정보를 여러 종류의 세포가 그 종류대로 해석하고, 그 해석된 정보가 뇌의 대뇌변연계를 거쳐 시상하부에 도달한다. 시상하부에 도달한 향의 신호는 시상하부를 자극하여 인체 활동을 위한 시스템을 움직이게 하는 역할을 한다.

코 ⇒ **후두** ⇒ **기관지** ⇒ **폐** ⇒ **순환계** ⇒ **전신**

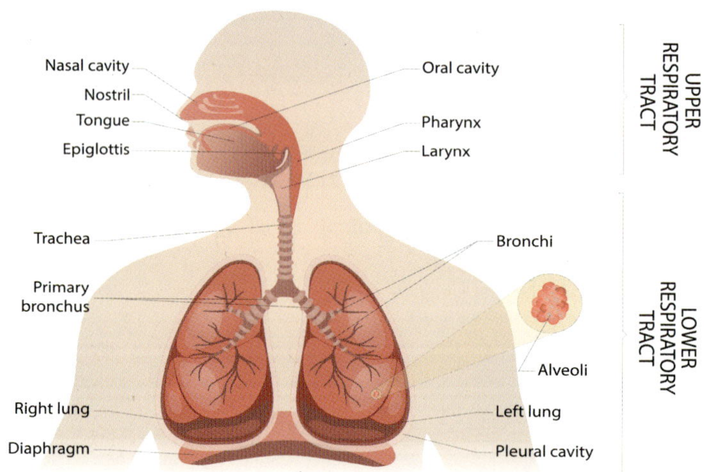

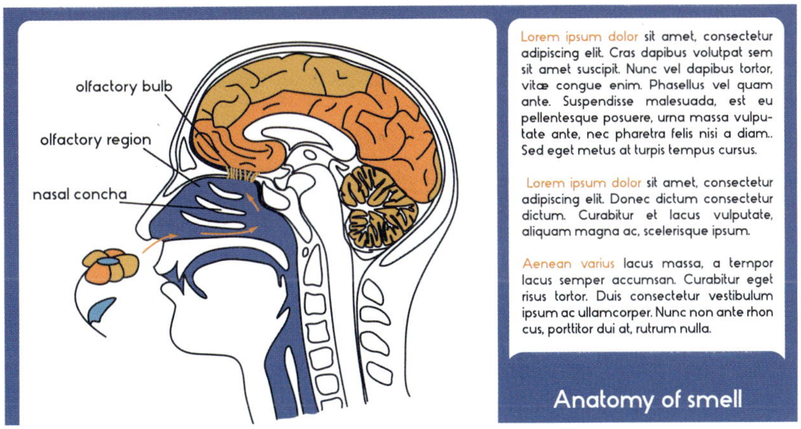

Tip 1

대뇌변연계

변연계는 '후각뇌'라고도 한다. 대뇌피질과 시상하부 사이의 경계 부위에 위치하며 신피질에 의해 덮여있다. 변연계는 다른 구조물과 신경연결들이 연결되어 있어서 감정이나 행동, 욕망 등의 조절 능력에 영향을 주며 학습, 기억과 관련 있는 해마(Hippocampus)가 있다.

Tip 2

시상하부

시상하부는 자율신경계와 내분비계통을 조절하여 이상적인 레벨이 되도록 한다. 시상의 밑에 위치하며 뇌 전체 부피의 1% 이하를 차지하고 있다. 항상성 유지를 위한 중추로 작용하며 배고픔이나 목마름과 같은 본능과 감정을 지배하고 분노, 두려움, 슬픔, 성적충동 등의 다양한 행동 조절을 담당하는 중추로도 작용한다.

2) 에센셜오일의 배출

배출은 여러 형태로 나타나는데 우선 호흡을 통한 배출, 땀을 통한 배출, 신장을 거쳐 소변으로의 배출 및 림프순환을 통한 배출 등을 들 수 있다. 림프계의 기능은 모세혈관을 통하여 여과되어 나온 단백질이나 체액를 다시 순환계로 돌려주는 역할, 소장에서 흡수한 지방을 순환계로 전달하는 역할, 외부 병원균을 잡아서 파괴하는 역할 등이 있다.

다음은 림프의 순환 모식도이다.

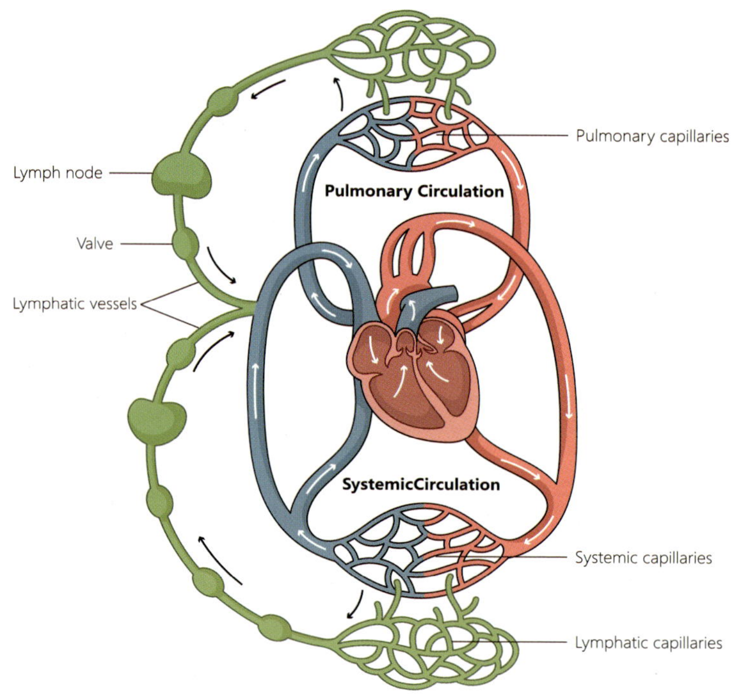

4. 에센셜오일의 추출부위

에센셜오일은 꽃, 잎, 과실뿐만 아니라 뿌리, 줄기 그리고 다른 식물 부위 등 여러 가지 방법으로 추출한 고농도 원액을 말한다. 흔히 에센셜오일을 생산하는 식물은 꽃에서만 얻어지는 자스민과 같이 식물 한 부위에서만 생산될 수 있지만, 비터오렌지의 경우는 3가지 부위에서 에센셜오일이 생산된다. 예를 들면, 잎으로부터 페티그레인, 꽃에서 네롤리, 과실 껍질에서 비터오렌지 에센셜오일을 얻는다.

에센셜오일 추출 부위

식물의 부위	에센셜오일
꽃	자스민, 네롤리, 장미, 일랑일랑, 카모마일
잎	유칼립투스, 티트리, 로즈마리, 페퍼민트, 시트로넬라, 레몬글래스, 피티그레인, 팔마로사, 파초올리
수피	시나몬
수목	시더우드, 샌달우드, 로즈우드
뿌리	진저, 베티버
전체 식물	제라늄, 라벤더, 로즈마리, 스파이크 라벤더
종자	펜넬, 코리안다
수지	프랑킨세스, 몰약, 벤조인
과피	버가못, 레몬, 만다린, 오렌지, 그레이프후룻

식물에 오일 분비관이 많을수록 에센셜오일을 많이 생산할 수 있고, 식물마다 추출할 수 있는 에센셜오일의 함량이 다르다.

정유(Essential oil)	정유의 함량 (The content of essential oils)
카모마일 저먼(German chamomile)	0.2 ~ 0.4 %
클로버(Clove leaf)	2.0 ~ 3.0 %
유칼립투스(Eucalyptus)	10 % 이상
자스민(Jasmine)	0.2 % 미만
네롤리(Neroli)	0.08 ~ 0.1 %
로즈(Rose)	0.02 ~ 0.05 %
에버래스팅(Everlasting)	0.07 ~ 0.09 %

5. 에센셜오일의 품질 검증 및 화학적 분석

아로마테라피는 좋은 품질의 에센셜오일을 사용해야 한다. 세계에서 생산되는 에센셜오일 중 단 5%만이 아로마테라피에 이용되고 있다. 그 외에 가장 많이 사용되고 있는 곳은 식품제조업, 향료 및 화장품 제조업, 제약회사, 화학제조업 등이다.

식품, 향료, 화장품 산업은 향의 일관성이 중요하기 때문에 생장 환경에 민감한 천연의 에센셜오일보다 합성 향을 더욱 선호하지만, 종종 자연에서 발견되는 것과 비슷한 향을 만들기 위해 에센셜오일의 화학성분을 재구성하기도 한다. 아로마테라피에 사용하는 에센셜오일은 출처가 확실한 순종의 오일이어야 한다. 기본적인 기준조차 갖추지 못한 에센셜오일은 사용자의 건강과 행복에 잠재적인 위험 요소를 내포하고 있기 때문에 아로마테라피에 사용하지 않는다.

에센셜오일의 품질 기준

- 식물학상의 이름(학명)
- 사용된 식물의 추출부위
- 원산지(지역적 특성)
- 추출법
- 화학적 구성
- 순도
- 추적이 가능한 제조라벨과 사용기한, 유효기간 표기

1) 식물학상의 이름(학명)

에센셜오일이 치료 목적으로 사용된다면 적절한 식물학적 근원지(Botanical origin)를 알아야 한다. 주로 일반 이름(Common name)만 표시한다. 이것은 에센셜오일에 많은 혼돈을 주고 정확한 식물명이 중요함을 인식시켜 준다. 에센셜오일의 식별에 중요한 학명은 최소한 종명과 속명을 표기하여야 하며, 식물학상의 이름, 화학적 성분, 변종이나 재배종, 잡종에 따라 품질이 결정된다.

2) 원산지

같은 식물이더라도 기후조건, 토양 형태, 유전적 요소에 따라서 다른 나라에서 자라고 생산된 에센셜오일은 다른 화학적 구성을 가질 수 있으므로 원산지를 표시해야 한다.

3) 순도

순도란 에센셜오일이 화학적으로 얼마만큼 순수한가의 정도를 말한다. 많은 양의 에센셜오일이 향수 업자나 식품 향료업체에 이용되며 동일한 에센셜오일의 성분을 얻기 위해서 제약산업에서는 에센셜오일을 정제하고 있다. 각 산업계의 이용자들은 자체적으로 '순도 기준'을 정의하고 있다. 아로마테라피의 주요 기준은 다음과 같다.

(1) 에센셜오일의 희석 여부

종종 로즈, 자스민, 네롤리와 같은 값비싼 오일은 캐리어오일로 희석된다. 에센셜오일의 희석을 확실히 기록한 라벨이 제품에 붙어 있어야 한다.

(2) 에센셜오일의 불순물 혼합 여부

에센셜오일에 살충제나 제초제 등이 섞여 있을 때 아로마테라피를 받는 동안 이러한 화학물질들이 피부와 신경계에 영향을 미치며, 미량일지라도 장기간 축적에 의한 위험성을 가지고 있다. 또한 에센셜오일의 조성을 조절하기 위해 합성 아로마 화합물이나 저급의 에센셜오일을 혼합시킨 경우에도 독성이나 알레르기를 유발할 수 있으므로 반드시 유기농의 식물에서 추출한 순도가 높은 에센셜오일을 사용해야 한다.

(3) 재증류

에센셜오일을 증류할 때 남아있는 성분을 회수하기 위해 두 번 증류하는 것을 말한다. 식물을 증류하고 남아있는 잔여물에 미량이지만 중요한 성분이 남아있는 경우가 많다. 영국 약학협회의 유칼립투스에 관한 규정은 최소 70%의 1.8-시네올 성분을 요구하는데 이보다 적은 시네올 성분을 함유한 유칼립투스 오일은 재증류되어야 한다.

4) 추적이 가능한 제조라벨과 사용기한 및 유효기간 표시

에센셜오일의 공급자들은 철저히 Batch No. 기록 시스템을 유지해야만 한다. Batch No. 기록은 공급자가 도처에서 입수한 벌크 용기와 에센셜오일을 받는 시각부터 최종 소비자가 구입한 에센셜오일에 이르기까지 에센셜오일의 수량과 추적이 가능하다. 이 기록은 최초 생산자의 생산 일자와 관련된 날짜 코드를 포함한다.

5) 화학적 분석

에센셜오일의 화학적 분석은 존재하는 구성성분을 확인하고 그 양을 측정하는 데 쓰인다. 크로마토그래피(Chromatography)는 에센셜오일의 화학적 성분을 분리하고 분석하는 데 사용하는 기계이다. 크로마토그래피라는 용어는 '색깔'이라는 'Kroma'와 '기록한다'의 'Graphien'라는 그리스어에서 파생되었다. 가스 크로마토그래피(Gas Chromatography, GC)는 적당한 충전물이 균일하게 들어 있는 분리관 안에서 기체 시료 혹은 기화된 액체 또는 고체 시료를 캐리어가스에 의해서 전개해, 분해됨이 없이 가스상으로 통과시켜 각 성분으로 분리하는 방법이다.

에센셜오일에는 모노테르펜, 세스퀴테르펜, 알코올, 페놀, 에스테르, 옥사이드 등 다양한 화학성분이 존재하고 성분마다 각기 끓는점이 다른데, GC는 이들 구성성분의 끓는점의 차이를 이용하여 오일 내에 존재하는 성분을 분석할 수 있다. GC의 사용 방법은 에센셜오일을 알코올에 희석시킨 다음 코일 형태의 튜브에 주입해 놓는다. 알코올에 용해된 에센셜오일은 수소가스에 의해 튜브를 따라 이용하면서 50~300℃의 고온에 노출된다. 고온에 노출된 화학성분들은 각각의 끓는점에 해당하는 특정 온도에 도달하면 증발하게 되는데, 가장 가벼운 알코올이 먼저 증발되고 오일 각각의 성분들이 끓는점에 도달하면 이것을 기록하여 성분을 분석한다.

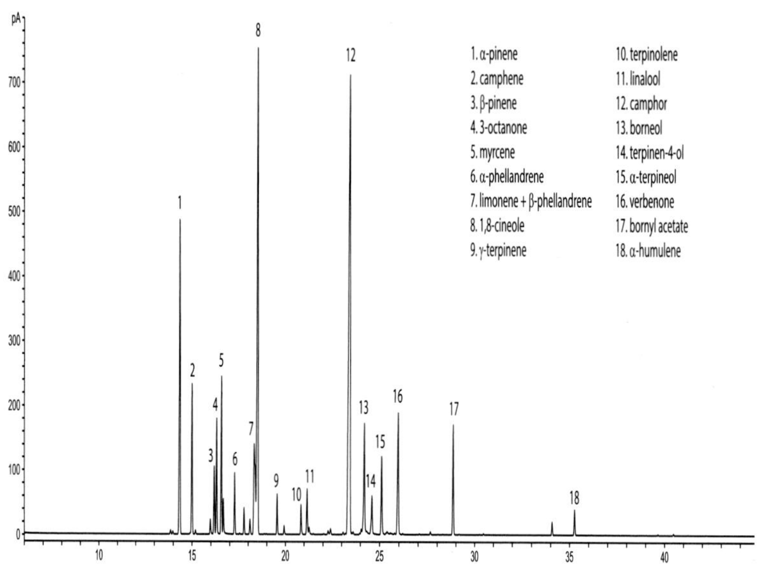

로즈마리 오일 가스 크로마토그래피

6. 에센셜오일의 안전성

에센셜오일의 안전성은 오일을 사용하는 모든 아로마테라피스트들과 개인들에게 있어 중요하다. 에센셜오일의 안전성이 확보되기 위해서는 다음과 같은 요건이 필요하다.

- 사용되고 있는 에센셜오일의 품질
- 포장(Packaging) & 라벨링(Labelling)
- 물질안전자료(Material Safety Data Sheet)
- 에센셜오일의 화학적 조성
- 에센셜오일의 위험성 확인

1) 에센셜오일의 품질

아로마테라피를 안전하게 사용하기 위해서는 최상급의 에센셜오일를 사용하는 것이 가장 중요하다. 오염이나 저질품이 의심되는 에센셜오일은 피하며, 산패된 에센셜오일은 사용하지 않는다.

2) 포장(Packaging) & 라벨링(Labelling)

정밀한 드롭퍼-분배기의 사용은 어린이들이 갑작스러운 섭취로 인한 사고 시 양을 제한할 수 있어서 매우 중요하다. 많은 에센셜오일이 희석되지 않은 채로 판매되기 때문에 적절한 경고와 안전 사항을 에센셜오일 병에 표시해야 한다.

3) 물질안전자료(Material Safety Data Sheet)

MSDS는 안전 자료로도 알려져 있으며 에센셜오일을 직업에 활용하는 경우와 위험성으로 분류되었을 때 요구된다. 에센셜오일의 조성에 대한 정보, 분석자료, 위험 사항, 응급처치 절차, 화재 및 폭발 위험성, 환경 영향, 취급 절차 및 운송과 라벨링(Laelling) 자료들을 포함한다.

4) 에센셜오일의 화학적 조성

하나의 에센셜오일에는 100가지 이상의 성분을 포함하고 있으며, 그 조성의 변화가 에센셜오일 자체의 독특한 향과 효과에 영향을 미치며 때로는 독성이나 잠재적 위험성을 준다.

(1) 알데하이드(Aldehydes)

알데하이드는 피부 자극과 알레르기 반응을 일으킬 수 있다. 시나몬 바크(Cinnamomum zeylanicum)에 들어있는 시남알데하이드(Cinnamic aldehyde)는 강력한 피부 민감제로 알려져 있다. 메이창이나 레몬그래스 같이 시트랄(citral) 함량이 높은 오일은 레몬이나 스위트오렌지 같은 에센셜오일과 50/50으로 혼합할 때 상호 억제 효과가 있다.

(2) 에스테르(Esters)

알코올처럼 에스테르는 Savin에 함유된 sabinyl acetate와 Wintergreen에 들어있는 methyl salicylate를 제외하고는 위험하지 않다.

(3) 케톤(Ketones)

케톤은 모든 에센셜오일 성분 중 가장 일반적인 독성성분으로 간주하지만 모든 케톤 성분이 독성이 있다고 추정하는 것은 잘못된 것이다. 펜넬의 fenchone, 자스민의 jasmone, 에버라스팅의 italidone, 캐러웨이와 스피어민트에 있는 carvone은 무독성으로 분류된다. 케톤은 신경독성으로 잘 알려져 있는데 신경독성 케톤은 캄퍼(camphor), 튜존(thujone), 피노캄폰(pinocamphone)이다. 머그워트, 세이지, 탠지, 튜자, 웜우드, 페니로얄, 히솝 등은 세심한 주의가 필요하다.

(4) 페놀(Phenols)

페놀을 함유한 많은 에센셜오일들이 아로마테라피에서 가치가 있지만, 확실한 주의가 필요하다. 타임, 오레가노, 세이보리 같은 에센셜오일은 항 미생물 특성 때문에 아로마테라피에서 유용하지만 피부와 점막에 자극을 나타낸다.

(5) 모노테르펜 탄화수소(Monoterpene hydrocarbons)

모노테르펜 탄화수소류는 보통 Top Note에 많고 가장 일반적으로 발견되는 에센셜오일이지만, 그 성분들이 쉽게 산화하는 경향이 있어 피부 자극을 일으킬 수 있다. 예를 들면, 버가못의 광독성이다.

5) 에센셜오일의 위험성 확인

에센셜오일로 인해 원하지 않는 부작용이나 독성, 피부 반응, 발암, 신경독성, 간독성 등 위험이 발생할 수 있다.

(1) 피부반응 검사(Patch test)

에센셜오일을 사용할 때 종종 피부 자극, 민감성, 광독성, 알레르기 등 피부 반응이 나타난다. 피부반응이 염려되는 경우 패치테스트(Patch test)를 시행한다. 패치테스트의 시술 절차는 손목 안쪽에 사용하고자 하는 농도의 2배로 블랜딩한 오일 2~3방울을 떨어뜨린 후 반창고 등으로 감싼 후 48시간 방치한다. 만일 피부가 가렵거나 붉어지면 순한 비누로 피부 표면을 씻어낸다. 이런 경우 피부 반응에 따라 농도를 반으로 희석하여 사용하거나 오일의 사용을 중단한다.

(2) 독성

독성은 보통 '중독'으로도 불리며 어떤 수준에서는 치명적일 수도 있다. 가장 큰 위험성은 구강을 통해 섭취한 것으로 아로마테라피에서 대부분의 사고는 구강 섭취에 의한 것이다. 또한 적은 양의 에센셜오일이라도 장기간 사용하면 만성독성을 일으킬 수 있다.

(3) 피부의 자극

고농도의 오일들은 피부를 심하게 자극할 수 있고 민감성 피부의 경우에는 피부에 자극을 일으킬 수 있으므로 권장된 희석량의 반을 사용한다. 또한 사용 전에 항상 베이스오일(base oil), 크림, 젤에 배합하여 사용하고, 목욕할 때는 3방울 이상 사용하지 않는다.

(4) 과민반응

극도로 민감한 피부나 알레르기가 있는 사람들에게 일부 오일들은 피부 자극을 유발한다.

티트리나 자스민과 같이 매우 평범한 오일들도 '과민반응' 작용을 일으킨 사례가 간혹 있다.

그러므로 민감성 피부인 경우 새로운 오일을 사용하기 전에 항상 먼저 패치 테스트하여야 한다.

(5) 광독성

일부 오일들은 광독성이 있어 오일을 사용한 피부를 직사광선에 노출하면 피부에 색소 침작을 유발할 수 있다. 다음 오일들은 사용 후 햇빛에 노출되면 색소침착을 일으키므로 주의해야 한다.

광독성오일

안젤리카 루트, 버가못(버갑텐이 없는 형태는 제외), 쿠민, 진저, 레몬, 라임, 러베지, 만다린, 오렌지, 버베나 등

(6) 임신

임신기간 중에는 성장 중인 태아에 미칠 영향을 고려하여 에센셜오일은 권장량의 반을 사용한다. 잠재적인 독성이나 월경 촉진성(자궁근육 자극)이 있는 오일들은 반드시 사용을 금한다. 페퍼민트, 로즈, 로즈마리 등은 임신 4개월까지는 사용하지 않는다.

(7) 고혈압

고혈압 환자들은 히솝, 로즈마리, 세이지, 타임의 오일들을 삼가야 한다.

(8) 간질

히솝, 로즈마리, 타임, 스위트 펜넬 같은 오일들은 신경계에 강력한 영향을 미치므로 간질의 경우에는 삼간다.

(9) 당뇨병

안젤리카, 히솝, 로즈마리, 세이지는 삼간다.

(10) 동종요법

블랙페퍼, 캄포어, 유칼립투스, 페퍼민트 오일들은 동종요법과는 상호 보완되지 않는다.

7. 에센셜오일의 일반적인 안전 수칙

1) 아로마테라피스트의 건강을 위한 안전수칙

· 아로마테라피를 하는 장소는 환기가 잘 되어야 한다.
· 고객 관리 후 일정한 휴식을 가진다.
· 치료 사이사이 수시로 손을 씻는다.

2) 일반인을 위한 안전 수칙

- 어린이의 손이 닿지 않도록 보관한다.
- 정량 이하로 사용한다.
- 에센셜오일을 경구투여하지 않는다.
- 경험이 없다면 희석되지 않은 오일을 구입하지 않는다.
- 희석되지 않은 오일을 직접 피부에 바르지 않는다.
- 안구 증상을 치료하기 위해 눈에 직접 에센셜오일을 사용하지 않는다.
- 내용이 명확하지 않은 에센셜오일은 피한다.

3) 에센셜오일의 보관 시 주의할 사항

- 작은 용량의 용기에 보관하는 것이 바람직하다. 개봉한 정유는 1년 이내에 사용하는 것이 바람직하다. 감귤류, 유칼립투스, 티트리 등의 정유는 산화가 빠르므로 6개월 이내에 사용하는 것이 좋다.
- 정유는 어린이의 손에 닿지 않는 곳, 서늘하고 어두운 곳에 보관한다. 냉장 보관도 좋으나 물방울 현상이 생기지 않도록 주의하여야 한다. 정유의 보관 온도는 15~20℃가 이상적이며, 30℃ 이하에 보관해야 한다.
- 정유는 휘발성이 강하여 화재의 원인이 될 수 있으므로 화기가 없는 곳에 보관하도록 한다.
- 산화 방지를 위하여 공기와 접하지 않도록 뚜껑을 확실히 닫아 어두운 곳에 보관한다.

Aroma Therapy

03

에센셜오일의 추출법

1. 압착법
2. 증류법
3. 용매 추출법
4. 초임계 이산화탄소 추출법

03

에센셜오일의 추출법

향기 물질 추출법은 문명 초기에 고대 이집트와 중동 지역의 연금술사들에 의해 밝혀졌다. 연금술사들은 신성한 불꽃이 향료 물질에서 발견될 수 있다고 믿었고, 식물과 광물질을 중탕시키거나 증류시키면 신성한 불변의 영혼이 추출될 것이라 믿었다.

아라비아의 연금술사이자 물리학자인 아비세나(Avicena)는 증류법의 냉각 코일을 발명하였다. 에센셜오일의 추출은 식물의 각각의 부위에 모여 있는 에센스를 추출하는 것으로 각 식물이 가지고 있는 특성과 성분에 따라 각기 다른 방법으로 추출된다. 압착법, 증류법, 용매 추출법, 초임계 이산화탄소 추출법 등이 있다.

1. 압착법(Expression)

레몬, 오렌지, 버가못, 만다린 등의 감귤류 겉껍질에 있는 분비낭 세포를 압착하여 에센셜오일을 추출하는 방법으로 열에 불안정한 감귤류를 저온에서 처리하는 방법이다. 감귤류는 용매 추출법이나 수증기 증류로도 얻을 수 있으나 압착법보다 저급품이다.

(1) 에큘레(Ecuelle)법

에큘레라는 특수한 기구를 이용하여 추출하는 방법으로 이태리 북부에서 행해지고 있다. 에큘레는 약 1cm 길이의 침이나 스파이크 모양의 돌출물이 나와 있는 직경 20cm의 나팔이나 깔때기(Funnel) 모양의 금속 기구이다. 한 손으로 채유 도관을 잡고 다른 한 손으로 과피를 침상 돌출 부위에 눌러 회전하면 액이 나와 도관을 통해 용기에 모여지는데 이를 분액해서 추출한다.

(2) 스폰지(Sponge)법

스폰지법은 이태리 남부에서 행해지는 방법으로 소규모의 가내 공업적 작업이다. 과피를 손으로 눌러 나오는 정유를 다른 손에 쥔 스폰지에 흡수시키고, 이것을 다시 짜서 나온 액을 별도의 용기에 담아 과즙과 정유를 분액해서 추출한다. 추출 후 과피는 수증기 증류법이나 용매 추출법을 통해 남은 정유를 회수하여 저급품의 에센셜오일을 추출한다.

(3) 기계적 방법

과피를 벗기고 압착하거나 정제 등의 모든 과정을 기계적 방법에 의해 행해지는 추출법이다. 미국 캘리포니아 지방에서는 이 방법으로 에센셜오일을 추출하고 있다.

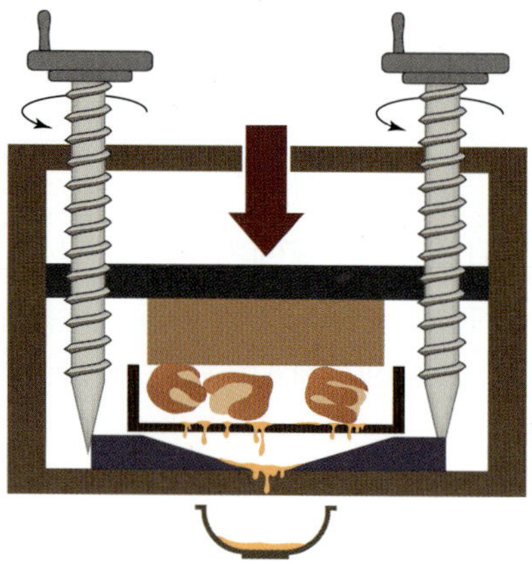

압착법(기계적 방법)

· 장점: 열에 의한 변질, 손상이 적다.
· 단점: 감귤류만 가능한 추출법으로 다른 추출법으로 추출된 오일보다 휘발성이 강하고 산화, 변질하기 쉽다.

2. 증류법(Distillation)

10세기경 아라비아의 아비세나가 발명한 분별 증류법을 토대로 하여 발전된 것으로 에센셜오일 추출 시에는 일반적으로 수증기 증류법을 많이 사용한다. 증류법은 지난 1,000년 동안 비교적 변하지 않고 남아있는 공법이다. 오늘날 많은 에센셜오일이 이와 똑같은 기술을 이용한 증류법으로 만들어진다. 증류법에는 물 증류, 수증기 증류, 물과 수증기 혼합 증류, 분별 증류, 건증류 등이 있다.

(1) 물 증류법(Water Distillation)

물 증류법은 식물이 완전히 물속에 잠겨진 상태로 끓여지며 진행된다. 이 증류 방법은 100℃ 이하의 온도와 낮은 압력의 상태에서 증류가 이루어진다. 또한 물이 과열을 막아 에센셜오일의 품질을 유지하는 안전장치의 역할을 하므로 네롤리나 장미와 같이 열에 약하여 증기에 접촉하면 딱딱하게 변하여 채유에 좋지 않은 식물에 적합하다.

물 증류법은 천천히 진행되기 때문에 뜨거운 물에 오랫동안 노출되어도 해가 없는 오일에 적합하며, 에스터 함유량이 높은 오일의 경우 좋은 방법이라 할 수 있으나, 알코올과 카르복실산은 분해시키므로 라벤더는 증기 증류법을 이용하는 것이 좋다.

(2) 수증기 증류법(Steam Distillation)

증류 가마에 물을 넣지 않고 수증기를 밑에서 직접 불어 넣어 증류하는 방법으로 오늘날 공업적으로 널리 사용되고 있다. 대기보다 더 높은 기압에 있는 증기는 100℃ 이상에서 물이 끓고 있는 곳에서 만들어진다. 열에 불안정하거나 민감한 에센셜오일을 최대한 빠른 공정으로 추출함으로써 증기로부터 에센셜오일의 손상을 최소화한다.

수증기 증류 시 열과 수증기에 의해 에센셜오일의 분자구조가 재정렬되거나 가수분해로 인하여 원래 식물에는 없던 물질이 생성되어 그 화학적 조성이 달라지기도 한다. 라벤더의 경우 리나릴 아세테이트와 같은 구성성분은 리나롤이나 아세트산으로 분해되며, 저먼 카모마일에서 볼 수 있는 매트리신은 증기 추출 과정에서 푸른색을 띠는 성분인 카마줄렌(chamazulene)으로 분해되고 이산화탄소 추출법을 사용하면 무색의 카마줄렌 전구물질로 추출된다. 또 감귤류인 버가못의 경우, 광독성을 갖는 푸로쿠마린의 버갑텐(Bergapten) 성분을 제거하기 위해 압착법이 아닌 증기 추출법을 사용하여 버가 및 FCF(Furocomarin Free) 오일을 생산하기도 한다.

증기 증류법의 장점은 상대적으로 더 짧은 시간 동안 노출되어 에센셜오일의 가수분해가 적게 일어나며, 식물성 재료로부터 에센셜오일을 얻는 가장 경제적 방법이다.

(3) 분별 증류법(Fractinoal Distillation)

증류법은 가열하여 생성된 증기를 모두 모아 에센셜오일을 분리하는 반면, 분별 증류법은 증류가 진행되는 동안 증류가 중지되었다가 다시 시작하기를 반복하며 그때마다 따로 분리하여 모아 하나의 일정한 부분으로 구성된다. 일랑일랑 에센셜오일이 분별 증류법으로 만들어지며, 증류 과정에서 중지되고 다시 시작하기를 4번 반복하여 네 등급의 오일을 얻는다. 가장 먼저 증류된 것은 '일랑일랑 엑스트라'라고 하며, 이후 추출되는 순서대로 일등급(1st), 이등급(2nd), 삼등급(3rd)이라고 한다. 가장 마지막에 분리된 오일은 휘발성이 가장 적은 성분으로 구성된다. 컴플리트(Complete)는 엑스트라, 1등급, 2등급을 혼합시켜 만든다.

(4) 재증류법(Cohobation)

가장 고가의 오일 중의 하나가 장미오일이다. 장미오일의 주성분 중의 하나가 무색의 페닐에틸 알코올(phenylethyl alcohol)인데 증류 시 다량의 페닐에틸 알코올이 물에 용해되어 용해된 페닐알코올 성분을 회수하기 위해 재증류한다. 재증류한 것을 처음 증류한 혼합물과 일정한 비율로 혼합하는 추출 방법을 코호베이션이라 한다. 이렇게 만들어진 장미오일을 로즈오토(Rose otto)라 한다.

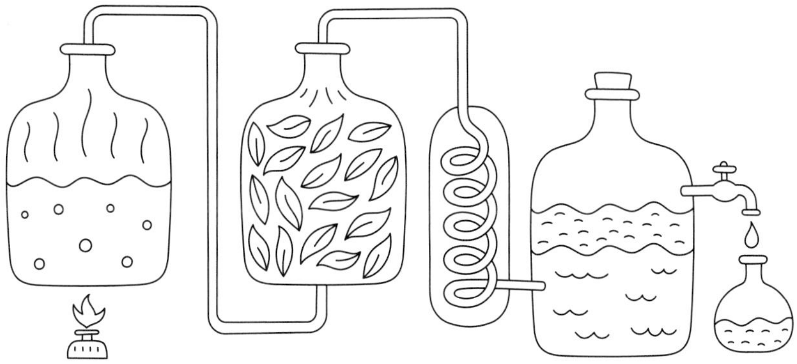

수증기 증류법

· 장점: 추출법이 간단하고 대규모 생산이 가능하여 가장 경제적인 방법이라 널리 사용된다.
· 단점: 열과 물에 의한 정유의 화학적인 변화를 고려해야 한다.

3. 용매 추출법(Solvent Extraction)

용매 추출법은 증류에 의해서 에센셜오일의 품질이 떨어지는 식물에 적합하다. 휘발성 용매를 이용한 추출법은 온침법, 휘발성 탄화수소를 이용한 추출법, 냉침법, 이산화탄소 추출법이 있다.

자스민이나 투베로즈와 같이 에센셜오일의 함유량이 낮은 원료는 휘발성 용매 추출법이 가장 효과적인 방법이다.

증기 증류법으로 추출한 에센셜오일과 비교하였을 때 용매로 추출된 오일이 향기가 더 풍부하다. 그러나 식물의 에센셜오일 성분뿐만 아니라 왁스나 식물의 색소와 같은 비휘발성 구성성분까지 추출되는 것이 단점이다.

(1) 침윤법(Infusion)

침윤법에는 열을 가하지 않는 냉침법과 열을 가하는 온침법 그리고 담금법이 있다.

① **온침법**(Maceration)

온침법은 용매 추출법 중 가장 간단한 방법이다. 뜨거운 지방을 이용한 온침법은 에센셜오일을 추출하는 최초의 방법이지만, 지금은 거의 쓰지 않는 방법이다. 온침법은 뜨거운 지방, 알코올, 휘발성 용매나 차가운 지방을 이용한다.

② **냉침법**(Enfleurage)

식물의 추출 부위 중 주로 꽃잎을 식물성 기름을 바른 유리 위에 뿌리거나 오일이 스며들어 있는 옷에 감싼다. 꽃이 시들고 유리 위의 오일에 향이 스며들 때까지 3~4일 정도가 걸린다. 3~4일 후 조심스레 떼어낸 다음 새로운 꽃을 다시 뿌린다. 이 과정은 적어도 20회 이상 반복되며 이 산출량은 온침법에 의한 것보다 상당히 적다. 오일에 에센셜오일이 포화될 때까지 반복해 얻어지는 것이 포마드(Pomade)이다.

냉침법(Enfleurage)

7월 말에는 자스민의 계절이 시작되고 8월에는 투베로즈의 계절이 시작된다. 이 두 꽃의 향은 매우 훌륭하다. 해가 뜨기 전에 꽃을 따야 할뿐 아니라 가장 부드럽고 특별한 관리가 요구된다. 온기는 꽃의 향을 약하게 만들며 갑자기 뜨거운 오일에 담그면 완전히 그 향을 파괴된다. 꽃의 가장 고귀한 영혼은 그렇게 쉽게 떼어낼 수 없으며 조심히 다루면서 체계적으로 얻어내야 한다. 냉침법을 이용해 얻은 자스민 에센셜오일은 순수성에서 보았을 때 생화의 꽃과 같은 매우 달콤한 향과 에로틱한 향을 발한다.

(2) 휘발성 용매를 이용한 추출법(Solvent Extraction)

핵산(Hexane)과 같은 유기 용매에 꽃잎을 담그면 꽃잎에서 용매에 녹는 성분들이 빠져나온다. 그 후 꽃을 빼내고 용매를 증발시키면 향기 성분과 왁스가 섞여 있는 반고체의 콘크리트(Concrete)가 얻어진다. 여기에 알코올을 넣어 향기 성분을 녹이고 침전된 왁스를 걸러낸 뒤 알코올을 증발시키면 앱솔루트(Absolute)가 얻어지며, 솔벤트가 완전히 제거될수록 고품질이다. 충분히 솔벤트가 제거되지 않은 제품이 흔하며 이는 피부에 자극을 주기 쉬우므로 사용 시 주의가 필요하다. 이 방법은 자스민, 네롤리, 로즈, 클로브 등을 추출할 때 적용하며 화장품 업계, 향수 업계에서 많이 사용하고 있다. 또한 장미꽃에서 추출한 경우 수증기 증류법은 '로즈 오토'라고 하고 솔벤트 추출법은 '로즈 앱솔루트[(앱솔루트(Absolute)란 시간이 지나도 변하지 않는다는 것을 의미함]'라고 한다.

프랑킨센스, 벤조인, 미르 등 수지성 에센셜오일도 용매추출을 많이 하며 레지노이드(resinoid)와 구별하기도 한다.

용매 추출법(Solvent Extraction)

· 장점: 오일 수확률이 높고 다른 추출법에서는 얻기 어려운 성분도 함께 추출된다.
· 단점: 용매가 완전히 제거되기는 불가능하므로 독성이 남아있거나 알레르기의 원인이 될 수 있다. 민감한 피부에는 패치테스트를 거친 후 사용한다.

4. 초임계 이산화탄소 추출법(Carbon dioxide Extraction)

증기 증류법에 의해 추출되는 에센셜오일과는 굉장히 다른 독특한 질과 순도를 가진 에센셜오일을 만드는 과정이 바로 이산화탄소 추출법이다. 이 추출법은 1980년에 개발된 고효율의 최신식 추출법이다.

모든 물질은 기체, 액체, 고체의 3가지 상태를 가질 수 있으며, 물질은 가해지는 온도와 압력에 따라서 이 세 가지 형태 중 어느 형태로 변한다. 어떤 온도와 압력 이상에서 액체도 아니고 기체도 아닌 중간상태로 되는 상태를 초임계 상태라 한다. 이러한 초임계 상태의 액체는 기체처럼 빠르게 확산되고 액체처럼 용매가 되기도 한다.

이산화탄소는 초임계 상태가 될 수 있는 기체 중 하나이다. 이산화탄소는 200℃ 이상의 고압과 33℃의 저온에서 초임계 상태가 되고 이 초임계 이산화탄소는 방향물질의 훌륭한 용매가 된다. 이 방법의 장점은 모든 과정이 낮은 온도에서 진행되기 때문에 에센셜오일이 열에 의한 손상을 거의 받지 않으며, 이산화탄소와 에센셜오일 사이의 화학반응은 일어나지 않는다. 추출 후 이산화탄소를 휘발시키면 순수한 에센셜오일만 얻을 수 있다.

· 장점: 밀폐된 용기 안에서 이루어지므로 휘발성 강한 향도 남김없이 모을 수 있고, 최종산물은 식물의 방향물질 자체의 순수한 향이 얻어진다.
· 단점: 200℃ 이상의 고압에서 이루어지므로 고가의 장비가 필요하여 상업적 생산이 어렵다.

Aroma Therapy

0

아로마 식물학

1. 에센셜오일의 식물학
2. 식물 분류법

04

아로마 식물학

1. 에센셜오일의 식물학

에센셜오일(정유, essential oil)은 향이 있는 식물을 추출하여 얻어낸 휘발성 물질로 에센셜오일에 대해 이해하기 위해서는 에센셜오일의 생성 메커니즘과 그 근원인 식물에 대한 이해가 필요하다. 식물은 기본적인 기능 단위인 세포로 이루어져 있고, 자신에게 필요한 영양소를 광합성을 통해 스스로 생산하기 때문에 자가영양생물(autotroph)이라고 한다.

1) 식물의 대사 작용

식물의 엽록체(chloroplast)에는 엽록소(chlorophyl)가 들어있어 식물이 녹색을 띠며, 광합성이 일어나는 장소이다. 식물은 빛에너지를 흡수하여 이산화탄소와 물을 재료로 포도당이나 다른 유기화합물 등의 화학물질을 만든다.

광합성 과정: 빛에너지를 이용하여 무기물로부터 유기물을 합성하는 과정으로 엽록체에서 일어난다.

$$6CO_2+12H_2O \xrightarrow{\text{빛}} C_6H_{12}O_6+6H_2O+6O_2$$

식물은 위와 같이 생명 유지를 위해 필요한 영양분을 얻기 위하여 뿌리로부터 영양소와 물의 섭취 및 광합성에 의존하고 있다. 이렇게 식물은 주위 환경으로부터 자신에게 필요한 물질을 흡수한다. 흡수한 물질들을 이용해 자신에게 필요한 물질을 합성하기도 하고, 물질을 분해하면서 생명 활동에 필요한 에너지를 얻기도 한다.

이러한 과정에서 생긴 부산물이나 노폐물을 배출한다. 이렇게 생물체가 자신의 생명 유지를 위해 진행하는 모든 과정을 물질대사라 부른다. 물질대사는 크게 동화작용과 이화작용으로 나눌 수 있는데, 동화작용은 주위로부터 흡수한 간단한 저분자 유기물이나 무기물을 이용해 고분자 화합물을 합성하는 과정을 말한다. 동화작용을 위해서는 빛 또는 화학 에너지가 필요하며, 광합성이 동화작용에 해당된다.

이화작용은 반대로 고분자 화합물을 간단한 물질로 분해하는 과정을 말하며, 이화작용을 거치면서 생물체는 활동에 필요한 에너지를 얻게 된다. 즉, 우리가 섭취한 단백질이 소화 과정을 통해 아미노산으로 분해되는 것이 이화작용이다.

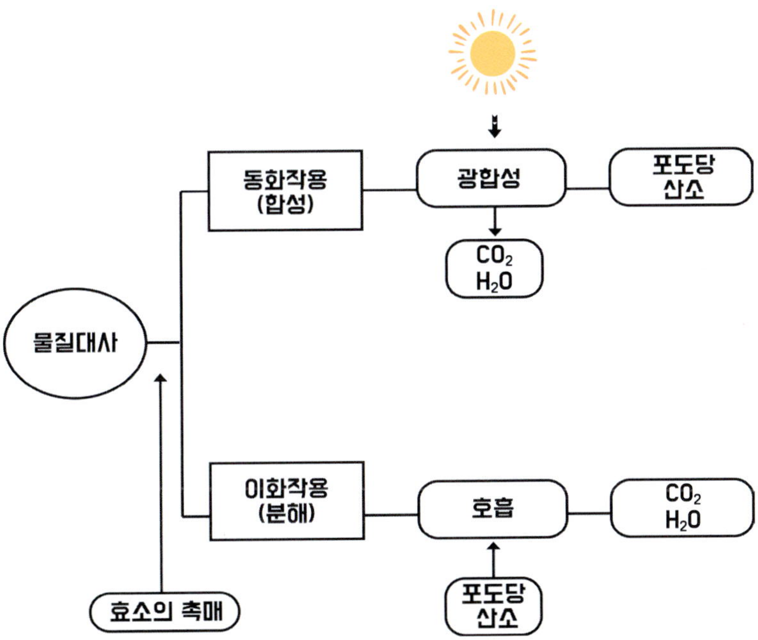

2) 식물의 물질대사

식물은 동화작용을 통해 단백질, 핵산, 지방과 같은 물질을 만들어 내며, 이러한 물질들은 식물이 생명을 유지하기 위해 꼭 필요한 물질이므로 1차 대사물질(primary metabolite)이라고 한다. 환경이나 스트레스에 대항하기 위해 식물이 만들어 내는 물질을 2차 대사물질이라고 하며, 수지, 점액, 사포닌, 스테로이드, 탄닌, 에센셜오일 등이 여기에 속한다.

(1) 2차 대사물질 생성 이유

2차 대사물질은 식물의 생명을 이어가는 데 필수적인 물질은 아니지만, 식물 특유의 특성이나 기능을 가지게 하는 물질로서 물질대사를 촉진하거나 외부의 침입으로부터 자신을 보호하고 자신의 생활 영역을 확보하기 위하여 만들어진다. 즉, 2차 대사물질이 만들어지는 이유는 다음과 같다.

① 병원균의 공격으로부터 자신을 방어하기 위해
② 외부 환경으로부터 자신을 보호하기 위해
③ 매개충을 유인하여 후대를 퍼뜨리기 위해
④ 생태계에서 자신의 영역을 확보하기 위해
⑤ 카로티노이드와 플라보노이드 등의 색소 성분은 자외선으로부터 자신을 보호하기 위해 만들어진다.

침엽수의 잔가지, 줄기에 존재하는 수지선(resin duct)에 많이 존재하는 모노테르펜(monoterpene)은 많은 해충에 독성을 나타내며, 페퍼민트의 주요 성분인 멘톨과 레몬의 주요 성분인 리모넨도 초식 유충의 성장을 저해하는 곤충호르몬으로서 작용하거나 직접 방충제의 역할 등을 한다.

또한 해충의 공격을 받으면 식물은 해충의 천적을 유인하는 물질을 분비하여 해충을 퇴치하기도 한다.

식물은 자가 치유 능력이 있으며, 에너지 저장소의 역할도 하기 때문에 좋지 않은 환경에서도 생존이 가능하다. 그리고 탈수를 방지하고 고온 건조한 기후로부터 자신의 몸을 지키기 위하여 휘발성 오일의 막으로 식물이 덮여있어 잎으로부터의 수분 손실을 막는다. 유칼립투스의 잎은 중량의 10%가 오일이다. 또한 모노테르펜은 식물 조직에 세포 독성을 일으켜, 경쟁 관계에 있는 다른 식물의 생장을 방해하여 식물이 햇빛, 물, 영양소를 충분히 흡수할 수 있도록 도와준다.

2. 식물 분류법

식물 분류학은 식물을 형태학적, 생리학적, 유전학적으로 구별하기 위한 식물계를 구성하는 모든 식물을 명명하고, 그룹으로 묶어 계통 체계를 세우고, 계통 간의 관계를 밝히는 학문이다. 식물에 대한 정확하고 유용한 특징을 기재, 동정하기 위한 간편한 체계의 마련을 위해서 식물 명명의 필요성으로 학명(scientific name)이 등장하게 되었다.

학명은 C.린네가 1753년에 저술한 것이 아직도 유효하며, 국제식물학회의에서 거듭된 개정을 거쳐 1930년 회의에서 국제적으로 공인된 명명 절차로 표준화되었다.

종(種species)은 분류 계급의 기본적인 분류군이 되며, 이들이 모여서 속(屬genus), 과(科family), 목(目order), 강(綱class), 문(門division), 계(界kingdom)와 같이 점차 상위계급을 이룬다. 학명은 각각 식물이 분류학상의 과에 속하고, 구조상의 특징으로 '속명(최초 대문자로 이탤릭체)'과 '종명(최초 소문자의 이탤릭체)'의 이명법으로 표기한다.

학명법의 기재 : 속명+종명+명명자의 이름(이름은 생략하기도 함)
학명법의 규약 : 속명과 종명은 라틴어 또는 라틴어화 된 단어를 쓴다.
속명의 머리글자는 →대문자로 시작함.
종명의 머리글자는 →소문자로 시작함.

예) 라벤더의 학명 : Lavendula angustifolia

Lavender

Lavendula angustifolia / L. angustifoila
속명 종명

1) 식물의 분류(라벤더의 분류)

라벤더의 분류	
계(界, Kingdom)	Plantae
문(門, Division)	Tracheophyta
아문(亞門, Suvdivision)	Spermatophytina
강(綱, Class)	Dicotyledons
아강(亞綱, Subclass)	Asterdae
목(目, Order)	Lamiales
과(科, Family)	Lamiaceae (syn. Labiatae)
속(屬, Genus)	Lavendula
종(種, Species)	angustifolia

2) 종 아래의 식물 분류군

종 아래의 식물 분류군으로 아종(지리상의 변이), 품종, 변종, 재배종, 케모타입, 잡종 등이 있다. 그러므로 이명법 표기 이외에 변종명, 재배종명, 케모타입명을 부여하여 그 식물의 유래를 정확하게 동정해야 할 필요성이 요구된다.

(1) 학명의 약자

sp.	species	종(種)
ssp.	subspecies	아종
var.	variety	변종
f. 또는 for.	forma	품종
cv.	cultivated variety	재배종
hyb.	hybrid	교배종
x	cross breed	잡종, 2종간 교배종
syn.	synonym	이명(異名) : 정식 학명 이외의 다른 이름

(2) 변종(變種, variety)

식물의 각 종(種) 내에 있는 여러 가지 형(型), 개체 또는 집단적인 변이, 지방적인 변이 등에 대하여 뚜렷한 한계 없이 쓰이는 용어로 학명에서 종이나 아종명 뒤에 var.라고 표시되며 그 뒤에 오는 말이 변종명이며 이탤릭체로 쓴다.

ex: *Canaga odorata var. genuina*가 있다.

(3) 품종(品種, forma)

식물의 변이가 인위적으로 생긴 변종을 말하며, 종이나 아종명 뒤에 f. 또는 for.라고 표시되며 그 뒤에 오는 말이 품종명이며 이탤릭체로 쓴다.

(4) 재배종(栽培種, cultivar)

야생종에서 유래된 재배식물은 야생종 학명이 그대로 적용되지만, 오랜 재배로 인하여 원예식물, 작물에는 원래의 학명 다음에 cv.를 사용하기도 하고, 인용기호 안에 재배 식물명을 표기한다. 라틴어를 사용하지 않는다. 예를 들면, *Camellia haponica cv. Purple Dawn*과 *Lavandula angustifolia 'Maillette*이다.

(5) 잡종(雜種, hybrid, 2종간 교배종)

서로 다른 종이나 계통 사이의 교배에 의해서 생긴 자손을 말한다. 자연적 발생의 잡종은 ×, 인위적 발생의 잡종은 +를 사용한다. 예를 들면, *Mentha aquatica*와 *Mentha spicata*의 잡종은 *Mentha* × *piperita*이다.

(6) 케모타입(Chemotype)

동일한 식물이지만 야생에 생육하는 식물에 토양, 일조량, 고도, 지리적 위치 등 환경적 영향에 의해 많은 화학적 변화를 가져와 그 식물의 작용과 효과도 다른 결과를 나타내는데, 이를 케모타입이라 한다. 즉, 케모타입이란 식물 분류상으로는 같은 속, 같은 종의 동일한 외관을 지녔으나 에센셜오일의 화학적 조성이 다르고 치료 효과 역시 다른 경우를 말하며, ct.로 표시하고 학명 뒤에 성분명을 써서 표기한다.

케모타입은 에센셜오일의 효능을 결정하는 데 중요한 자료가 되며, 화장품을 선택할 때 화장품에 함유하고 있는 성분에 따라 효능과 사용 대상을 결정하듯이 에센셜오일의 케모타입은 식물의 학명과 기원 및 화학성분, 순도, 효능을 결정지으면서 블렌딩(Blending) 시 참고 자료로 이용된다.

식물의 케모타입을 분석하는 방법으로는 색층분석(GC: Gas chromatography), 질량 분광 측정법(MS: Mass spectrometry), 고성능 액체 색층 분석(HPLC: High performanance liquid chromatography), 핵자기공명(NMR: Neclear magnetic resonance)이 있다. 현재는 색층 분석(G,C)이 가장 많이 사용되고 있는 분석 방법이다.

케모타입은 꿀풀과 식물에서 매우 흔하며 대표적으로 타임과 로즈마리가 있다. 예를 들면, Rosemarinus *officinalis* ct. camphor와 Rosemarinus *officinalis* ct. cineole이 케모타입이다. 화학성분의 차이가 에센셜오일의 효능에 차이를 나타내므로 어떤 케모타입인지 아는 것이 중요하다.

① 로즈마리 케모타입

Rosmarinus officinalis ct. cineole 기관지 질환, 항진균, 살균작용	시네올 / 튀니지
Rosmarinus officinalis ct. camphor 이뇨, 정맥 자극, 근육통 완화 작용	캠퍼 / 스페인
Rosmarinus officinalis ct. vernenone 내분비계 조정작용, 피부세포재생	버베논 / 프랑스

② 타임의 케모타입

Thymus vulgaris ct. thymol 페놀류로서 강한 살균, 항진균작용, 피부자극성
Thymus vulgaris ct. carvacrol 페놀류로서 살충, 항균, 항바이러스, 면역자극작용
Thymus vulgaris ct. linalool 항감염, 면역조정, 강장자극, 진정, 항불안증작용
Thymus vulgaris ct. terpineol 항감염, 조직 재생, 항염증작용
Thymus vulgaris ct. geraniol 항바이러스, 항진균, 항균, 자궁수축, 신경 자극, 강심작용

APRICOT
Aroma
Therapy
GRAPEFRUIT
APRICOT

05

아로마 화학

1. 정유화학의 개론
2. 에센셜오일의 화학성분

05

아로마 화학

1. 정유화학의 개론

화학은 여러 물질의 성질과 그들이 어떻게 반응하는가를 연구하는 학문이다. 수백만 종류의 서로 다른 화학물질은 더 간단한 물질로 분해될 수 있다. 더 이상 간단한 물질로 분해되지 않는 물질을 원소라고 하며, 더 간단한 물질로 분해될 수 있는 순수한 물질을 화합물이라 한다.

에센셜오일은 식물에서 추출한 자연적 원료로 만들어진 것으로 매우 복잡한 화학적 구성으로 되어있다. 구성요소가 전혀 다른 작용을 일으키기도 하고 화학적 배치에 따라 치료의 결과가 직접적으로 달라질 수 있다. 식물 재배지의 일조량, 온도, 습도, 토양, 고도 등 지역에 따라 에센셜오일의 화학성분이 다르게 나타난다. 어떤 화학성분을 가지고 있느냐에 따라 에센셜오일의 향, 효능, 주의 사항 등이 결정된다.

1) 유기화합물과 탄화수소류

(1) 유기화합물

화합물 중에서 동·식물의 구성성분으로 탄소원자로 이루어진 화합물을 유기화합물이라고 하며, 유기화합물들은 원자들이 결합 전자들을 공유하고 있는 공유 결합으로 연결된 원자들로 되이있다. 유기물질의 기본 골격은 탄소와 수소가 공유 결합된 탄화수소이며, 그 외 산소(O), 질소(N), 황(S) 등의 원자가 결합되어 다양한 화합물을 만들 수 있다.

에센셜오일은 식물에서 만들어진 천연 유기화합물이다. 에센셜오일을 구성하고 있는 유기화합물인 탄화수소는 체인 구조 또는 링 구조로 되어 있으며, 탄소 배열이 체인으로 이루어진 지방족 탄화수소와 탄소 배열이 6각형인 벤젠고리로 이루어진 방향족탄화수소이다.

(2) 탄화수소

탄화수소는 단일, 이중 혹은 삼중결합에 의해 결합된 두 개 이상의 탄소를 포함하며, 탄소-탄소 결합의 형태에 따라 포화탄화수소(saturated hydrocarbon)와 불포화탄화수소(Unsaturated hydrocarbon)로 분류된다.

	분류	명명	분자식
사슬 모양	포화탄화수소	알칸(단일결합)	C_nH_{2n+2}
	불포화탄화수소	알켄(이중결합)	C_nH_{2n}
		알킨(삼중결합)	C_nH_{2n-2}
고리 모양	포화탄화수소	시클로알칸(단일결합)	C_nH_{2n}
	방향족탄화수소	벤젠	C_nH_n

(3) 방향족탄화수소

방향족탄화수소는 단일결합과 이중결합을 교대로 가지고 있는 고리형 화합물로 벤젠과 그 유도체 화합물이 방향족탄화수소에 속한다.

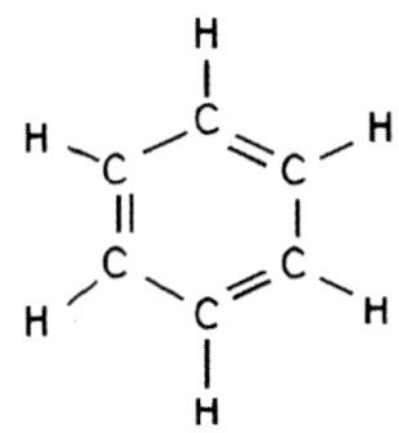

벤젠

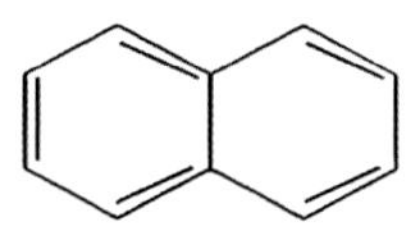

나프탈렌

벤젠고리 구조

(4) 작용기(Functional group)

유기화합물의 성질을 결정하는 원자단을 작용기라 하며, 작용기의 특성에 의해 화합물의 특성이 결정된다. 지방족(aliphatic)이나 방향족(aromatic) 성질을 가진 분자에 주로 산소를 첨가하면 알코올이나 케톤 같은 다른 형태의 분자로 만들어진다.

복합산화물(oxygenating compound)은 주로 에스테르(esters), 알데하이드(aldehydes), 케톤(ketones), 알코올(alcohol), 옥사이드(oxides) 등의 분자를 가지고 있다.

몇 가지 화합물의 종류와 그들의 작용기

화합물의 종류	일반식	작용기 이름	작용기 구조
알켄	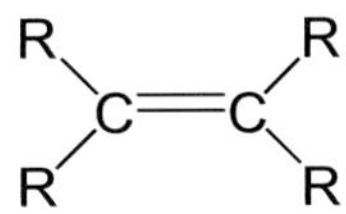	탄소-탄소 이중결합	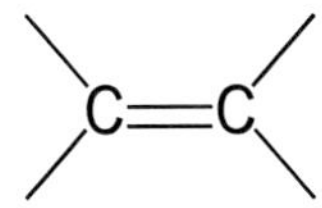
알킨	R—C≡C—R	탄소-탄소 삼중결합	—C≡C—
알코올	R—OH	히드록시기	—OH
에테르	R—OR	알콕시기	—OR
알데하이드	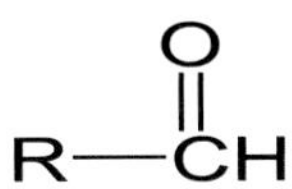	알데하이드기	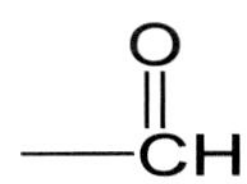
케톤	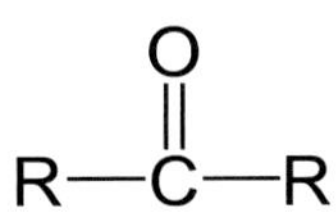	케톤기	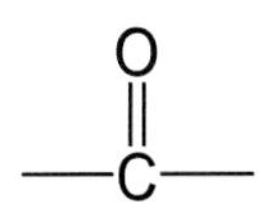
카르복시산	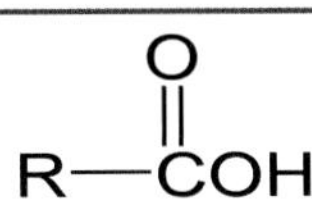	카르복시기	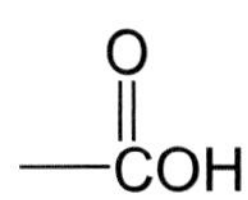
에스테르	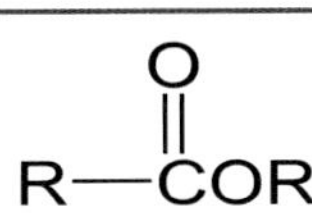	에스테르기	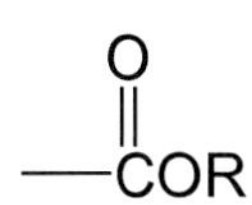

2. 에센셜오일의 화학성분

지금까지 3,000종 이상의 방향 물질들에 대한 구조와 그 작용에 대해 연구가 이루어지고 있으며, 아로마테라피에서는 효과가 있는 성분을 분리하지 않고 그 자체를 사용하지만 에센셜오일 속에 포함되어 있는 중요한 성분의 분자구조와 그 작용에 대해 알고 있어야 에센셜오일을 올바르게 사용할 수 있을 것이다.

에센셜오일은 탄소 수 5개의 이소프렌 단위를 구조의 기본으로 하고 있으며, 탄소 수와 작용기에 따라 다양한 타입으로 분류된다. 이소프렌은 무색의 휘발성 탄화수소로 분자식은 C_5H_8이며, 식물에서 나오는 많은 물질은 이소프렌 단위체로 이루어진 중합체이며, 중합체를 이루고 있는 이소프렌의 수와 작용기에 따라 성질이 달라진다.

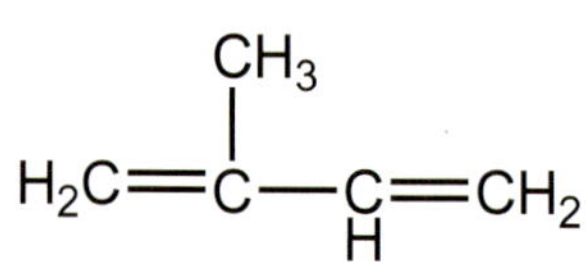

이소프렌 단위

테르펜 화합물

이소프렌 단위 수	화합물 종류	특징
1	헤미테르펜(hemiterpenes)	
2	모노테르펜(monoterpenes)	에센셜오일 구성성분
3	세스퀴테르펜(sesquiterpenes)	에센셜오일 구성성분
4	디테르펜(diterpenes)	에센셜오일, 수지(resin), 비타민A 구성성분

6	트리테르펜(triterpenes)	스테로이드(steroids), 사포닌 구성성분
8	테트라테르펜(tetraterpenes)	카로티노이드(carotinoids) 구성성분
n	폴리테르펜(polyterpenes)	고무 구성성분

이소프렌 중합체는 이소프렌을 기본 난위로 하며, 탄소와 수소로만 이루어진 화합물을 테르펜(Terpenes)이라 한다. 여기에 산소가 포함된 작용기를 가지고 있는 화합물을 테르페노이드(terpenoids)라고 한다.

1) 테르펜

테르펜은 에센셜오일에 함유된 구성성분으로 이소프렌을 기본 구조로 이루어진 물질로 감귤류의 에센셜오일에 많이 함유되어 있으며, 피톤치드 성분 역시 테르펜 화합물로 구성되어 있다.

(1) 모노테르펜(monoterpenes)

모노테르펜 화합물은 두 개의 이소프렌 단위로 이루어져 있으며, 이름이 -ene으로 끝난다.

모노테르펜은 에센셜오일을 구성하는 가장 대표적인 탄화수소 화합물로 대부분의 오일에 함유되어 있으며, 휘발성이 강하여 탑노트의 가벼운 향이며, 산화되기 쉬운 특성이 있다. 진통, 항바이러스, 충혈완화 및 거담 효과가 있으며, 쉽게 산화되어 피부에 자극을 줄 수 있으므로 모노테르펜이 많이 함유된 감귤류 오일은 개봉 후 빨리 사용하는 것이 좋다.

모노테르펜 화합물

성분	구조	에센셜오일	
리모넨(limonene)		레몬, 그레이프후룻, 오렌지, 파인	진통 항바이러스 충혈완화 거담, 강장제 흥분제
알파 피넨(α -pinene)	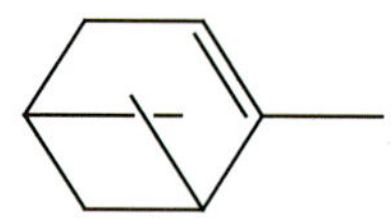	주니퍼베리, 사이프러스, 파인	
베타 피넨(β -pinene)	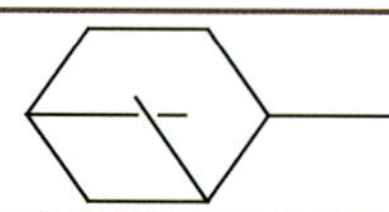	주니퍼베리, 파인	
미르센(Myrcene)	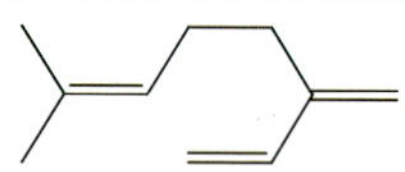	주니퍼베리, 파인, 오렌지, 만다린	

(2) 세스퀴테르펜(sesquiterpenes)

세스퀴테르펜은 이소프렌 단위 3개로 연결된 형태로 이름이 -ene로 끝난다. 세스퀴테르펜 화합물은 나무, 뿌리 및 국화과 식물에 많이 존재하며, 미들이나 베이스 향을 나타낸다.

항균, 항진균, 항알러지, 혈압강하, 해열 효과가 있다.

세스퀴테르펜 화합물

성분	구조	에센셜오일	효능
비사볼렌(Bisabolene)	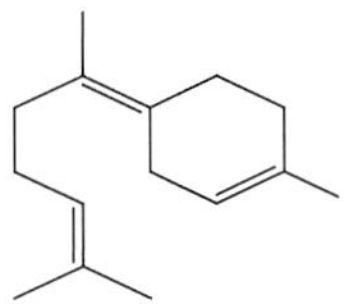	저먼 카모마일	진정 항염 소염 항바이러스
카마쥴렌 (chamazulene)	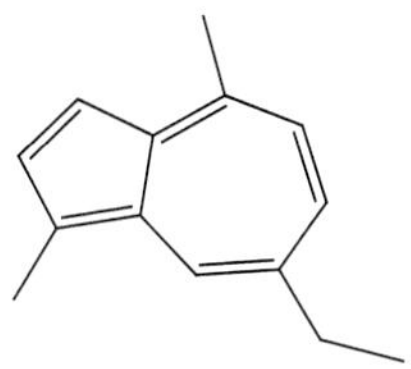	저먼 카모마일	
베타-파르네센 (β-farnesene)	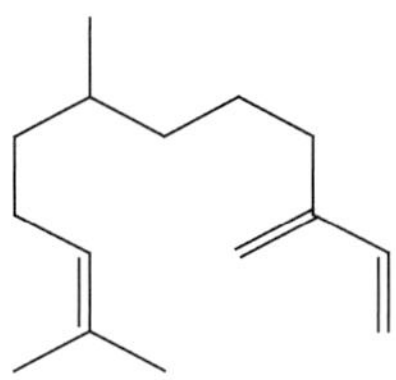	장미	
카리오필렌 (caryophyllene)	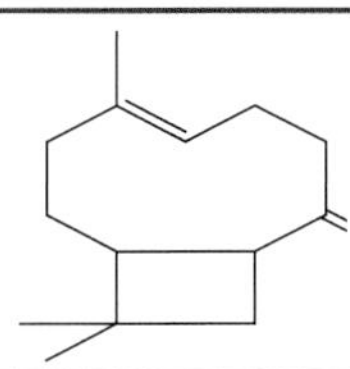	클로브, 블랙페퍼	

2) 테르페노이드(Terpenoids)

테르펜 화합물에 산소를 포함하고 있는 작용기가 결합된 화합물을 테르페노이드라고 하며, 에센셜오일의 특성은 결합된 작용기(알코올, 알데하이드, 케톤 등)에 의해 결정된다.

(1) 모노테르펜 알코올(모노테르페놀, monoterpenols)

모노테르펜 알코올은 10개의 탄소 원자를 가지고 있으며 이름이 -ol로 끝나며, 에센셜오일 구성성분 중 가장 안전하고, 상쾌하고 기분을 향상시키는 향이다.

강한 항균, 항진균, 항바이러스성 특징과 강장 및 진정 효과가 있다.

모노테르펜 알코올 화합물

성분	구조	에센셜오일	효능
리나롤(Linalool)	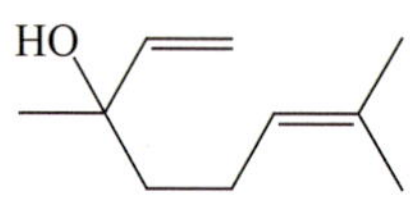	로즈우드, 라벤더	
제라니올(Geraniol)	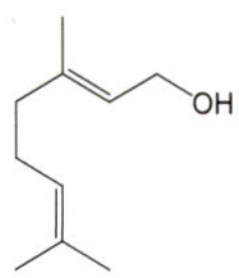	제라늄, 팔마로사	
알파 테르피네올 (α-terpineol)	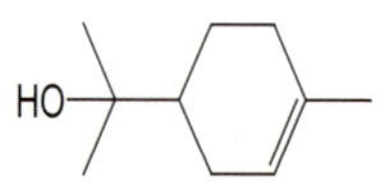	유칼립투스, 카주풋	진정제 혈관수축
멘톨(menthol)	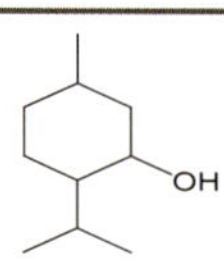	페퍼민트	
시트로네롤(Citronellol)	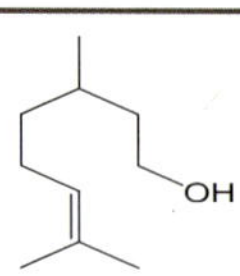	시트로네랄, 로즈	

(2) 세스퀴테르펜 알코올(세스퀴테르페놀, sesquiterpenol)

세스퀴테르펜 알코올은 15개 탄소 원자를 가지고 있으며 이름이 -ol로 끝나며, 베이스 노트의 무거운 향이다. 항염 효과가 뛰어나며, 순환을 촉진하여 면역계를 강화하고, 항경련 효과가 있다.

세스퀴테르펜 알코올 화합물

성분	구조	에센셜오일	효능
알파-산타롤 (α-santalol)	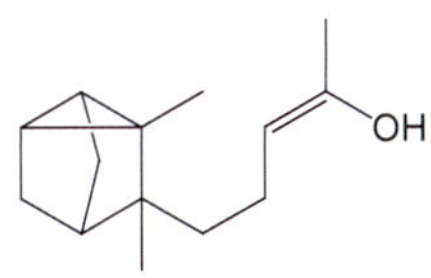	샌달우드, 로즈	항바이러스 항염 진정 항알러지
알파-비사볼롤 (α-bisabolol)	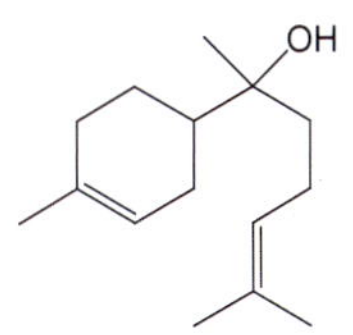	저먼 카모마일	
베타-파르네솔 (β-farnesol)	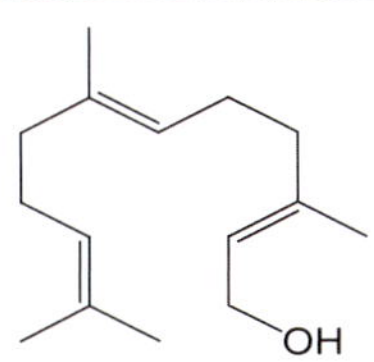	장미	

3) 페놀(phenol)

페놀은 벤젠고리에 수산기(-OH)가 결합된 화합물로 알코올 화합물보다 강한 항균성을 가지며, 신경계에 자극제로 작용하며, 진통, 진정 효과가 있다. 그러나 페놀 화합물은 피부와 점막에 자극이 있고, 많은 양을 사용 시 독성이 있으며, 간세포를 손상시키므로 다량 혹은 장기간 사용은 피해야 한다.

유해한 페놀 성분을 함유하고 있어 아로마테라피에서 사용이 금지된 에센셜오일에는 페니로얄(pennyroyal), 히솝(hyssop), 웜우드(wormwood), 머그워(mugwort) 등이 있다.

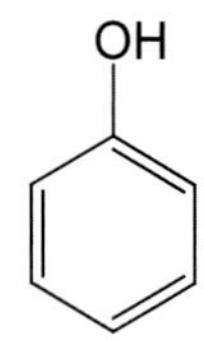

페놀의 구조

페놀 화합물

성분	구조	에센셜오일	효능
티몰(Thymol)	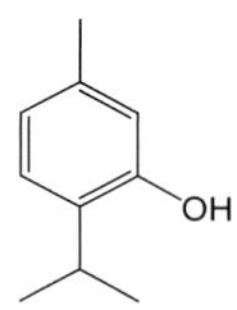	타임, 오리가넘	멸균 살균력 혈청 콜레스테롤 저하
카바크롤(Carvacrol)	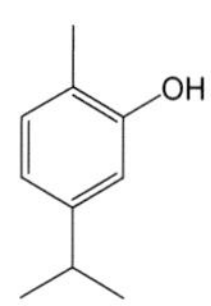	타임, 오리가넘	

4) 에테르

에테르는 탄소와 탄소 사이에 산소가 결합되어 있으며, 작용기를 알콕시기(alkoxy group, -OR) 또는 페녹시기(phenoxy group)라 명명하거나 끝에 에테르라는 말을 붙인다.

예) CH_3CH_2-O-CH_2CH_3 : 디에틸에테르

에테르 화합물은 향이 강하며, 열이나 빛에 안정하다. 많은 양의 에테르 화합물은 신경독성을 일으켜 경련이나 사망에 이르게 할 수도 있으며, 진경제, 진통제, 항균 효과가 있고, 환각작용을 나타내는 향정신제 효과도 있다.

에테르 화합물

성분	구조	에센셜오일	특징
미리스트신 (Myristicine)	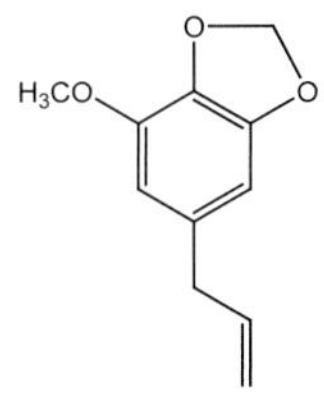	너트맥	진경제 진통제 항균
유게놀(Eugenol)	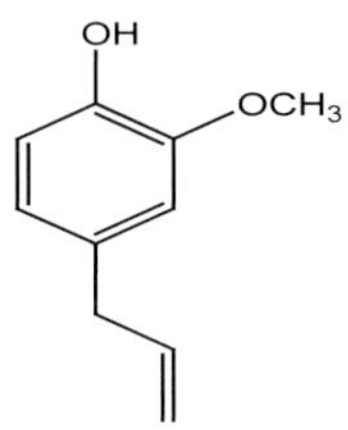	클로브 꽃, 바질	
아네톨(Anethol)	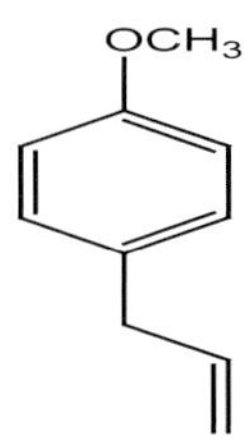	아니시드, 펜넬	
메틸 차비콜 (Methyl chavicol)	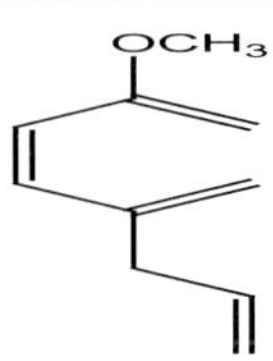	바질	

5) 케톤

케톤 화합물은 탄소 원자에 산소가 이중결합 된 구조로 이름에 -one으로 끝난다.

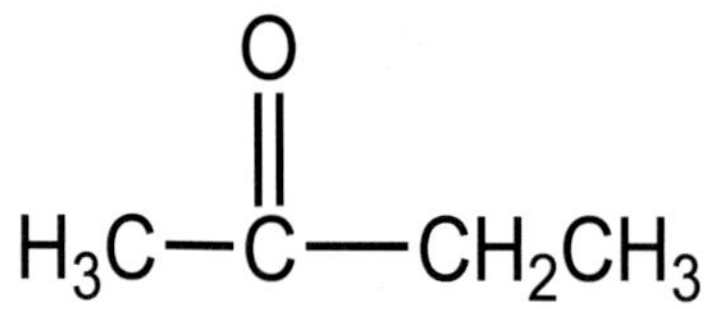

메틸에틸케톤

케톤 화합물은 에센셜오일 성분 중 가장 강한 신경독성을 가지고 있어 다량으로 사용 시 신경독성, 발작 및 유산을 유발할 수 있으므로 케톤이 많이 함유된 세이지, 히솝 등은 간질 환자, 임산부, 영유아에게는 사용 금지이며, 반드시 1% 미만으로 희석하여 단기간만 사용하는 것이 좋다. 그러나 자스민에 있는 자스몬, 에버라스팅에 함유된 이탈리돈은 위험하지 않은 케톤 화합물이다.

케톤 화합물

성분	구조	에센셜오일	특징
피노캄폰(Pinocamphone)	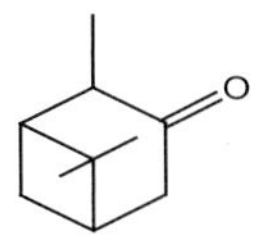	히솝	
피페리톤(piperitone)	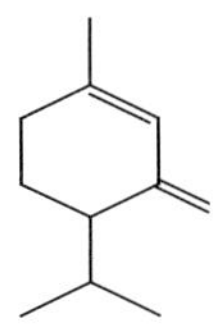	유칼립투스	
캠퍼(Camphor)	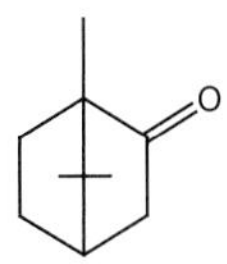	캠퍼	신경독성 상처치료 효과 낙태약 진통제 항바이러스
버베논(verbenon)	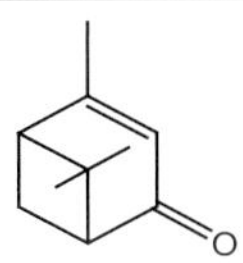	프랑킨센스, 로즈마리	
플레곤(Pulegone)	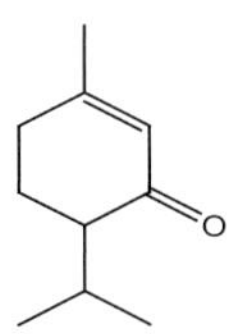	페니로얄	

6) 에스테르

에스테르는 알코올과 산의 반응으로 만들어지며 명명법은 알코올의 -ol 대신 -yl을 붙이고, 산의 -ic acid 대신 -ate를 붙인다.

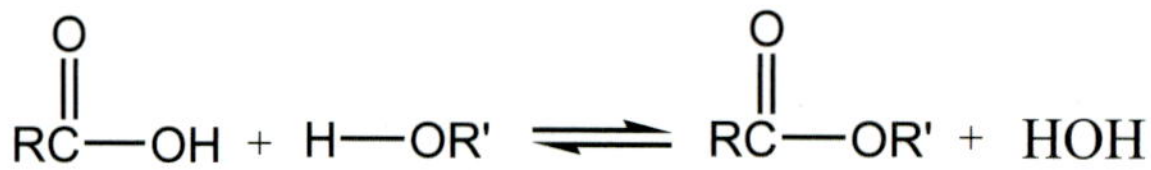

에스테르화 반응

에스테르 화합물은 과일 향이나 강한 꽃 향을 가지며, 항진균, 항경련 및 진정 효과가 있다. 특히 에스테르가 많이 함유된 로만 카모마일의 경우 진경 효과가 뛰어나다. 또한 에스테르 화합물은 체내에서 쉽게 대사되어 배출되므로 가장 안전하고 피부에 해가 없는 성분이다.

에스테르 화합물

성분	구조	에센셜오일	특징
리나릴 아세테이트 (Linalyl acetatea)	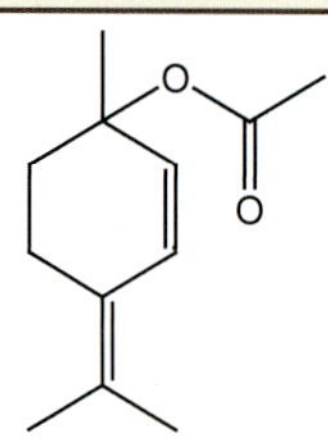	라벤더, 페티그레인	
벤질 아세테이트 (Benzyl acetate)	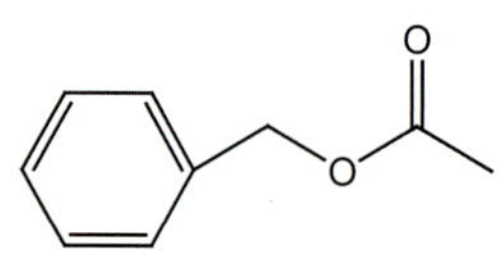	자스민, 일랑일랑	진경제 항염증제 신경계 안정 항진균제
제라닐 아세테이트 (Geranyl acetate)	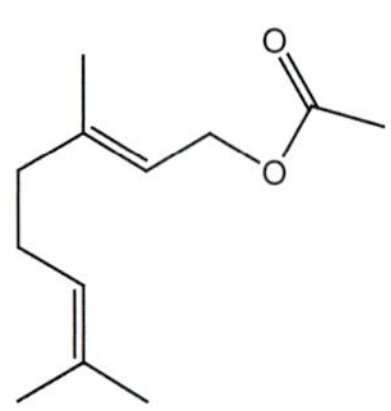	제라늄, 팔마로사	

7) 알데하이드

알데하이드는 한 개 혹은 두 개의 수소가 결합된 카르보닐기로 이루어진 유기화합물로 이름 끝에 알(-al)이나 알데하이드(aldehyde)를 붙인다.

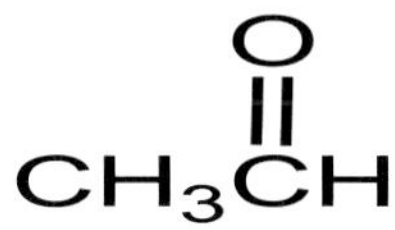

아세트알데하이드

알데하이드 화합물은 상쾌한 감귤 향을 가지며, 휘발성이 강한 탑노트이며 민감성 피부 및 알러지 피부에 약간 자극이 있다. 알데하이드 화합물은 항균, 항바이러스 효과와 혈압강하, 혈관 확장, 신경계 안정의 효과가 있다. 그러나 알데하이드 화합물은 불안정하여 공기에 노출되면 쉽게 산화된다.

알데하이드 화합물

성분	구조	에센셜오일	특징
시트로네랄 (Citronellal)	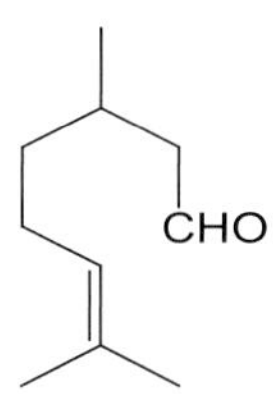	유칼립투스, 시트로넬라	신경계 안정 항염증성 혈관 확장 혈압강하제 항진균제
시트랄	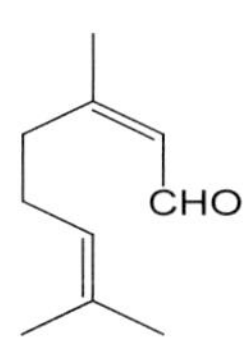	레몬, 레몬글래스	

8) 산화물(Oxide)

고리 모양 탄화수소 화합물의 고리에 산소가 포함된 구조로 이름이 -ole 또는 -oxide로 끝난다. 산화물은 매우 불안정하여 고온이나 공기 또는 물에 장시간 노출되면 쉽게 반응하여 산화되며 대표적인 물질로 1,8-시네올이 있으며, 가래를 나오게 하는 거담 효과와 항균, 항바이러스 효과가 있다. 그러나 1,8-시네올은 점막에 자극이 있어 유칼립투스 글로블러스의 경우 과다 사용 시 천식 발작을 유발할 가능성이 있어 주의해야 한다.

산화물 화합물

성분	구조	에센셜오일	특징
1,8-시네올 (1,8-cineole)	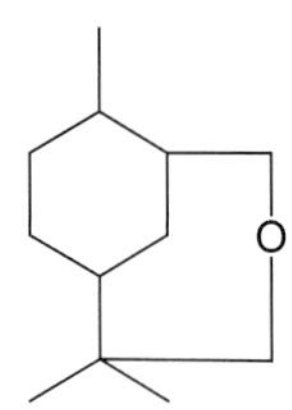	유칼립투스	거담 작용 소화기관 분비액 자극

9) 락톤

락톤은 에스테르기를 함유한 고리형 화합물로 이름이 -in, -ene, -one으로 끝나며, 케톤 화합물과 유사한 신경독성 효과가 있으며, 피부 알레르기를 유발할 수 있다. 락톤 화합물은 분자의 크기가 커서 증류추출로는 소량만 추출되며, 압착법이나 앱솔루트 오일에서 발견된다. 락톤은 거담제, 진통제, 해열제의 효과가 있다.

버가못 등 시트러스 계열의 에센셜오일에는 버갑텐 성분이 함유되어 색소침착을 일으키는 광감성이 있으므로 사용 후 직사광선에 노출되지 않도록 주의해야 하며, 버가못을 증류법으로 추출한 오일에는 푸로쿠마린(Furocumarin)과 버갑텐(Bergaptene) 성분이 함유되어 있지 않아 감광성이 없으며, 이를 FCF(Furocumarin Free)이라 한다.

락톤 화합물

성분	구조	에센셜오일	특징
버갑텐 (Bergaptene)	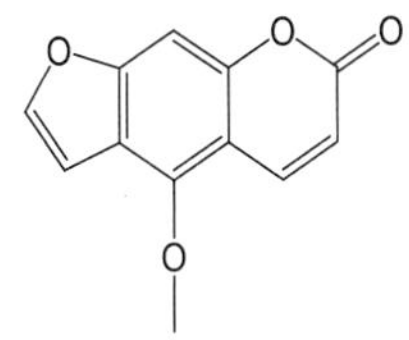	버가못 등 시트러스 계열	감광성 혈압강하제 진정제 진통제
쿠마린 (Coumarin)	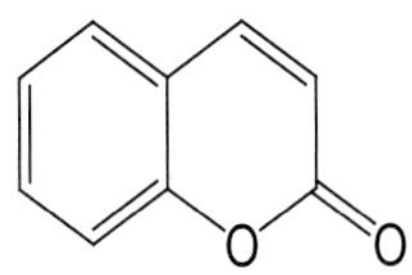	버가못 등 시트러스 계열	

Aroma Therapy

0

에센셜오일

1. 에센셜오일의 식물학적 분류
2. 에센셜오일의 주요 작용 해석
3. 에센셜오일 각론
4. 에센셜오일의 위험성
5. 에센셜오일의 증상별 레퍼런스 차트

06

에센셜오일

1. 에센셜오일의 식물학적 분류

식물에 대한 정확하고 유용한 특징을 기재, 동정하기 위한 간편한 체계를 마련하기 위해서, 식물 명명의 필요성으로 학명이 등장하게 되었다. 식물 명명에 기초가 되는 규정을 1737년 'Linneaus'가 처음으로 제안하여 국제식물학회의에서 거듭된 개정을 거쳐 1930년 회의에서 국제적으로 공인된 명명 절차로 표준화되었다.

각각의 식물과 채취 부위에 따른 특성과 작용에 대한 이해를 높이기 위하여 인위적 방법으로 식물학 분류체계 중의 과로 분류하여, 식물이 속해 있는 에센셜오일과 대표적인 특성을 알아보도록 한다.

과 명 (Family)	정유 (Essential oil)	특 성
Anonaceae (포포나무과)	Ylang ylang	신경안정, 자율신경균형, 혈액순환, 최음작용
Apiaceae (산형과)	Aniseed	소화, 구풍, 자극, 강장 케톤, 페놀에스테르의 존재로 신경독성을 가지기도 함
	Caraway	
	Fennel	

<table>
<tr><td rowspan="2">Asteraceae
(=Compositae)
(국화과)</td><td>Roman chamomile</td><td rowspan="2">신경안정, 항염, 항균작용, 소화
각종 피부염 및 세포재생</td></tr>
<tr><td>German chamomile</td></tr>
<tr><td rowspan="2">Burseraceae
(감람과)</td><td>Frankincense (olibanum)</td><td rowspan="2">세포재생작용. 조직의 상처, 궤양,
창상에 유효, 거담 작용,
면역부전에 관여</td></tr>
<tr><td>Myrrh</td></tr>
<tr><td rowspan="2">Cupressaceae
(측백나무과)</td><td>Cypress</td><td rowspan="2">요료감염증, 순환기계질환, 두피질환</td></tr>
<tr><td>Juniper</td></tr>
<tr><td rowspan="2">Geranaceae
(쥐손풀이과)</td><td>Bourban geranium</td><td rowspan="2">신장을 통한 이뇨, 수렴, 지혈작용
호르몬 분비의 균형</td></tr>
<tr><td>Rose geranium</td></tr>
<tr><td rowspan="10">Lamiaceae
(=Labiatae)
(꿀풀과)</td><td>Lavender</td><td rowspan="10">진통완화, 근육통 및 염증,
소화기능 개선
호흡기계, 세포재생에 대한 조절
건강을 유지하기 위한 신진대사 기능
세지와 히솝은 신경독성을 나타내는
케톤류를 함유</td></tr>
<tr><td>Basil</td></tr>
<tr><td>Clary sage</td></tr>
<tr><td>Rosemary</td></tr>
<tr><td>Patchouli</td></tr>
<tr><td>Peppermint</td></tr>
<tr><td>Sage</td></tr>
<tr><td>Thyme</td></tr>
<tr><td>Marjoram</td></tr>
<tr><td>Hyssop</td></tr>
<tr><td rowspan="4">Lauraceae
(녹나무과)</td><td>Cassia</td><td rowspan="4">항진균, 항박테리아. 항바이러스, 강장
생식기능 강화, 순환기능 자극
독성이 강하므로 주의를 요함.
고양작용</td></tr>
<tr><td>Sassafras</td></tr>
<tr><td>Rosewood</td></tr>
<tr><td>Cinnamon</td></tr>
<tr><td rowspan="5">Myrtaceae
(도금양과)</td><td>Eucalyptus globulus</td><td rowspan="5">살균, 항바이러스, 수렴, 흥분,
강장작용 등
자극성이 있으므로 주의 요함</td></tr>
<tr><td>Eucalyptus radiata</td></tr>
<tr><td>Teatree</td></tr>
<tr><td>Clove</td></tr>
<tr><td>Niaouli</td></tr>
</table>

Oleaceae (물푸레나무과)	Jasmine	긴장 완화, 호르몬 조절, 자궁수축, 유즙분비
Piperaceae (후추과)	Black pepper	근육통, 거담, 흥분, 강장작용, 몸을 따뜻하게 함
Poaceae (=Gramineae) (화본과/벼과)	Lemongrass Citronella Palmarosa Vetiver	공기정화, 항염증, 심리적 안정과 편안함 베티버는 면역활성작용
Pinaceae (소나무과)	Pine Atlas Cedarwood	기관지, 순환기 개선, 신경강화, 세균성장 억제
Rosaceae (장미과)	Rose otto	수렴, 응혈, 세포재생, 호르몬조정, 신경강장작용 등
Rutaceae (운향과)	과피(Peel): Lemon, Grapefruit, Bergamot, Mandarin, Orange 잎(leaf): Petitgrain 꽃(flower): Neroli	살균, 흥분, 강장, 소화기계강장(진경), 진정(신경계)작용 등
Styraceae (때죽나무과)	Benzoin	수지로서 거담, 세포재생작용, 건조피부완화

2. 에센셜오일의 주요 작용 해석

강장작용	몸의 특별한 기관을 강화하는 작용
거담작용	가래의 제거를 돕는 작용
구풍작용	복부 가스를 제거하는 작용
담즙분비작용	담즙분비를 자극하는 작용
데오트란트작용	체취를 감소, 제거하는 작용
면역기능 항진작용	면역계를 자극하여 감염에 대하여 몸의 방어 능력을 강화하는 작용
발한작용	땀의 배출을 촉진하는 작용
살균소독작용	국소적인 세균 감염을 저지하거나 세균을 죽이는 작용
살진균작용	효모, 사상균을 죽이거나 증식을 억제
세포 재생작용	세포를 재생시키는 작용
수렴작용	조직을 긴축시키고 체액의 상실을 감소시키는 작용
신경강화작용	신경계를 강화하는 작용
이뇨작용	뇨의 생성을 증대시키는 작용
인적작용	피부에 적용했을 때 온감과 붉어짐을 일으키는 작용
자궁 강장작용	자궁을 강화하는 작용
자극촉진작용	자극을 촉진하는 작용

점액용해작용	점액을 풀어 녹여서 해소시키는 작용
제음작용	성적 반응을 저하시키는 작용
진경작용	경련, 경직(주로 장과 자궁의 경련)을 예방하거나 완화시키는 작용
진정작용	신경계를 진정시키는 작용
진통작용	통증(아픔)을 완화시키는 작용
진해작용	기침을 진정시키는 작용
창상치유작용	창상 회복, 치유를 촉진하는 작용
최음작용	성적 반응을 높이는 작용
통경작용	월경(생리)을 유발시키는 작용
항바이러스작용	바이러스를 죽이거나 증식을 억제하는 작용
항생물질작용	체내에서 감염과 싸우는 작용
항염증작용	염증을 억제시키는 작용
항우울작용	우울한 기분을 밝고 좋게 하는 작용
해독작용	몸에서 독소를 제거하는 작용
해열작용	열을 내리는 작용
혈압강하작용	혈압을 내리는 작용
혈압상승작용	혈압을 올리는 작용

3. 에센셜오일 각론

아로마테라피에서 많이 사용되고 있는 40종의 에센셜오일을 알파벳 순서로 정리하였다.

1) Basil(바질)

학명	*Ocimum basilicum*
과명	꿀풀(Labiatae)
추출부위	꽃과 잎
추출방법	수증기 증류법
원산지	열대 아시아, 아프리카, 동부유럽, 미국, 프랑스
특징	노랑 / 무색에 가까운 유동성 액체
향 / 노트	달콤한 스파이스 향 / 탑노트
화학 구성 성분	α-pinene, camphene, β-pinene, myrcene, limonene, cis-ocimene, camphor, linalool, methyl, chavicol, α-terpineol, geraniol, eugenol.

(1) 식물학적 특성

바질은 잎의 길이가 0.5m 정도의 일년생 허브이다. 다양한 품종이 전 세계적으로 재배되고 있고 각각의 품종은 기온, 지리학적 위치, 토양, 강수량과 같은 환경요소에 따라서 특유의 에센셜오일을 생산한다. 꽃은 여름에 원줄기의 윗부분에서 이삭 형태로 층층이 돌려나고 자줏빛을 띤 흰색이다. 포는 달걀 모양, 꽃받침은 관 모양, 열매는 달걀 모양 또는 긴 타원형의 작은 견과이다.

이집트인들은 신에게 제물을 바칠 때 향으로 사용하거나 미이라를 만들 때, 몰약에 향유를 혼합하여 사용하기도 했다. 인도 문화에서는 법정에서 맹세를 할 때 사용될 만큼 신성하게 사용되고, 죽은 사람들의 영혼을 달래는 목적으로 힌두교에서는 신에게 바치는 신성한 향초로 숭상했다. 그리스 정교회는 바질을 성수를 준비하는데 사용하고, 이란이나 이집트에서는 묘에 바질을 심기도 했다.

바질은 알랙산더 대왕에 의해 유럽에 전해졌고 바질의 종명 'basilicum'은 '왕'이라는 뜻의 그리스어로 뛰어난 향 때문에 '왕의 허브'라고 불린다. 중국에서는 혈액순환과 위장, 신장 장애에 사용되었고, 중세시대에는 우울증의 치료 약초로도 재배되었다.

고대 인도에서는 피부, 호흡기, 소화기 질환 및 뱀이나 벌레에게 물렸을 때 사용하였으며, 바질과 라벤더와 함께 사용하면 시너지 효과를 통해 더 좋은 효과를 기대할 수 있다. 바질은 잎을 뜯기만 해도 공기 중에 향이 퍼질 정도로 향이 강하고 공기를 맑게 하며 생기를 불어넣는 역할을 한다. 과거에는 신경통이나 류머티즘 약으로 사용되었고 말려서 가루로 만들어 가지고 다니면서 코로 향기를 흡입했다.

(2) 임상연구

바질의 메틸 차비콜 케모타입은 항미생물성 및 항진균성의 효과가 있는 것으로 밝혀졌다.

(3) 주요 치유작용

강장, 거담, 구풍, 구충, 해열, 건위(소화촉진), 진경, 건강회복, 항우울, 항신경장해, 유즙분비, 항감염, 항균, 살균, 소독, 자극, 두뇌명석, 진통, 통경작용

(4) 적용 증상

① **소화계**

구토, 내장질환, 메스꺼움, 소화불량, 딸꾹질과 같은 소화기 장애에 유용하다.

② **신경계**

나약함, 우유부단, 히스테리 등 신경장애에 사용할 수 있고 머리를 맑게 하고 정신적 피로를 없애준다.

③ **면역계**

발한과 해열에 효과적이며 아율베다에서는 말라리아에 의한 열에 블랙페퍼와 함께 사용한다고 전해진다.

④ **호흡계**

항경련성 호흡기계, 부비강 울혈, 천식, 인플루엔자, 백일해 증상을 없애는 데 사용한다.

⑤ **스킨케어**

피부관리 시 낮은 농도로 사용한다. 자극적일 수 있으므로 별로 추천하지 않는다. 메틸차비콜(methyl chavicol)이 피부에 자극을 줄 수 있으므로 민감성 피부는 주의해야 하며, 고용량으로 사용 시 발암성의 위험이 있으므로 소량으로 조금씩 사용해야 한다.

⑥ **생식기계**

월경지연, 생리불순, 복부경련 증상에 이용하면 좋은 효과를 볼 수 있다.

(5) 주의사항

민감성 피부에 자극적이며 임신 중 사용은 금기된다. 아로마테라피에서는 메틸 차비콜 함량을 5% 이하로 제한한다.

2) Bergamot(버가못)

학명	*Citrus bergamia*
과명	운향과(Rutaceae)
추출부위	과피(과일 껍질)
추출방법	압착법
원산지	이탈리아의 칼라브리아 주 남부 해안선
특징	그린 혹은 올리브 녹색의 유동성 액체
향	달콤한 과일향의 탑노트
화학 구성 성분	α-pinene(1.0%), β-pinene(5.7%), myrcine(0.9%), limonene(33.0%), α-bergaptene(0.23%), β-bisabolene(0.57%), linlool(13.45%), linlyl acetate(31.3%), enrol(0.1%), neryl axetate(0.42%), geraniol(0.05%)

(1) 식물학적 특징

이탈리아, 모로코에서 생산되는 높이 200cm 정도의 감귤류 나무이다. 긴 녹색의 잎과 흰 꽃을 피운다. 과실은 작은 오렌지 크기로 표면이 울퉁불퉁하며, 서양 배와 같은 형태를 가졌다. 열매는 녹색에서 노란색으로 변하면서 익어가며 오렌지와 매우 흡사하다. '티저랜드'에 따르면 버가못 오일은 이탈리아 전통의학에서 수년간 해열과 방충제로 이용되었다고 한다. 나폴레옹 시대에는 향수로 인기를 얻었다. 이탈리아의 페미니스 가문에 의해 화장수인 오데코롱의 주성분으로 활용되었다. 버가못은 씨에 의해 번식되는 것이 아니라 비터오렌지 나무에 접을 붙여 증식한다. 17세기에는 이탈리아에서 버가못오일이 만들어졌고, 말라리아와 같은 열병과 기생충의 치료를 목적으로 사용되었다. 버가못은 북이탈리아 지방의 버가못(Bergamo)에서 따온 이름으로 역사적으로 열을 식혀 달래고, 말라리아로부터 보호하고 회충을 제거하는데 사용되어 왔다.

(2) 임상연구

버가못에 들어있는 5-methoxypsoralen으로 알려진 버갑텐은 사람의 피부에 실험했을 때 광독성을 나타내었다. 또한 입가의 헤르페스를 억제하는 것으로 나타났다.

(3) 주요 치유작용

강장, 항우울, 항진통, 방부, 항바이러스, 구풍, 살충, 해독, 해열, 진정, 상처치료, 마취, 설사억제, 소화불량

(4) 적용 증상

① 소화계

구풍, 소화, 복통 경감, 소화불량, 식욕부진 등을 없애는 데 유용하다.

② 신경계

버가못은 정신을 고양시키며 긴장, 걱정, 우울증, 섭식장애 치료용으로 사용한다.

③ **면역계**

입 주위의 발진을 유발하는 헤르페스(Herpes simplex Ⅰ) 바이러스의 활성을 억제시키는 것으로 알려져 있다. 입술 헤르페스, 수두, 대상포진을 치료할 때 티트리, 라벤더, 버가못의 배합이 특히 효과적이다. 또한 감기, 열, 유행성 감기 등에도 유용하다.

④ **비뇨기와 생식계**

방광염과 비뇨기 감염치료에 권장되는 오일이다. 방광염 초기 단계에 버가못오일 3방울 이내로 목욕 및 좌욕에 적용한다.

⑤ **스킨케어**

방부효과가 있어 상처, 헤르페스, 여드름에 유익하며 습진, 건선치료에 가장 효과적이다. 또한 수렴작용으로 지성피부에 좋다.

(5) 주의사항

버가못오일에 함유된 버갑텐은 광독성을 가지므로 마사지나 목욕 시 버가못오일을 사용한 다음에는 직사일광의 노출을 피하고 외출 시 반드시 자외선 차단제를 바른다.

3) Black pepper(블랙페퍼)

학명	*Piper nigrum*
과명	후추과(Piperaceae)
추출부위	열매
추출방법	수증기 증류법
원산지	인도, 인도네시아
특징	투명에서 연녹색을 띠는 유동성이 있는 액체
향	마른나무 냄새, 따뜻하고 스파이시한 향
화학 구성 성분	α-pinene(5.8%), camphene(0.1%), β-pinene(10.4%), δ-3-carene(20.2%), limonene(17.1%), g-terpinene(0.8%), terpinolene(1.0%), ρ-cymene(0.8%), β-caryophyllene(27.8%)

(1) 식물학적 특성

블랙페퍼는 약 5m까지 올라가는 다년생 덩굴성 식물로 덜 익은 열매들을 건조시키고 가루로 빻아서 상업적인 후추를 얻게 된다. 검정후추는 매운맛이 더 강하며 매운맛은 피페린(Piperin) 성분이 들어있기 때문이다.

인도에서 블랙페퍼는 오래도록 향신료로 사용되어 왔다. B.C 4세기경 테오파라투스(Theophrastus)가 블랙페퍼의 특징을 서술했을 정도로 가장 오래된 향신료 중의 하나이며 고기의 보관, 음식냄새를 제거하는데 사용되어 왔다. 후추는 옛날부터 향신료로 고기에 양념을 해서 보관하거나 역겨운 음식 냄새를 없애는데 사용되었다. 인도의 유적지에서 기원전 2000년경의 후추 열매가 발견된 것으로 보아 이용 역사는 매우 오래된 것으로 추정된다.

후추는 완전히 성숙하지 않은 녹색 종자를 수확한다. 동남아시아에서는 이 녹색 후추를 꽃차례(화서, Inflorescence)에 달린 채로 요리하여 먹기도 한다. 보통 수확한 녹색 후추는 뜨거운 물에 일정 시간 데친 후 말리면 세포가 쉽게 파괴되면서 표면은 쭈글쭈글해지고 검은색으로 변한다. 보통 건조 과정은 태양광에서 며칠 동안 진행된다. 유럽 민간요법에서는 위장장애 시 구풍제로 사용하였다.

중국 전통의학과 인도 아율베다에서는 해독, 노화예방, 구풍, 배설 및 몸을 덥히는 약재로 사용한다. 몸과 마음을 따뜻하게 하여 기력을 충전시키고 싶을 때 사용하면 좋고, 생기와 활력을 넣어주는 오일이다.

(2) 임상연구

블랙페퍼는 몸을 따뜻하게 해주고 습하지 않게 하며 위장의 냉기와 가스에 매우 유용하다. 하지만 70μg/ml를 초과하는 농도에서는 비어 있는 공장(십이지장에서 회장에 이르는 소장의 한 부분을 말함)에서 경련을 일으킨다. 블랙페퍼는 항균성이 있는 것으로 밝혀졌다.

(3) 주요 치유작용

방부, 구풍, 항경련, 이뇨, 해열, 발한, 위장강화, 강장

(4) 적용 증상

① 소화계

위장강화, 항경련성, 구풍 작용이 있는 후추는 소화기계 장애를 치료한다. 소화불량, 변비, 헛배부름, 식욕부진에 권장한다.

② 순환계

블랙페퍼는 비장에서 새로운 혈액세포를 생산하도록 자극하여 빈혈 예방에 도움을 주고 동상으로 인한 순환장애에도 사용된다.

③ **근골격계**

근육통, 류머티즘, 어깨통증 및 결림, 근육의 경직, 지치고 아픈 팔과 다리와 같은 증상을 없애고 훈련이나 작업 전에 근육의 통증과 뻣뻣함을 예방하는데도 사용할 수 있으며, 작업의 능률을 향상시킨다.

④ **스킨케어**

피부관리에는 일반적으로 사용하지 않는다.

(5) 주의사항

블랙페퍼 오일은 비자극성, 비민감성으로 금기사항은 없지만, 과도한 사용은 신장을 자극할 수 있다.

4) Carrot seed(캐롯 시드)

학명	*Eaucus carota*
과명	산형화과(Apiaceae)
추출부위	말린 야생 당근 씨 / 당근뿌리
추출방법	수증기 증류법(씨) / 솔벤트 추출법(뿌리)
원산지	유럽, 아시아, 북아메리카
특징	엷은 오렌지 갈색을 띠는 액체
향	마른 나무향의 흙냄새와 달콤하면서 신선한 향
화학 구성 성분	α-pinene(13.3), β-pinene(18.29), carotol(18.29), limonene, β-bisabolene, β-elemene, β-farnesene, geranilo, caryophyllene, methyl eugenol, vanillin, asorone

(1) 식물학적 특성

당근은 높이 1.5m 정도의 직립성 줄기에 여러 개의 가지를 갖는 일년생 혹은 다년생 허브이다. 일반식용 당근은 적색 오렌지색의 과육질의 직근성 뿌리인 반면 야생당근은 질긴 흰색 뿌리를 갖는다.

(2) 임상연구

캐롯시드 오일은 동물의 내부기관에서 혈관확장 및 불수의근 이완효과를 나타낸다.

(3) 주요 치유작용

세포정화, 이뇨, 구풍, 통경, 간 기능 강화

(4) 적용 증상

① 해독작용

간 기능을 강화하고 간세포를 정화시키며 이뇨작용이 있다. 급성간염, 극심한 담즙이상 발작, 약물 중독 등에 처방되지만 질병이 생기기 전에 처방되어야 한다.

② 상피계

피부의 세포재생, 노화피부, 피부염, 피부 염증, 피부발진 및 주름, 습진, 건선 등에 매우 권장하며, 캐롯시드 오일과 라벤더 및 윗점오일과의 블랜딩을 추천한다.

③ **스킨케어**

환경적인 스트레스로 인해 지친 피부, 칙칙하고 창백한 피부에 권한다.

(5) 주의사항

캐롯시드 오일은 무독성, 무자극, 비민감성으로 매우 안전하다.

5) Atlas cedawood(아틀라스 시더우드)

학명	*Cedrus atlantica*	
과명	소나무과(Pinaceae)	
추출부위	목재, 베어낸 나무뿌리, 톱밥	
추출방법	수증기 증류법	
원산지	유럽	
특징	노란색이거나 짙은 황색의 유동성 액체	
향	캠퍼향과 크레졸(cresylic)한 나무향의 언더톤	
화학 구성 성분	Sesquiterpenes(himachalenes 14.5%, α-himachalene 10%, β-himachalene42%, cis-bisabolene 1.2%), Sesquiterpene alcohols(himachalil 4%, alli-himachalol 2.3%), Ketones(α-atlantone 2.65%, γ-atlantone 5%), Oxides(himachalene oxide 1%)	

(1) 식물학적 특성

아틀라스 시더우드는 키프러스(Cyprus)섬과 레바논에서 자생하는 레바논 삼나무(Lebanon cedar)에서 유래되었다. 아틀라스 시더우드(Atlas cedawood)와 버지니아 시더우드(Virginian cedarwood)는 화학적, 후각적으로 완전히 다르다. C. atlantica 나무는 소나무(Pine)이고, Juniperus virginiana는 사이프러스(Cypress)이다.

시더우드는 샌달우드와 비슷하게 방부성이 강하여 고대 이집트인들은 미라를 덮는 관을 만드는데 사용되었으며, 다산, 영적인 강함을 상징했다. 아틀라스 시더우드와 버지니아 시더우드 두 종류로 나뉘는데 화학적, 후각적으로 서로 다른 오일이다. 아틀라스 시더우드는 소나무과이고 버지니아 시더우드는 사이프러스에 속하며, 특성은 다르지만 오일적 효능은 유사하다. 그동안 과도하게 벌채를 해서 현재 희귀종으로 되었다.

고대 이집트 문헌과 유물들에서 발견된 시더우드는 종교의식과 미이라 방부처리, 화장품, 향수용으로 사용되었다. 삼나무(Cedar)는 성경에서도 언급되었으며 솔로몬의 노래에 삼나무는 솔로몬의 성전을 건설하는데 사용하였다. 이는 풍요, 번성과 영혼, 힘을 상징하는 뜻으로 'Cedar'란 이름은 '힘'을 상징하는 아라비아어 'kedron'에서 유래되었다.

그리스 약학자 디오스코리데스와 의사 갈렌은 시체의 부패를 막아 보존하는 작용이 있다고 언급하였으며, 1698년 프랑스의 약계사였던 니콜라스 레머리는 아틀라스 시더우드의 치유적 본능이 비뇨기, 폐질환을 소독하는 역할을 한다고 하였다. 이외에도 남성, 여성 향수에 고착제로서 많이 사용되고 있다.

(2) 임상연구

아틀라스 시더우드는 임상연구에서 원형탈모증 환자를 위한 두피 오일로 사용했다. 캐리어오일에 시더우드를 블랜딩하여 마사지한 실험군의 44%가 눈에 띄게 증상이 호전되었다.

(3) 주요 치유작용

방부, 수렴, 항지루성, 이뇨, 거담, 살충효과, 진정효과

(4) 적용 증상

① 림프계

림프배농을 원활하게 하고 축적된 지방분해를 촉진시킨다. 완만한 이뇨작용으로 셀룰라이트 및 부종치료에 사용한다.

② 신경계

스트레스, 긴장, 불안감을 풀어주는데 사용할 수 있다.

③ 호흡계

세스퀴테르펜의 성분을 함유하고 있어 점액을 용해시키고 점액분비, 기침, 만성 기관지염에 치료효과가 있다.

④ 비뇨기계

방광염과 비뇨관 감염을 치료하는 데 권장한다.

⑤ 스킨케어

수렴, 방부효과로 지성피부, 여드름, 비듬, 지루성 두피개선, 모발의 성장을 강화시킨다. 몸 안에 독소가 쌓였을 때 나타나는 증상으로는 등에 뭐가 나거나 머리카락이 잘 빠지는 원형탈모 증세가 있다. 만일 두피에 기름기가 많을 때 이 오일을 샴푸에 섞어 사용하면 모발 성장을 강화하고 탈모를 예방하며 여드름, 습진과 같은 피부병에도 매우 유용하다.

(5) 주의사항

무독성, 무자극, 비민감성으로 안정하나 임산부는 금기한다.

6) Chamomile german(카모마일 저먼)

학명	*Matricaria recutita*
과명	국화과(Asteraceae)
추출부위	말린 꽃봉오리
추출방법	수증기 증류법
원산지	불가리아, 헝가리, 벨기에
특징	진한 푸른색의 유동성 액체
향	매우 강하고 달콤한 언더톤의 허브향
화학 구성 성분	camazulen(35.39%), farnessene(27%), α-bisabolol 1.72~67.25%), bisabolol oxide A(55.08%), bisabolol oxide B(18.93%)

(1) 식물학적 특성

약 60cm 키의 일년생 식물로 솜털이 난 잎과 하나의 줄기에 흰꽃을 가진다. 원산지는 유럽이며 특히 중앙 및 북부 유럽지역이다. 카모마일 저먼은 말린 꽃봉우리에서 증기 증류법으로 얻어진다. 허브차로 사용되는 것이 주로 카모마일 저먼 꽃을 말린 것으로 소화불량과 복통, 설사, 구토 등 소화기 질환에 좋으며 가장 온화한 오일 중의 하나이다. 특히, 어린이 치료에 유용하다.

땅을 기면서 자라는 모습을 보고 '땅의 사과' 라는 말이 나왔고 카모마일은 여기서 유래되었다. 유럽 전역과 북아프리카에서 자라며 번식력이 강해 저절로 자생한다. 꽃이 활짝 피면 노란색 꽃술이 동그랗게 올라온다. 정유로 추출하면 아줄렌 성분이 수증기 증류 과정에서 카마줄렌으로 변하며 파란색으로 나타난다.

속명의 Matricaria는 라틴어의 자궁(matrix)을 의미하며 16세기 수녀원과 정원에서 재배되고, 일반 가정집의 상비약으로 마당에서 길렀다고 한다. 카모마일은 저먼 카모마일(chamomile german)과 로먼 카모마일(chamomile roman), 보데골드 카모마일(bodegold chamomile), 다이어스 카모마일(Dyer's chamomile) 등이 있는데, 주로 저먼 카모마일과 로먼 카모마일이 알려져 있다.

카모마일은 지중해 연안과 유럽에서 수천 년간 의학적으로 사용되었고, 저먼 카모마일과 로먼 모두 소화 장애나 피부, 점막 자극 시 이용되었다. 저먼 카모마일의 경우, 허브티로 많이 음용하며 취침 전에 마시면 불면증을 예방해준다고 한다. 고대 이집트인들은 카모마일을 신성한 꽃으로 생각해 태양신에게 받치는 종교의식에 주로 사용하였고, 의학적으로는 발작을 멈추고 열을 내리는데 사용하였다.

(2) 임상연구

카모마일 저먼의 항염증성은 주로 카마줄렌(Chamazulene)에 기인하며, 푸른색을 띠고 있는 이 성분은 원래 꽃에는 함유되어 있지 않으나 추출과정을 거치면서 전구체인 매트리신(Matricine)으로부터 형성되면서 카모마일 저먼 특유의 진한 푸른색을 띠게 되고, 블루 카모마일(Blue chamomile)이라고도 한다.

카모마일 저먼의 소염효과는 쥐에서 관절염 보조제에 관한 실험에서 증명되었다. 또한 모노테르펜과 세스퀴테르펜 성분이 풍부하여 담즙 배출 촉진 및 담즙 분비 작용을 나타낸다.

(3) 주요 치유작용

항알레르기, 항염증, 진통, 소염, 항경련, 살균, 반흔 형성, 담즙배출 촉진, 통경, 간장강화, 진정, 위의 건강, 상처치료

(4) 적용 증상

① **소화계**

복통, 소화불량, 위통치료에 사용하고 간과 담낭을 자극하여 식욕부진과 소화를 촉진한다.

② **면역계**

백혈구의 생산을 촉진하여 면역력을 향상시킨다.

③ **근골격계**

근육통, 류머티즘, 점액낭염, 염좌, 타박성의 건의 염증, 부은 통증성 관절 치료에 유용하다.

④ **비뇨기, 생식계**

방광염과 같은 이뇨관의 감염에 유용하다. 오일을 블랜딩하여 복부에 마사지를 하고 습포를 해준다. 또한 생리촉진 및 조화, 생리불순, 생리증후군(PMS)에 매우 효과적이다.

⑤ **스킨케어**

민감성 피부의 문제에 효과가 탁월하며 습진, 두드러기, 건조하고 가려운 피부, 혈관수축에 유용하며 모세혈관 확장으로 인한 얼굴 홍조증을 감소시켜 준다.

⑥ **영, 유아관리**

안전한 오일 중 하나로 영·유아 관리에 사용할 수 있다.

(5) 주의사항

일반적으로 무독성, 무자극, 비민감성으로 보고되어 있다.

7) Chamomile roman(카모마일 로만)

학명	*Anthemis nobilis*
과명	국화과(Asteraceae)
추출부위	꽃봉오리
추출방법	수증기 증류법
원산지	서부유럽/영국, 벨기에 프랑스, 헝가리
특징	연한 노란색의 유동성 액체
향	달콤한 허브향과 부드러운 과일향
화학 구성 성분	α-pinene(10.0%), camphene(0.5%), β-pinene(10.0%), sabinene(10.0%), myrcene(0.5%), 1,8-cineole(25%), methally angelate(9%), isobutyl isobutyrate(5%), isoamyl angelate(4%), pinocarvone(4%)

(1) 식물학적 특성

약 30cm 높이의 다년생 초본으로 서유럽과 북아프리카가 원산지로 벨기에, 프랑스, 영국 등 유럽에서 재배되고 있다. 'Chamomile'은 그리스어인 'Chamaimelon'에서 유래되었는데 'Chamai'는 땅위, 'Melon'은 사과를 의미한다. 16세기 중엽 로마를 방문한 한 독일인 식물학자가 이 식물을 '로만 카모마일'이라 지칭하면서 그대로 굳어지게 되었다.

저먼 카모마일에 비해 꽃이 많이 피지 않는다. 황색 중심의 흰색 꽃잎이 있는 밝은 태양과 같은 꽃을 피우므로, 이집트에서는 카모마일 로만을 태양의 신 '라(Ra)'에게 바쳤다.

고대 이집트 시대부터 해열 및 신경 진정에 사용되어 왔으며, 유럽에서는 수 세기 동안 소독과 살충을 위한 훈증제, 장식용 꽃, 감기, 두통, 피곤할 때 카모마일 티를 즐겨 마셨다. 그 외 소화불량, 오심, 식욕감퇴, 임신 중 구토, 월경불순, 스트레스로 인한 복통 등에 민간요법으로 사용되어 왔다.

(2) 임상연구

카모마일 로만은 진정 및 항염증 효과를 갖는 것으로 확인되었다. 흰 꽃 품종에서 추출된 오일은 노란색 꽃 품종에서 얻은 오일보다 진정 효과가 훨씬 크며, 엔젤 에스테르(Angelic ester) 성분이 다량 함유되어 진정 및 항염증 효과의 향상에 기여한다.

(3) 주요 치유작용

진정, 진통, 진경, 통경, 소화촉진, 소염, 강장, 항신경통

(4) 적용 증상

① 소화계

온화한 오일 중의 하나로 어린이 치료에 사용하며 복통, 설사, 식욕부진, 소화불량 치료에 사용된다.

② 신경계

진정, 안정, 항우울, 불안장애, 스트레스의 완화, 편두통, 두통, 불면증에 사용된다.

③ 호흡기계

천식 발작 시에 응급처치로 사용하며 전문적인 도움을 받을 때까지 명치, 손목, 관자놀이에 블랜딩한 오일로 사용되어 왔다.

④ 생식계

무월경, 월경불순, 생리전증후군(PMS) 치료에 도움이 된다.

⑤ 스킨케어

민감성 피부, 붉은 피부, 건조한 피부, 모세혈관 확장증, 손상된 피부를 완화시키고, 여드름, 화상, 상처, 동상, 피부염, 이염, 알레르기, 습진 등에 사용될 수 있다.

⑥ 영, 유아관리

가장 온화한 오일 중의 하나로 영, 유아 치료 시에 통증을 경감시켜 주며, 치아가 나오는 아기들과 연관된 통증을 경감시켜 주는 데 사용할 수 있다.

(5) 주의사항

비독성, 무자극, 비민감성으로 매우 안전하나 국화과 식물에 대한 알레르기가 있는 경우 사용을 금지한다. 또한, 통경작용이 있으므로 임신 초기에는 사용하지 않는다.

8) Cinnamon(시나몬)

학명	*Cinnamomum zeylanicum Blume*
과명	녹나무과(Lauraceae)
추출부위	수피 / 잎
추출방법	수증기/물증류법(재증류법)
원산지	스리랑카, 인도, 동남아시아, 인도네시아
특징	노란색에서 노란갈색의 액체
향	향이 강하고 따뜻한 향신료 향
화학 구성 성분	Leaf: eugenol(96%), eugenol acetate(1%), cinnamaldehyde(3%), benzyl benzoate(3%) Bark: cinnamaldehyde(50%), eugenol(10%), benzyl benzoate(1%), α-oubebe(0.2%), 1,8-cineole(1.65%), linalool(2.3%), caryophyllene(1.35%)

(1) 식물학적 특성

시나몬은 15m 정도 되는 가지가 무성한 관목성 상록수이다. 수피, 잎, 뿌리에서 각기 다른 세 가지 종류의 에센셜오일이 만들어진다. 시나몬은 평균 기온이 27~30℃ 햇볕이 잘 드는 곳에서 가장 훌륭한 품질의 수피를 생산한다.

시나몬은 동, 서양에서 3000 ~ 4000년 동안 사용되어 왔으며 성경에 언급되어 있다. 출애굽기에서 하나님은 모세에게 이집트에서 몰약, 시나몬, 올리브오일, 갈대를 가져가라고 했다. 고대 이집트에서는 미이라 방부 처리제로 사용하기도 하였다. 후추, 정향과 함께 세계에서 가장 오래된 향신료 중 하나로 기원전 4000년경부터 이집트에서 의약, 음료에 넣는 향료, 미이라의 방부제로 사용되기도 했다. 시나몬 스틱은 육계나무 껍질을 떼어내어 하루 동안 말려서 만들고, 완성된 제품은 담배만한 크기로 표면이 부드럽고 쉽게 바스러진다.

서양에서는 계피를 '중국 시나몬' 혹은 카시아바크(Cassia Bark)라 부르는데 시나몬과 계피는 서로 다른 품종으로 구분하고 있다. 시나몬은 실론 시나몬을 칭하며 단맛이 강하게 나고, 계피는 실론 시나몬과 다르게 거칠고 매운맛이 강하게 난다고 한다. 시나몬에는 바닐라향에 함유된 유게놀 성분이 풍부한데 계피에는 유게놀 성분이 거의 없다고 하며, 재배 지역 또한 시나몬은 인도의 서남쪽과 방글라데시가 주원산지이고 주로 유럽, 아메리카, 남아시아에서 사용한다. 반면 계피는 중국 남부, 베트남 부근에서 재배되고 한국, 중국, 일본에서 많이 사용된다.

서양에서는 옛날부터 시나몬이 내과적 질환의 민간약으로 널리 쓰였고, 1세기 로마에서는 시나몬이 은보다 15배 이상 비쌀 정도로 귀중한 향료였다. 다양한 음식의 향미를 더한 시나몬은 향수, 사랑의 묘약으로 알려졌고, 기침, 인후염, 최음제 등으로 활용되기도 했다. 특히 달콤하고 청량한 향이 위의 운동을 향상시키고 위액 분비를 촉진해 소화를 돕는다고 알려져 있다.

(2) 임상연구

0.1% 농도의 시나몬 수피의 이산화탄소 함량은 대장균, 황색포도상구균, 칸디다균 등 많은 미생물들의 생육을 완전하게 억제시켰으며, 호흡기관의 진균증(Mycoses)을 유발하는 진균류에 대한 잠재적 항진균성이 있는 것으로 밝혀졌다.

(3) 주요 치유작용

방부, 마취, 항경련, 최음, 강심, 구풍, 통경, 혈액응고, 살충, 구충, 건위

(4) 적용 증상

① 항미생물성

시나몬 수피는 강력한 항균제로 바이러스 감염과 전염성 질병에 저항한다.

② 소화기계

시나몬 수피오일은 시나믹 알데하이드(cinnmic aldehyde)와 유게놀(eugenol) 성분의 함유로 소화관의 경련을 진정시키고 소화불량, 대장염, 복부팽만, 설사, 메스꺼움, 구토의 증상을 없애준다.

③ 신경계

몸을 따뜻하게 데워주는 효과가 커서 몸살, 감기의 초기 단계에 나타나는 통증, 오한, 열을 내려준다. 겨울철 허약한 노인들에게 강장제로 추천하며 활력이 없고 마른 사람, 신경우울증으로 고민하는 사람에게 권유한다.

(5) 주의사항

심한 피부자극제이므로 과민 반응을 유발하며 피부관리에 사용 시 0.1% 이상이 넘지 않도록 한다. 임신 중 사용을 금한다.

9) Clary sage(클라리 세이지)

학명	*Salvia sclarea*
과명	꿀풀과(Labiatae)
추출부위	꽃봉오리 / 꽃잎
추출방법	수증기 증류법
원산지	프랑스, 모로코, 영국, 러시아
특징	무색에서 연한 노란색의 액체
향	달콤하면서 들기름 맛을 지닌 허브향
화학 구성 성분	linalyl acetate(50%), linalool(22%), α-terpineol(3%), sclareol(1%) geraniol(1.5%), neryl acetate(1%), germacrene D(5%)

(1) 식물학적 특성

해발 1,000m 정도의 석회질, 모래질 토양에서 잘 자라며 초여름에 연보라색에서 분홍색의 꽃이 피며, 중앙 유럽, 러시아, 영국, 모로코, 미국 등에서 재배한다. Clary는 라틴어로 "맑다(clear)"라는 의미가 있고, sage는 "구하다(save), 치료하다(heal)"라는 의미가 있는데, 이것은 눈의 질환(씨앗에서 추출한 점액질은 눈에 들어간 티끌을 제거)에 사용되어 붙여진 이름이다.

원래 남유럽에서 자생하였고 독일 포도밭에서 재배되었다. 맥주 제조 시 호프 대용으로 쓰이면서 주사가 심한 사람을 클래리(Clary)라 칭하기도 하였다. 담배의 조미용 향료로 쓰이는 스크레롤(Sclereol)의 공급원이기도 하다.

일반적인 세이지와 비슷한 특성을 가지지만 클라리 세이지에는 독성이 강한 케톤류 성분인 튜존이 들어있지 않으나, 세이지에는 50% 이상 함유되어 있어 아로마테라피에서는 클라리 세이지를 보편적으로 사용한다.

(2) 임상연구

클라리 세이지는 동물실험에서 항염증과 항경련 작용이 나타난다고 보고된 바 있고, 출산을 할 때 진통효과, 릴렉싱 및 출산을 촉진시키는 효과가 있었다.

(3) 주요 치유작용

강장, 구풍, 호르몬 조정, 항우울, 항경련, 항신경장해, 최음, 자궁강장, 통경, 분만촉진, 진정, 진경, 건위, 소염, 소독

(4)적용 증상

① **신경계**
불안과 스트레스성 질환, 신경긴장, 우울증, 발기부전, 무기력 등에 효과적이다.

② **생식계**
여성 질환 치료제로서 클라리 세이지는 가장 중요한 오일 중의 하나이다. 생리와 출산, 폐경기와 관련된 증상에 중요한 역할을 하며 생리주기를 조절하고 통경작용을 하며, 자궁을 강화한다. 출산 전후로 자궁의 원활한 수축과 이완을 도와주며 분만통을 완화시킨다.

③ **호흡기계**
기관지의 통로에서 일어나는 경련을 풀어주어 천식, 목의 감염, 발작적인 기침과 경련 등에 권장한다.

④ **스킨케어**
지나치게 땀이 나는 것을 방지해 주고 지성피부, 기름진 모발, 비듬, 탈모 등에 추천된다.

(5) 주의사항

통경작용이 있으므로 임신 중 사용을 금지하고 음주 후 구토가 날 수 있으므로 금한다.

10) Cypress(사이프러스)

학명	*Cupressus sempervirens*
과명	측백나무과(Cupressaceae)
추출부위	잔가지 / 잎
추출방법	수증기 증류법
원산지	지중해 연안, 이탈리아, 코르시카 섬, 프랑스
특징	연한 노란색과 거의 무색의 액체
향	발삼향과 목재의 향이 섞인 시원한 향
화학 구성 성분	α-pinene(40%), δ-3-carene(25%), terpinolene(5%), cedrol(4%) myrcene(1.1%), terpinolene(6.3%), cadinene(1.7%)

(1) 식물학적 특성

사이프러스는 키가 큰 상록수(약30m)로 목부는 황적색으로 단단하고 회갈색의 열매를 가진다. 플라이오(Pliocene) 시대(530만 ~ 180만년 전)까지 거슬러 올라가는 아주 오래된 나무로 일부 사이프러스 나무의 나이는 2000년인 것으로 추정된다.

고대 이집트의 파피루스에는 사이프러스를 방향제와 약품으로 사용했던 기록이 있고, 고대 그리스인들은 사이프러스를 죽음, 영원과 관련지어 저승의 신 플루토에게 이 나무를 바쳤다고 한다. 유명한 화가 카잔느나 반고흐의 그림에도 자주 등장하는 나무이며, 우리나라에서 흔히 향나무라 불리는 나무의 일종이다. 사이프러스의 라틴어 이름 'sempervirens'는 '영원히 산다'는 뜻으로 부패하지 않고, 생명력이 강한 사이프러스 나무의 특성에서 유래했다. 지중해 지방에서는 사이프러스를 무덤가에 심는 전통이 있었고 고대 이집트인들은 이 나무를 이용해 관을 만들었다고 하며, 예수가 매달린 십자가를 만든 나무로 전해지고 있다. 고대 그리스에서는 결핵 환자에게 호흡을 편하게 하고 증상을 완화시키기 위해 사용했다. 페니키아와 크레타섬에서 가옥과 선박 건조에 사용하면서 실용적으로 쓰이게 되었다.

(2) 임상연구

사이프러스에 대한 약리적, 임상적 연구는 찾아볼 수 없다.

(3) 주요 치유작용

방부, 항경련, 수렴, 탈취, 이뇨, 발한, 정맥류, 지혈, 잇몸출혈

(4) 적용 증상

① **순환계**

정맥류, 부종, 치질 치료에 사용된다.

② **생식계**

생리조절제로 알려져 있으며, 통증을 동반하는 생리기간을 줄여준다. 생리불순, 월경과다, 폐경기 문제에 권장하며 폐경기에 나타나는 얼굴 홍조에도 추천된다.

③ **호흡기계**
급성 및 만성 기관지염과 백일해의 관리를 위한 기침 치료제로 평이 나 있다.

④ **근골격계**
근육경련, 부종, 순환장애, 류머티즘 치료에 권유한다.

⑤ **스킨케어**
수렴, 방부성 효과로 여드름, 지성피부에 권장하며 과도한 땀분비에 적극 추천한다.

(5) 주의사항

통경작용으로 임신 중 사용을 금지한다.

11) Eucalyptus(유칼립투스)

학명	*Eucalyptus globulus* *Eucalyptus radiata*
과명	도금양과(Myrtaceae)
추출부위	잎
추출방법	수증기 증류법
원산지	호주, 브라질, 중국, 스페인
특징	무색 혹은 옅은 노란색의 액체
향	캄퍼향과 뇌리에 선명히 스며드는 향
화학 구성 성분	globulus: 1,8-cineole(80%), α-pinene(10%), limonene(3%) radiata: 1,8-cineole(66%), α-terpineole(7%), α-pinene(5%)

(1) 식물학적 특성

대부분의 유칼립투스는 호주 자생종이며 호주 산림의 90% 정도 이상을 차지하는 나무로 키 60m 이상의 상록수이며, 호주에 약 600여 종의 유칼립투스가 있다고 한다. 잎은 흰 가루가 덮여 있는 듯하고 피침 모양이다. 3~11월에 노란색, 흰색, 붉은색의 꽃이 피고 열매는 반구형이다.

유칼립투스 오일로 처음 알려지기 시작한 것은 Eucalyptus radiata이지만, 현재 가장 넓은 분포도를 보이고 널리 쓰이는 것은 Eucalyptus globulus이다. 속명의 Eucalyptus는 그리스어의 '아름답다'와 '덮인다'의 합성어로 꽃이 피기 전에 꽃받침이 꽃의 내부를 완전히 둘러싸는 것에서 비롯한 이름이다. 조림수종으로 심으며 목재는 건축재나 가구재로 쓴다.

600여 종의 유칼립투스 중에서 20여 종 이내만을 상업적으로 활용하고 있다. 에센셜오일 생산에 가장 흔히 사용되는 유칼립투스 종은 시네올 함량이 높은 종들이다.

여러 조사 논문에 의하면 유칼립투스 종들은 E. globulus / polybractea / radiata / smithii가 있지만 글로블루스(globulus)와 래디아타(radiata)만 소개하고자 한다.

① E. globulus

Tasmanian blue gum 혹은 blue gum으로도 알려져 있으며 가장 대중적으로 사용되고 있는 유칼립투스의 한 종이다. 19세기 유럽에서 광산 버팀목과 펄프용으로 이용되었다. 호주가 원산지며, 현재 중국과 스페인에서 대부분 생산된다. 1,8-시네올 함량은 69%이다.

② E. radiata

관목이 무성하게 나오는 관부가 있는 작은 나무에서부터 훌륭한 외관의 큰나무에 이르기까지 종류가 다양하다. 1,8-시네올 함량이 75%가량 포함되어 상업적으로 뛰어나고 향이 부드럽고 자극이 덜 하므로 가장 이상적인 유칼립투스로 여겨진다. 이 오일은 '페퍼민트 껌(Peppermint gum)'으로도 알려져 있다.

(2) 임상연구

1,8-시네올 성분이 함유된 유칼립투스는 방부성 및 거담작용, 연쇄상구균에 대한 강한 항균작용이 있는 것으로 보고됐다. 장발레(Jean Valnet)에 의하면 유칼립투스 2% 에멀젼을 스프레이하면 공기 중의 포도상구균을 제거한다고 한다. 또한 발락스(Balacs)는 일반적인 감기나 코, 기관지 등의 감염증과 호흡곤란을 유발하는 호흡기 계통의 혈관수축 증상에 유칼립투스를 사용하였다.

(3) 주요 치유작용

진통, 살균, 항류머티즘, 방부, 신경통, 항경련, 항바이러스, 수렴, 탈취, 이뇨, 해열, 거담, 비점액 배출, 외상치료

(4) 적용 증상

① 호흡계

감기나 카타르 증상에 유칼립투스를 흡입하면 울혈 효과가 매우 뛰어나다. 스쿠나우벨트(Squnaubelt)에 의하면 비염과 인플루엔자, 부비강염, 기관지염에 E. radiata를 추천한다.

② 신경계

두통, 신경통, 신경쇠약의 치료에 권한다.

③ 근골격계

근육통, 류머티즘, 관절염, 염좌에 효과적이다. 데비스(Davis)는 대상포진의 갑작스런 통증을 경감시키는데 E. radiata를 권장하고, 입술 헤르페스나 생식기 헤르페스 치료에 유칼립투스와 버가못의 블랜딩이 효과적이라고 한다.

④ 스킨케어

벌레물림과 벌레 퇴치제로 유명하며 외상이나 물집, 창상, 포진, 피부감염 치료에 사용된다.

(5) 주의사항

유칼립투스 잎은 코알라의 식량원이다. 하루에 10mg의 1,8-시네올을 먹는 것으로 알려져 있지만, 아무런 부작용이 없다. 하지만 인간은 코알라와 같이 소변으로 배출할 수 없기 때문에 호주에서는 유칼립투스 오일을 독극물로 규정하고, 어린이에게는 잠금장치가 있는 것을 판매하도록 규정하고 있다.

12) Everlasting(에버래스팅)

학명	*Helichrysum angustiflium*
과명	국화과(Asteraceae)
추출부위	개화된 꽃
추출방법	수증기 증류법
원산지	프랑스, 이탈리아, 유고슬라비아, 지중해 국가
특징	연노란색의 기름진 액체
향	달콤한 과일향과 차 냄새 같은 향
화학 구성 성분	nerol/neryl acetate(50%), α-pinene, β-pinene, myrcene, linalool, 1,8-cineole, borneol, linalool

(1) 식물학적 특성

흔히 헬리크리셤이나 이모테로 알려져 있으며 강한 향기가 나는 관목으로 60cm까지 자란다. 건조하면 밝은 색상의 데이지를 닮은 꽃들이 색깔과 모양을 그대로 간직한다. 그래서 그 이름이 '항상 지속된다'는 에버래스팅(Everlasting) 또는 '영원하다'라는 의미의 '이모텔(Immortelle)'이다.

프랑스, 이탈리아, 지중해 국가들에서 야생으로 자라거나 재배하고 있으며 털이 없고 가지가 많이 갈라지는 특성이 있다. 'Helichrysum'이라는 이름은 작은 꽃이 황금빛 태양을 닮았다고 하여 지어졌으며, 그리스어로 태양을 의미하는 'helios'와 황금을 상징하는 'chrysos'에서 비롯된 것이다.

수백 가지에 달하는 Helichrysum의 종류들 중에서 오일을 생산하는 종류는 몇 가지에 불과하다. 가장 널리 이용되는 종류는 강렬하면서도 미묘한 향의 고급 오일을 선사하는 'Helichrysum augustifolium'와 'Helichrysum italicum'이다.

(2) 임상연구

에버래스팅 오일은 황색포도상구균, 대장균, 칸디다균에 대해 항미생물성을 나타낸다고 보고되어 있다.

(3) 주요 치유작용

항미생물, 진해, 방부, 항염증, 담즙 배출 촉진, 반흔형성, 이뇨, 거담, 간 강화, 점액용해

(4) 적용 증상

① **순환계**

케톤과 유사한 베타 다이온(Beta-diones)이라는 성분 함유로 항응결성을 갖고 있어 혈종을 초래하는 타박상 치료에 적용될 수 있다.

② **해독성**

혈액을 정화하고 림프배농을 촉진하여 간과 담낭, 신장, 비장, 췌장과 같은 신체 해독을 책임지는 기관들의 촉진제로 잘 알려져 있다.

③ **근골격계**

진통성, 항염증성이 있어 류머티스성 관절염 치료에 유용하다.

④ **호흡기계**

점액 용해, 항경련성, 거담, 부비강 염증, 기관지염, 기침치료에 유용하다.

⑤ **스킨케어**

항염증성, 습진, 알레르기에 추천하며 피부 진정과 피부 재생이 필요한 염증 발생 부위에 추천한다.

(5) 주의사항

무독성, 무자극, 비민감성이라고 보고되어 있다.

13) Fennel sweet(펜넬 스위트)

학명	*Foeniculum vulgare*
과명	산형과(Apiaceae)
추출부위	으깬 열매
추출방법	수증기 증류법
원산지	이탈리아, 그리스, 프랑스
특징	무색에서 연노란색의 강한 휘발성의 액체
향	흙냄새, 후추 같은 매운향과 달콤한 향
화학 구성 성분	trans-anethole(67%), fenchone(21.6%), α-pinene(3.3%), limonene(1.7%), myrcine(0.8%)

(1) 식물학적 특성

2년생 또는 다년생 허브로 2m 정도로 자라며, 가느다란 잎과 노란색 꽃을 피운다. 야생에서도 볼 수 있는 비터 펜넬, 커먼 펜넬은 갈래가 작은 잎을 가지며, 스위트 펜넬은 경작을 통해서만 얻을 수 있다. 비터 펜넬은 지중해 연안에 기원하며 전 세계에서 광범위하게 재배되고 주요 생산국은 헝가리, 불가리아, 프랑스, 이탈리아, 인도이다.

펜넬은 고대 이집트, 그리스, 로마인들에게 잘 알려져 있으며 로마 군인들은 펜넬 종자를 긴 행군 동안 가지고 다니면서 음식을 조리할 시간이 없을 때 종자를 씹었고, 독실한 크리스천들은 단식일에 식욕을 만족시키기 위해 펜넬 종자를 가지고 다녔다. 중세시대에는 세인트존스워트 허브와 함께 마녀와 미신을 혼란시켜 악마와 대항하는 보호물로서 사용했다.

(2) 임상연구

동물실험에서 평활근, 회장, 방광의 연조직에 항경련 효과가 있으며 아네톨레(anethole)와 펜콘(fenchone) 성분이 상부 기도관의 분비를 자극하는 것으로 밝혀졌다. 아네톨레(anethole)는 쥐와 기니아 돼지에서 십이지장으로부터 담즙분비 촉진 및 간에서의 담즙분비 촉진효과가 있는 것으로 밝혀졌다.

(3) 주요 치유작용

방부, 항경련, 구풍, 정화, 이뇨, 통경, 거담, 모유촉진, 항염증, 진경, 혈액순환, 위경련

(4) 적용 증상

① 소화계

소화를 돕고 구풍과 위경련, 복부 팽만감 등을 줄여준다.

② 림프계

이뇨성과 림프 울혈제거 효과가 뛰어나 독소를 신체 밖으로 배출한다. 허브차 형태로 체액정체, 셀룰라이트, 비만치료에 흔히 이용한다.

③ 비뇨기와 생식계

이뇨제 역할을 하며 생리통, 생리불순, 무월경, 모유촉진, 폐경기 문제 등에 사용될 수 있다.

④ 스킨케어

탄력이 없고 생기 없는 피부, 지성피부, 노화피부를 위한 피부관리 제품으로 권한다.

(5) 주의사항

스위트 펜넬과 비터 펜넬 모두 케톤 성분인 펜콘(fenchone)을 포함하고 있어 신경독성을 일으킬 수 있다. 임산부, 유·소아, 수유기간 중, 간질환자는 사용을 금지한다.

14) Frankincense(프랑킨세스=유향=올리바넘)

학명	*Boswellia carterii*
과명	감람과(Burseraceae)
추출부위	수지(Resin)
추출방법	수증기증류법 / 용매추출법
원산지	아프리카, 중동지역, 인도
특징	연노랑 또는 연한 암갈색의 녹색의 액체
향	은은한 수목의 향
화학 구성 성분	B. carteri : α-pinene(4.6%), octyl acetate(60%), octanol(12.7%), incensole(2.7%), limonene(2.4%) B. frereana: α-pinene(43%), octyl acetate(1.5)%, viridoflirol(15.2%), myrcene(6%), α-phellandrene(14.6%) B. serrata: α-pinene(7.7%), α-tujene(61.4%), sabinene(5.1%), estragole(2.7%), α-thujone(1.7%)

(1) 식물학적 특성

유향(olibanum)으로 알려진 프랑킨센스는 천연 올레오 검수지로서 보스웰리아(Boswellia), 특히 소말리아와 남아라비아 반도의 하드라마우트 지역에서 발견되는 보스웰리아 프레레아나(B. frereana), 보스웰리아 세라타(B. serrata), 보스웰리아 카르테리(B. carteri) 종에 속하는 나무들에서 얻어진다. 나무 줄기를 베어내면 우유액 같은 유향이 스며 나와 공기 속에 노출되어 굳어진다.

프랑킨세스는 '자유로움, 순수, 풍성함'을 의미하는 'franc'와 '연기를 피운다' 라는 뜻의 라틴어 'incinsum'에서 유래되었다. 고대 이집트 키피(kyphi)의 원료로 사용되었으며 종교의식에 사용하였다. 유대인 성전에서는 방향제로 이용되었으며 모세 5경에서도 자주 언급되고 있다. 대(大)플리니우스는 질 좋은 유향의 특성과 독미나리 독성에 대한 해독제로서의 역할을 설명했다. 아라비아의 철학자이자 의학자인 아비세나는 유향이 신체의 질병 치료에 광범위하게 쓰일 수 있다고 권장했다.

봄과 여름에 걸쳐 나무줄기에 상처를 내면 즙이 흘러나오는데 이것을 응고하여 수지를 얻고, 맵고 쓴 맛이며 향수의 재료로도 사용한다. 이것을 유향(乳香), 영어로 프랑킨센스(frankincence) 혹은 올리바넘(olibanum)이라 하며, 통증을 가라앉게 하고 종기를 없애는 효능이 있으며, 향료로서의 오랜 역사를 가지고 있다.

근대 서양의 의학 이론은 특별한 효과가 없는 것으로 밝히고 있으나 한국을 비롯한 중국과 기타 동양권에서는 내상 및 외상 치료에 널리 사용해왔다. 한의학에서 많이 쓰고 있는데, 특히 약성이 온화하고 독이 없으며, 효능은 타박상으로 인한 어혈(瘀血), 혈액순환장애·근육경련으로 인한 동통, 뇌혈관 순환장애로 인한 반신불수, 외상의 피부감염으로 인한 궤양 등에 효험이 있는 것으로 알려져 있다.

(2) 임상연구

B. serrata의 비페놀성 분획 추출물은 쥐에 강력한 진통효과가 있음이 보고되었고, 항염증성 및 항관절염성이 있는 것으로 확인되었다.

(3) 주요 치유작용

방부성, 구풍, 수렴, 반흔 형성, 세포방어, 이뇨, 통경, 거담, 진정, 자궁기능 강화, 상처치료

(4) 적용 증상

① **신경계**

신경긴장, 불안, 스트레스 관련 증상을 완화하는데 사용될 수 있다.

② **호흡계**

전통적으로 천식, 기관지염, 카타르 증상과 같은 호흡계 증상 치료에 사용되었다.

③ **스킨케어**

상처치료, 세포방어, 반흔형성에 효과적이며 건조하고 노화된 피부, 흉터, 상처, 주름에 추천된다.

(5) 주의사항

무독성, 무자극성, 비민감성으로 안전하다.

15) Geranium(제라늄)

학명	*Pelargonium graveolens*
과명	쥐손이풀과(Geraniaceae)
추출부위	잎과 줄기
추출방법	수증기 증류법
원산지	남아프리카, 스페인, 이집트, 이탈리아, 모로코
특징	맑고 투명하거나 녹색을 띤다.
향	생산지에 따라 약간 차이가 나며 장미향
화학 구성 성분	Bourbon: linalool(12.9)%, citronellol(21.98%), nerol(1.24%), geraniol(17.45%), citronelly formate(8.37%), geranyl formate(7.55%), iso-menthone(7.2%) Chinese: linalool(3.96%), citronellol(40.23%), nerol(0.67%), geraniol(6.45%), citronelly formate(11.35%), geranyl formate(1.92%), iso-menthone(5.7%) Egypt: linalool(9.47%), citronellol(27.4%), nerol(0.88%), geraniol(18%), citronelly formate(6.74%), geranyl formate(4.75%), iso-menthone(5.39%)

(1) 식물학적 특성

제라늄의 기원은 상당히 모호하다. 250개 이상의 Pelargonium 자연종과 수백 개의 교배종, 수천 개의 재배종이 있다. 60cm 정도로 성장하는 초본으로 끝이 뾰족한 잎을 가지며 핑크색의 작은 꽃을 피우고 털이 많고 향이 나는 잎을 가지고 있다. 제라늄은 남아프리카가 원산지이고, 1847년 프랑스의 향수 산업을 위해 재배된 이후 현재 중국이나 이집트에서도 생산된다.

제라늄의 속명인 Pelargonium은 제라늄 씨앗이 황새 부리를 닮았다 하여 황새라는 뜻의 그리스어 palargons에서 유래되었고, 종명인 graveolens는 강하다는 뜻의 gravis와 향기롭다는 olens가 합쳐진 것으로 강한 향기를 뜻한다고 한다. 제라늄은 '향기로운'이라는 뜻의 '센티드'라는 단어를 붙여 '센티드 제라늄'이라고 부르는데 가장 많이 알려진 품종은 로즈제라늄이다.

버번(Bourbon) 제라늄은 리뉴니언 아일랜드(Reunion Island)에서 생산되며 녹색빛이 도는 올리브색 오일로 풀잎향과 장미향을 갖는다. 모로코 제라늄은 짙은 노랑색이나 노랑색을 띠며 이집트 제라늄은 노란빛이 도는 녹색을 띠고, 달콤한 장미향이 나는 허브향이다. 중국산 제라늄은 짙은 녹색으로 향기는 버번 제라늄보다 더 거칠며 달콤한 허브향 노트에 레몬향과 장미향이 더 많이 난다. 제라늄오일은 근육을 진정시키는 항경련작용 때문에 설사와 이질 등의 치료에 쓰인다.

(2) 임상연구

제라늄오일은 항진균 및 살균작용을 나타내는 것이 보고되어 있다.

(3) 주요 치유작용

방부성, 항우울, 수렴, 반흔형성, 세포방어, 이뇨, 탈취, 지혈성, 수렴지혈제, 토닉, 구충, 상처치료

(4) 적용 증상

① 면역계

이뇨, 림프배농 촉진 효과로 셀룰라이트, 체액정체, 발목 부종의 치료에 유용하다.

② 신경계

신경계를 조절하여 목욕, 마사지, 스트레스, 신경긴장, 우울, 두통, 불안 완화에 사용할 수 있다.

③ 생식계

제라늄오일은 부신피질 자극제로 호르몬 조절 및 균형작용을 한다. 따라서 호르몬의 문제가 되는 질환에 추천되며, 생리전 긴장, 폐경기 증상을 완화시키는데 유효하다.

④ 스킨케어

피지분비를 조절하고 수렴, 지혈이 우수하여 상처, 멍든 곳을 치유하는데 유용하다. 항염증성이 있어 여드름, 습진, 건선치료에 사용되며 세포재생 능력으로 화상 및 상처처치에 권장한다.

(5) 주의사항

안전한 오일이지만 경우에 따라 피부염이 발생할 수 있다.

16) Ginger(진저)

학명	*Zingiber officinale*
과명	생강과(Zingiberaceae)
추출 부위	뿌리
추출 방법	수증기 증류법
원산지	동남아시아, 인도
특징	연한 노랑색에서 밝은 적갈색의 유동성 액체
향	따뜻하고 상쾌한 나무향과 매운맛
화학 구성 성분	zingiberene(30.7%), neral(27.4)%, geraniol(23%), geranial(35%), geranyl acetate(29%), camphene(2%), β-pinene(2%), 1,8-cineole(11%), linalool(2.7%), borneol(2%), α-terpineol(2.4%)

(1) 식물학적 특성

진저는 열대성 다년생 허브로 1m까지 자라며 줄기와 뾰족한 피침형 잎과 보라색 얼룩이 있는 노란색 꽃을 갖고 있다. 줄기는 굵은 뿌리줄기인 근경에서 직접 자라 나오며 이 근경으로 향신료 및 에센셜오일을 생산한다. 향신료·식용·약용으로 쓰인다.

인도가 원산지인 생강은 원래 향신료로 사용되었다. 중국의 공자는 식사 때 생강 없이는 결코 식사를 하지 않는다고 했고, 중국 한의학에서는 생강을 감기, 오한에 사용하여 땀을 내게 하고 점액을 배출하고 식욕을 돋우는데 사용했다. 감기 초기에는 차를 만들어 마시면 효과가 있고 편도선염이나 기관지염에는 묵은 생강을 갈아 가제에 넓고 길게 펼쳐서 목에 감아주면 효과가 있다. 또한 관절염이나 류머티즘, 요통, 견비통, 어깨 결림에 온습포를 해주면 통증이 호전된다. 생강 잎은 적당히 썰어 헝겊 주머니에 담아 욕조에 넣고 목욕하면, 근육통이 있는 사람에게 효과가 있으며 피로를 풀어준다.

(2) 임상연구

'홈스'에 의하면 수증기 증류로 추출한 진저에는 매운 성분들을 함유하지 않아 발한성이 없다고 지적하고, 감기 초기에 진저오일을 사용하는 것은 시간 낭비라고 한다. 허브류에 들어있는 맵고 따뜻하게 데워주는 성분들이 올레오 수지에 함유되어 있으므로 아로마테라피에는 올레오 수지가 유용하다.

임상실험에서 진저는 항구토성이 있다고 확인되어 멀미, 수술 후 메스꺼움, 임신 입덧 증상에 대해 플라세보(Placebo)작용보다 우수한 항구토작용을 나타냈다.

(3) 주요 치유작용

진통, 방부, 구풍, 거담, 해열, 발적, 촉진, 건위, 발한, 강장

(4) 적용 증상

① 순환계

Mojay는 진저를 순환촉진제와 심장의 강장제로 설명하고 차가운 손과 발, 순환부족, 심장의 피로, 협심증에 추천한다.

② 소화계

소화불량, 복부 팽창, 위장 내 가스 참, 입덧을 경감한다.

③ **근골격계**

류머티즘, 관절염, 추위로 인한 수축성 근육통에 습포 또는 마사지로 사용한다.

④ **호흡계**

카타르 증상, 기침, 부비강염, 인후염 등에 권한다.

(5) 주의사항

진저는 독성과 자극이 없다고 알려져 있지만 피부에 민감한 반응을 보일 수 있다.

17) Grapefruit(그레이프후룻=자몽)

학명	*Citrus paradisi*
과명	운향과(Rutaceae)
추출부위	과피
추출방법	압착법
원산지	미국, 서인도, 브라질, 이스라엘, 나이지리아
특징	맑은 노란색의 액체
향	오렌지와 레몬 중간의 달콤하고 상쾌한 향
화학 구성 성분	limonene(90%), myrcene(2%), α-pinene(1%), furocoumarin(0.1%)

(1) 식물학적 특성

18세기에 서인도제도 바베이도스에서 발견된 왕귤나무의 자연잡종이다. 그레이프후룻이라는 이름은 포도송이 모양으로 열매를 가지는 것에서 유래하였다. 최대 생산지는 미국 플로리다주로 전 세계 생산량의 60%를 차지한다. 5월 상·중순에 흰색 꽃이 총상으로 핀다. 열매는 작은 공 모양이고, 열매껍질은 매끄럽고 엷은 노란색이다. 과육은 주로 흰색이고, 연하고 즙이 많으며 단맛과 신맛의 시원한 느낌을 준다.

(2) 임상연구

임상연구에 의하면 그레이프후룻은 칸디다균, 흑색구균(Aspergillus niger)에 대하여 항미생물 활성을 나타낸다고 보고되었다.

(3) 주요 치유작용

방부, 항우울, 정화, 이뇨, 살균소독, 림프순환 촉진

(4) 적용 증상

① **림프계**

림프 촉진제로서 셀룰라이트, 부종, 수분정체에 매우 유용하다.

② **신경계**

스트레스, 우울증, 무기력증, 신경탈진 등에 발향이나 흡입법이 추천된다.

③ **스킨케어**

지성피부나 여드름 치료에 유용하며 피부와 두피를 강화시킨다.

18) Jasmine(자스민)

학명	*Jasminium grandiflorum*
과명	물푸레나무과(Oleaceae)
추출부위	꽃
추출방법	용제추출법
원산지	인도, 동남아시아
특징	짙은 오렌지색으로 점성이 있는 용액
향	달콤하면서 강렬한 꽃향
화학 구성 성분	benzyl acetate(22.1%), linalool(6.44%), benzyl alcohol(0.92%), franesene(1.86%), indole(2.5%), cis-jasmone(2.6%), phytol acetate(10.25%)

(1) 식물학적 특성

인도가 원산지로 60m 정도 성장하는 상록관목이며, 열대와 아열대에 200여 종이 분포하고 한국에 자생종은 없다. 현재 알제리, 모로코, 이집트, 이탈리아, 프랑스 등에서 재배된다. 인도에서는 자스민의 향기가 밤에 더 강하기 때문에 '밤의 여왕' 으로 알려져 있고 중국에서는 여성의 부드러움을 상징한다. 자스민은 상업적으로 재배되는 3가지 종이 있다.

① J.grandiflorum

이란 북부, 아프가니스탄, 카슈미르가 원산지이며 주로 지중해 주변 나라로 도입되어 상업적으로 재배되고 있다. 이 품종은 온화한 기후에 적합하다. 간염, 간경화에 의한 통증, 이질로 인한 복통의 치료에 쓰인다.

② J.auriculatum

인도 남부가 원산지로 고온 및 평균 강수량 이상의 지역에 적합하다.

③ J.sambac

인도 서부가 원산지이며 인도에서는 오랜 재배의 역사를 가지고 있다. 일반적으로 모그라(Mogra)로 불린다. 이질로 인한 복통, 결막염, 피부궤양, 악성 종양치료에 사용하며 말린 자스민 꽃은 중국산 자스민 차의 재료로 사용한다.

(2) 임상연구

J.sambac 꽃은 출산 후 젖 분비 억제증상에 효과가 있는 것으로 임상실험에서 밝혀졌다.

(3) 주요 치유작용

항우울, 방부성, 항경련, 최음, 최유, 분만을 돕는 작용, 진정, 자궁기능 강화

(4) 적용 증상

① 신경계

신경불안, 초조함, 우울증에 가장 효과적인 오일로 알려져 있다.

② 생식계

출산 시 사용하기에 가장 적합한 오일로 분만 시 통증을 경감하고 자궁수축을 강화시킨다. 분만 후 태반 배출 및 출생 후 회복을 도와주며 자궁경련을 완화시킨다.

③ **스킨케어**

피부관리에 매우 유용하며, 특히 건성 및 민감성 피부에 추천한다.

(5) 주의사항

주의할 사항이 없으나 'Leung'는 자스민 엡솔루트에 있는 코니페릴 아세테이트와 코니페릴 벤조에이트는 알레르기 유발성분이라고 언급하였다.

19) Juniper berry(주니퍼베리)

학명	*Juniperus communis*
과명	측백나무과(Cupressaceae)
추출부위	열매
추출방법	수증기 증류법
원산지	중유럽, 이탈리아 북부, 오스트리아, 체코, 헝가리, 크로아티아, 세르비아, 프랑스
특징	투명하거나 연한 노란색을 띠는 유동성 액체
향	상쾌하고 풍부한 발삼향의 나무향
화학 구성 성분	α-pinene(33.7%), camphene(0.5%), β-pinene(1.1), sabinene(27.6%), myrcene(5.5%), γ-terpinene(3%), p-cymene(5.5%), teroinene-4-ol(4%)

(1) 식물학적 특성

세계 각지에 분포하는 상록관목이다. 줄기에는 곁가지가 무수히 나고, 나무껍질은 적갈색으로 길게 벗겨진다. 잎은 돌려나고 끝으로 갈수록 가늘고 좁아져 가장자리가 뾰족하며 작고 노란색의 꽃을 피운다. 정유를 얻는 열매는 작은 구슬처럼 동그랗게 자라는데, 첫해에는 녹색을 띠고 그 다음 해에는 검푸른색으로 변한다.

상급오일은 익은 열매를 으깨거나 말려서 수증기 증류법으로 얻고 하급오일은 잎과 줄기에서 얻는다. 열매는 구풍과 이뇨작용으로 가스제거, 발작성 복통, 위장강화, 부종, 좌골신경통, 방광염 등에 쓰인다.

(2) 임상연구

주니퍼베리는 평활근에 항경련 효과가 있으며 신장 사구체의 여과기능을 증가시키지만 혈뇨증을 유발할 수 있다. 독성은 탄화수소 성분인 α와 β-pinene 성분함량이 많을수록 크다.

(3) 주요 치유작용

방부, 항경련, 수렴, 구풍, 정화, 해독, 발적, 자극, 발한, 토닉, 상처치료

(4) 적용 증상

① 순환계

순환부족으로 손과 발이 저리고 차가울 때 좋으며, 체내 독성을 정화하여 요산수준을 감소시키는데 효과적이므로 셀룰라이트와 류머티즘 질환에 유용하다.

② 근골격계

동맥경화, 관절염, 류머티즘, 좌골신경통 등의 치료에 추천한다.

③ 비뇨기계

방광염, 신우염, 비뇨 결석치료용으로 선택하는 최고의 오일이다.

④ 스킨케어

진물이 나는 습진, 여드름, 건선과 같이 체내에 독소 축적으로 인해 초래되는 피부질환에 권장된다.

(5) 주의사항

임산부, 신장에 질병이 있는 사람들에게는 금기되는 오일이다.

20) Lavender true(순종 라벤더)

학명	*Lavandula angustifolia*
과명	꿀풀과(Labiatae)
추출부위	꽃대 윗부분과 꽃대 전부
추출방법	수증기 증류법
원산지	지중해 연안
특징	무색이나 연한 노랑색
향	꽃과 풀이 어우러진 향
화학 구성 성분	α-pinene(0.67%), limonene(0.68%), 1,8-cineole(0.21%), cis-ocimene(2.87%), trans-ocimene(1.36%), 3-octanone(3.04%), camphor(0.89%), linalool(41.62%), linalyl acetate(53.8%), caryophyl-lene(5.05%), lavenduyl acetate(4.24%)

(1) 식물학적 특성

지중해 지방에서 자생하는 다년생 초본으로 높이는 30~60cm이고 90cm까지 자라기도 한다. 영국, 유고, 프랑스에서 널리 재배되고 있다. 꽃은 6~9월에 주로 자주에서 연한 보라색으로 피고 긴 꽃대에 수상꽃차례를 이루며 달린다. 꽃·잎·줄기를 덮고 있는 털들 사이에 향기가 나오는 기름샘이 있다.

순종 라벤더의 주요 생산국은 불가리아, 프랑스이고 그 외에 호주, 아르헨티나, 잉글랜드, 헝가리, 일본, 인도, 러시아가 있다. 해발 600~1500m 고지에서 재배되어 증류 추출된 라벤더는 최고 품질의 명성을 갖는데 이것은 고지에 위치한 증류소에서는 100℃가 아닌 92~93℃에서 오일을 증류 추출하기 때문이다. Grieve 여사는 에스테르(Ester) 함량이 높은 에센셜오일을 생산하려면 꽃을 완전히 개화시켜야 한다고 권장하며, 가장 잘 정제된 라벤더오일은 꽃대에서 딴 꽃을 증류 추출한 것이고 이것은 라벤더오일의 값을 상승시킨다고 하였다.

아로마의 대표로 인식되며 향기의 매력으로 옛날부터 널리 재배되었고, 사용의 역사가 오래되었다. 라벤더의 향기는 청결, 순수함의 상징이며 라벤더를 말리면 향기가 더 강해지고 오래 지속되는 것이 특징이다. 오래전부터 라벤더 가지를 모자 속에 넣어두면 머리를 맑게 해주고 피로를 해소해주는 효과가 있어 라벤더 향수를 두통의 명약으로 이마에 바르기도 했다.

어원은 라틴어의 '씻는다'는 의미인 'Lavare'에서 유래했다. 고대 로마 사람들은 욕조 안에 라벤더를 넣고 목욕을 했으며, 향기가 나도록 말린 꽃을 서랍이나 벽장 등에 넣었다고 한다. 영국의 엘리자베스 시대에 출판된 가사책에는 살균, 방충용으로 라벤더가 자주 등장했고, 엘리자베스 1세가 라벤더로 만든 사탕 과자를 좋아했다고 한다. 12세기 때 트루 라벤더는 요리나 화장품으로도 인기가 많았고, 프랑스의 샤를 6세를 위해 라벤더 꽃을 넣은 베개를 만들었다는 기록이 있다.

(2) 임상연구

기니아 돼지의 실험에서 회장의 평활근에 경련제거 효과가 있음이 밝혀졌고, 쥐 실험에서는 중추신경계통(CNS) 억제작용이 있다고 증명되었다. 일부 병원에서는 환자의 수면을 돕는 정통 약제의 대체수단으로 사용하고 있다.

(3) 주요 치유작용

진통, 진경성, 항우울, 소염, 항류머티즘, 방부, 항경련, 항바이러스, 살균, 담즙분비, 반흔형성, 세포재생촉진, 혈압하강, 진정, 상처치료

(4) 적용 증상

① 근골격계

근육의 통증을 덜어주고 류머티즘과 좌골신경통, 관절염, 염좌 등에 라벤더오일을 블랜딩하여 온습포, 냉습포, 마사지 등의 방법으로 사용된다.

② 신경계

라벤더는 자율신경계를 조율하는 효과가 있어 정신 및 감정의 흥분과 불안한 상태에서 진정제로 작용하고, 두려움을 덜어주는 역할을 한다. 스트레스와 불안에 의한 불면증, 우울증 치료에 있어 첫 번째로 선택하는 오일이며, 증상에 따라 편두통이나 두통의 치료에도 사용된다.

③ 생식계

PMS와 생리통 완화에 라벤더오일로 부드럽게 마사지하거나 온습포를 해주면 매우 효과적이다. 또한, 임산부의 불안을 줄이고 통증 완화와 기분전환을 위해 발향을 권한다. 방광염, 백대하 등에는 좌욕을 해 준다.

④ 호흡계

감기와 인플루엔자, 기관지염, 인후염, 카타르 증상들의 치료에 추천된다.

⑤ 스킨케어

모든 피부관리에 사용이 가능하며 여드름, 아토피, 습진, 건선, 수포 등과 같은 피부병이나 벌레 물린데, 타박상 등 폭넓게 쓰인다.

(5) 주의사항

무독성, 무자극, 비민감성으로 안전한 오일이다.

21) Lavender spike(스파이크 라벤더)

학명	*Lavandula spica*
과명	꿀풀과(Labiatae)
추출부위	꽃대
추출방법	수증기 증류법
원산지	스페인, 프랑스, 이탈리아
특징	연한 노랑색에서 투명한 액체
향	신선한 캠퍼향과 허브향
화학 구성 성분	α-pinene(1.7%), camphene(0.5%), β-pinene(1.5%), myrcene(1.4%), 1,8-cineole(23.5%), camphor(20%), linalool(32.4%), borneol(4.6%), geraniol(1.8%), terpinen-4-ol(1.5%)

(1) 식물학적 특성

스파이크 라벤더는 향기성의 상록성 준관목으로 선형과 창모양의 잎을 갖는다. 높이 1m까지 자라며 잎이 긴 주걱 모양이며 회색빛 파란색 꽃이 길게 피는 수상화서를 갖기 때문에 다른 라벤더 종들과 쉽게 구별된다. 스페인은 스파이크 라벤더오일의 주요 생산국이다.

'여성 라벤더'라 불리는 순종 라벤더에 비해 '남성 라벤더'로 불리며 오래된 염좌와 경직된 관절 치료에 사용했던 유명한 올리엄 스피카에(Oleum Spicae)의 성분이다.

(2) 임상연구

스파이크 라벤더오일은 실험용 동물의 평활근에 진경 효과가 있는 것으로 나타났다.

(3) 주요 치유작용

진통, 항우울, 방부성, 담즙분비촉진, 반흔형성, 울혈제거, 통경, 살충, 발적

(4) 적용 증상

① 근골격계

Mailhebiau는 두통치료에 스파이크 라벤더와 페퍼민트 블랜딩을 제안하고 통증성 생리 치료에 세이지, 류머티즘에 로즈마리와의 블랜딩은 항염증 작용과 효과적인 통증 제거제가 된다고 하였다.

② **호흡계**

거담성 및 점액 용해성으로 유용하며 벌레퇴치제로도 사용된다.

(5) 주의사항

무독성, 무자극, 비민감성으로 안전하나 캠퍼 성분은 신경 독성을 일으킬 수 있다.

22) Lemon(레몬)

학명	*Citrus limonum*
과명	운향과(Rutaceae)
추출부위	과피
추출방법	압착법
원산지	중국 남동부, 인도, 이탈리아, 이스라엘
특징	연한 노란색의 유동성 액체
향	가볍고 상쾌하며 달콤한 향
화학 구성 성분	limonene(74.5%), α-pinene(3.6%), β-ponene(15%), sabinene(4.6%), camphor(0.1%), myrcene(2.1%), linlool(0.9%), trans-α-bergamotene(0.37%)

(1) 식물학적 특성

인도가 원산지이지만 미국의 플로리다, 캘리포니아, 오스트레일리아 등에서 많이 재배하고 있고, 높이는 3~6m의 상록소교목(常綠小喬木)이다. 잎은 어긋나고 어릴 때는 붉은 색을 띠지만 점점 녹색으로 변한다. 꽃은 5~10월에 피고 꽃봉오리는 붉은색이고, 꽃의 안쪽은 흰색, 바깥쪽은 붉은빛이 강한 자주색을 띤다. 열매는 캘리포니아의 경우, 연중 수확하며 1~5월에 가장 많이 수확한다. 열매는 타원 모양이고 겉껍질이 녹색이지만 익으면 노란색으로 변하며 향기가 강하다. 완전히 익기 전인 껍질이 녹색일 때 정유를 많이 함유하고 있다.

레몬주스는 괴혈병 예방에 최고로 여겨 영국 선박들은 법 규정에 장기간 항해 시 레몬과 라임 주스를 실어야 했다. 레몬주스는 급성 류머티즘에도 자주 쓰였으며 피부 수렴 효과와 심한 딸꾹질에도 사용되었다. 1kg의 오일을 생산하기 위해서는 대략 3천 개 정도의 레몬이 필요하다고 한다.

(2) 임상연구

항미생물 특성을 나타내며 일본의 연구에 따르면 방에 레몬오일을 분산시켰을 때 타이핑 오타율이 54%까지 감소한 것으로 나타났다.

(3) 주요 치유작용

방부, 항경련, 수렴, 구풍, 정화, 발한, 이뇨, 해열, 지혈, 살충, 발적, 토닉

(4) 적용 증상

① 순환계

혈관을 강화시키고 정맥류, 모세혈관 파괴, 치질, 코피 등에 효과적이며 셀룰라이트 관리 시 추천된다.

② 면역계

감기, 인플루엔자, 기관지염, 천식의 증상을 완화시킨다.

③ **스킨케어**

피지분비를 조절하여 여드름, 지성피부에 사용되며 레몬의 토닝효과는 노화피부에 탄력을 주고 종기의 치료에도 효과적이다.

(5) 주의사항

무독성, 무자극이나 일부 피부자극과 과민반응을 일으킬 수 있고 광독성이 있으므로 햇빛 노출을 피한다.

23) Mandarin(만다린)

학명	*Citrus reticulata*
과명	운향과(Rutaceae)
추출부위	과피
추출방법	압착법
원산지	중국, 인도 등 동남아
특징	짙은 노란색에서 올리브색 등의 액체
향	달콤하지만 약간 비린 향
화학 구성 성분	limonene(70%), γ-terpinene(21.02%), α-pinene(2.54%), β-pinene(1.82%), myrcene(1.77%), linalool(0.16%), citronellal(0.04%), α-thujone(0.96%)

(1) 식물학적 특성

만다린은 4m 정도의 작은 상록수로 가시가 있거나 없는 늘어진 가지를 갖고 있다. 열매는 직경 5~10cm의 아주 완벽한 구형을 이루고 껍질의 색상은 노란색에서 익으면 짙은 오렌지, 적색까지 다양하다.

중국과 인도차이나 지역이 원산지이며 덥고 습기가 많은 기후를 선호하는 과실수이지만, 조금 기온이 낮은 온대지역에서 재배하는 것이 다량의 정유가 생산된다고 한다. 만다린과 탄저린은 동일 종으로 '탄저린(Tangerine)' 이라는 이름은 영어권 국가에서 사용되는 반면 그 외의 나라에서는 '만다린' 으로 사용된다.

(2) 임상연구

만다린의 약리학적 연구와 임상연구는 아직 찾아볼 수 없다.

(3) 주요 치유작용

항경련, 구풍, 담즙분비촉진, 정화, 소화, 이뇨, 진정

(4) 적용 증상

① 신경계

프랑스에서 만다린은 어린이 치료제로 사용하며 유아기나 어린이의 복통을 완화시킨다. 주위가 산만하고 신경이 예민한 어린이에게 효과적이다.

② 소화계

소화계를 강화, 신진대사 촉진, 담즙분비 및 지방분해를 돕는다. 내장을 진정시키고 구풍에 유용하다.

③ 스킨케어

임신 중에 임신선 예방으로 추천되며 블랜딩 오일은 라벤더, 네롤리, 윗점 오일을 사용한다. 또한 여드름, 울혈이 있는 피부, 지성피부에도 권장한다.

(5) 주의사항

주의할 사항이 없는 안전한 오일이다.

24) Marjoram sweet(마조람 스위트)

학명	*Origanum marjorana*
과명	꿀풀과(Labiatae)
추출부위	말린 꽃
추출방법	수증기 증류법
원산지	지중해 연안
특징	무색의 액체
향	부드럽고 단맛을 지닌 강한 향
화학 구성 성분	terpinen-4-ol(31.6%), α-terpineol(8.%3), α-terpinene(3.0%), γ-terpinene(7.3%), p-cymene(5.3%), terpinolene(2.0%), linalool(3.3%), cis-sabinene hydrate(7.1%), linalyl acetate(7.4%), sabinene(3.0%)

(1) 식물학적 특성

예로부터 마조람은 식물학적으로 오레가노와 같이 취급하였으나 현재는 별개의 것으로 구분되고 있다. 리비아, 이집트, 지중해 지방이 원산지이지만 정유는 대부분이 프랑스에서 생산된다. 마조람은 전장 30cm 정도로 성장하고, 작은 계란형의 잎을 가지며 흰색과 연한 핑크의 꽃을 피우는 여러해살이 풀이다.

마조람은 고대로부터 의약용 및 요리용으로 사용되었다. 그리스인들은 마조람을 '장례식의 풀'이라 부르고 영적 위안을 죽은 사람에게 가져다주기 위해 마조람을 무덤에 심었다.

오레가노에 비해 향기가 부드러워 중세 유럽에서는 향주머니를 만드는데 없어서는 안 되는 허브였다. 잎을 갈아 습포약으로 쓰면 류머티즘, 신경통에 좋으며 차를 끓여 마시면 체내의 독소를 배출하여 몸을 이롭게 한다. 잎은 소화기 계통의 작용을 원활하게 하고 소화촉진과 위장 기능의 증진에 효과가 있다.

(2) 임상연구

마조람 스위트의 수용성 추출물은 입술 헤르페스에 대해 항바이러스 작용이 있다고 보고되었다.

(3) 주요 치유작용

진통, 제음, 방부성, 항경련, 항바이러스, 원기촉진, 발한, 소화, 통경, 이뇨, 거담, 항진균, 신경안정, 혈관확장

(4) 적용 증상

① 면역계

두통, 고혈압, 불면증, 편두통, 신경긴장, 스트레스와 관련된 질환에 유용하며 두통에는 관자놀이에 소량의 원액이 사용되기도 한다.

② 근골격계

몸을 따듯하게 해 주고 진통효과가 커서 관절염, 요통, 근육통, 근육경련, 류머티즘, 염좌 및 근육긴장 해소에 권장한다.

③ **생식계**

제음제로 잘 알려진 스위트 마조람은 성적 욕망을 감소시킨다. 무월경, 월경불순 등의 촉진제가 되므로 임신 중에는 금기한다. 부인과 질환 시 클라리 세이지 오일과 맞지 않는 사람은 마조람을 이용할 수 있다.

④ **소화계**

내장의 연동운동을 자극하고 강화시키며, 구풍, 변비완화, 복통, 경련성 소화불량에 적합하다.

⑤ **순환계**

따뜻하게 해 주는 특성은 동상치료와 멍이 풀리도록 돕는다. 특히 고혈압 완화에 추천한다.

⑥ **신경계**

신경긴장, 스트레스 관련 증상, 불안과 불면증상이 번갈아 나타나는 피로감에 추천하며, 부교감 신경을 자극하여 교감신경의 기능을 낮추어 감각을 무디게 할 수 있으므로 사용량과 횟수에 주의한다.

(5) 주의사항

임신 중 사용을 금하고 어린이에게는 0.5% 이하로 희석해서 사용한다. 장시간의 사용은 수면유도를 일으키므로 운전 등의 집중력을 필요로 할 때는 사용을 피한다.

25) Melissa(멜리사)

학명	*Melissa officinalis*
과명	꿀풀과(Labiatae)
추출부위	잎과 꽃대 상부
추출방법	수증기 증류법
원산지	프랑스, 독일 남부, 이탈리아, 스페인
특징	연한 노란색 / 연한 적갈색의 유동성 용액
향	신선하고 달콤한 감귤류 향
화학 구성 성분	geranial(37.2%), neral(24.1%), copaene(4%), caryophyllene(9.5%), α-humulene(0.2%), germacrene D(4.2%), geranylacetate(0.5%), d-cadinene(1.1%), γ-cadinene(1%), nerol(0.1%), geraniol(0.1%)

(1) 식물학적 특성

멜리사는 달콤한 향기가 나는 허브식물로 높이 0.9m까지 자라며 톱니 모양의 잎과 작은 흰색과 분홍색 꽃을 가진다. 꿀벌밤(Bee balm)이라는 이름은 식물이 벌을 유혹한다는 의미의 'bee'와 'balsam'이라는 단어의 축소형인 'Balm'이라는 그리스어에서 유래되었다.

(2) 임상연구

살균성, 항진균성, 항경련성이 있다. 더운물로 우려낸 멜리사 수용액은 유행성 이하선염(볼거리), 헤르페스 등 항바이러스성을 나타낸다.

(3) 주요 치유작용

항우울, 항경련, 항바이러스, 살균, 구풍, 원기회복, 해열, 혈압을 낮춤, 신경강화, 발한촉진

(4) 적용 증상

① **심혈관계**
고혈압을 낮추며 호흡 및 심장박동을 안정시킨다. 심장의 약화를 초래하는 심장질환에 멜리사를 추천한다.

② **소화계**
소화계조절, 복부팽만, 경련완화, 구토, 소화불량의 치료에 유용하다.

③ **면역계**
헤르페스, 대상포진에 대한 항바이러스성 효과가 있고, 장미오일과 멜리사오일을 블랜딩한 원액을 헤르페스 병변에 사용하면 24시간 내로 사라진다. 자극을 최소화하기 위해 물집 부분에만 바른다.

④ **스킨케어**
지성피부나 여드름 관리에 권한다.

(5) 주의사항

무독성이지만 과민반응 및 피부자극이 일어날 수 있으므로 주의하고 가장 흔히 섞음질되는 에센셜오일 중의 하나라는 점도 주의한다.

26) Myrrh(미르, 몰약)

학명	*Commiphora myrrh*
과명	감람과(Burseracea)
추출부위	수지
추출방법	수증기 증류법
원산지	아프리카 북동, 아라비아 남부지역
특징	연한 노랑색에서 연한 오렌지색의 점성의 액체
향	날카로운 발삼향과 약냄새
화학 구성 성분	limonene(74%), g-terpinolene(21%), myrcene(1.7%), sabinene(0.24%), α-pinene(2.54%), β-pinene(1.8%)

(1) 식물학적 특성

몰약(Myrrh)이란 이름은 '쓴맛'을 의미하는 아랍과 히브리어의 'mur'에서 유래했다. 유향나무로 불리는 프랑킨센스 나무는 소말리아, 오만, 예멘이 원산지인 낙엽성 관목으로 4~5m 높이까지 자란다. 소말리아와 아라비아 남부에 많이 분포한다. 흰색 또는 분홍색의 꽃을 가진 작은 나무로 껍질을 벗기면 노란색의 수지가 나온다. 몰약은 관목에서 나온 수지나 검(gum)에서 추출한 것으로 식물학명으로 C.molmol라고 하며, 나무에 상처가 나거나 자연적으로 갈라진 곳에서 수집된다.

수지는 걸쭉한 노란색 용액이 흘러나오며 건조되어 단단해지면 붉은 갈색으로 변한다. 이 관목은 억세고 마디가 있는 측지와 삼출엽의 잎과 작은 흰색 꽃을 갖는다. 몰약 수지는 둥근형 또는 불규칙한 물방울 모양으로 되어있거나 작은 물방울과 더 큰 물방울들이 접합하여 덩어리를 이루고 이것들은 밝은색이나 노란색 또는 가루로 덮여있다.

프랑킨센스와 몰약은 이집트인들이 향으로 사용한 최초의 나무 진액이며, 종교의식이나 공기를 깨끗하기 위해 향을 태우기도 했다. 고대 이집트에서는 화장품 향수로 사용했으며 동방박사들이 예수의 탄생을 축하하기 위해 선사한 선물 중(황금, 몰약, 유향) 하나이다. 성경에도 유향은 값비싸고 귀한 향료로 선물이나 제사용품, 진상품 등으로 기록되어 있으며, 그 외 구약성서의 '민수기', '출애굽기'에도 신에게 드리는 귀한 향으로 언급되고 있다.

(2) 임상연구

몰약은 살균성, 점막 수렴성이 있는 것으로 보고된다.

(3) 주요 치유작용

항염증, 항미생물, 항진균, 살균, 방부, 수렴, 구풍, 통경, 거담, 소화촉진, 항카타르

(4) 적용 증상

① 소화계

위장과 소화기계 자극제로 알려져 있으며 식욕부진 등에 효과가 있다. 물 한 컵에 1~2방울 떨어뜨려 가글하면 구강이나 인두 점액에 좋다.

② 생식계

자궁강화제로 생리를 촉진하고 생리기간의 통증을 덜어주고 출산 시 고통 해소에도 도움이 된다.

③ **호흡계**

뛰어난 거담제이며 기침, 기관지염, 감기 치료에 유용하다.

④ **스킨케어**

살균, 항진균, 항염증 작용으로 궤양, 만성 상처치료에 매우 효과적이며 노화피부, 진물나는 습진과 무좀, 갈라지고 튼 피부를 치료한다.

(5) 주의사항

무독성, 무자극으로 안정하나 임신 중 사용을 금한다.

27) Neroli(네롤리)

학명	*Citrus aurantium var.*
과명	운향과(Rutaceae)
추출부위	꽃
추출방법	수증기 증류법
원산지	중국 남부/ 인도
특징	연한 노랑색의 유동액
향	활력을 주는 강한 꽃향기
화학 구성 성분	limonene(22.43%), α-pinene(4.26%), camphene(5.5%), sabinene(2.55%), β-pinene(8.67%), myrcene(2.15%), β-3-carene(2.46%), terpinene(4.14%), α-terpineol(1.87%), linalool(2.52%), linalyl acetate(0.87%), geraniol(1.02%), nerol(6.97%), citronellol(1.87%), citral(2.41%)

(1) 식물학적 특성

비터오렌지는 10세기와 11세기 아랍인들에 의해 지중해에서 처음 재배되었다. '네롤리'라는 이름은 17세기경 이탈리아의 넬로라, 안나 마리아 트레밀레(Nerola, Anna Maria de La Tremoille) 공주의 이름을 따서 불리었으며 그녀는 네롤리오일을 장갑에 뿌렸다.

중국이 원산지인 bitter 오렌지의 잎과 가지에서는 페티그레인오일, 꽃으로부터 네롤리오일을 추출한다. 비터오렌지는 상록수로 날카롭지 않은 가시와 매우 향기로운 꽃을 가지고 있다. 네롤리오일은 감귤류 계열의 꽃에서 생산된다. 비터오렌지에서 네롤리 비거래드오일(neroli bigarade oil), 스위트오렌지에서 네롤리 포르투갈(neroli portugal), 레몬꽃에서 네롤리 시트로니어(neroli citronier)가 생산된다.

1톤의 꽃에서 1kg의 오일을 추출할 정도로 고가의 오일이며 네롤리 꽃이 막 피려할 때 손으로 따서 증류하고 추출한다. 꽃향기는 백합향과 비슷하고 오데코롱에 많이 사용된다. 신경계에 완만한 기능 강화제로서 가치가 있다. 스위트 오렌지의 꽃에서도 오일을 추출하지만 비터오렌지 꽃에서 추출한 네롤리오일을 최고급으로 취급한다.

(2) 임상연구

항진균, 항미생물 활성을 나타낸다고 보고되어 있고 심장 근육의 수축을 줄여주는 효과로 심장 두근거림과 심장경련으로 고통받는 사람에게 유용하다.

(3) 주요 치유작용

항우울, 방부성, 항경련, 살균, 구풍, 반흔형성, 원기 촉진, 탈취, 소화, 신경강화

(4) 적용 증상

① **심혈관계**

심장의 리듬을 조절하고 고혈압 및 심계항진 치료에 효과적이다.

② **소화계**

신경성 기장으로 발생하는 만성 설사의 치료에 유용하며 오렌지 플라워 워터는 갓난아기와 유아들의 복통을 진정시키고 소화를 돕고 가스를 배출시킨다.

③ **신경계**

네롤리오일은 가장 효과적인 진정 및 항우울 치료제이다. 불면증과 불안, 우울증 치료에 추천된다.

④ **스킨케어**

모든 피부에 적합하며 비알레르기성으로 피부의 붉음증과 염증을 줄이고 모세혈관이 파괴된 건조하고 민감한 피부에 유용하다. 또한 세포재생을 촉진하여 피부를 회춘시키는 효과가 있다.

(5) 주의사항

매우 안전하다.

28) Patchouli(패출리)

학명	*Pogostemon patchouli*
과명	꿀풀과(Labiatae)
추출부위	잎
추출방법	수증기 증류법
원산지	인도, 말레이시아, 파라과이
특징	짙은 오렌지/ 갈색
향	달콤한 풀향기, 미묘한 흙냄새, 나무냄새를 띈 발삼향
화학 구성 성분	sesquiterpene hydrocarbons(62%), oxygenated(37%), norpatchoulenol(1.1%) patchouli alcohol(33.5%), monoterpene hydrocarbons(1%),

(1) 식물학적 특성

90cm 정도까지 성장하는 상록초본성 관목이다. 잔털로 덮인 잎을 가지며, 자색에서 흰색의 수상꽃차례의 꽃을 피운다. 토지가 비옥한 땅에 생육하며, 정유는 어린 잎을 건조 발효시켜서 증류하여 얻는다.

아시아에서 파출리 잎은 탈취와 벌레 퇴치용으로 오랫동안 사용되어 왔고, 중국 한의학에서는 파출리 잎을 감기, 두통, 메스꺼움, 구토, 설사와 복부 통증을 치료하는데 사용하였다.

(2) 임상연구

파출리에 들어있는 포고스톤(pogostone) 성분은 항미생물 활성을 띄는 것으로 보고되어 있으며 살균작용을 한다.

(3) 주요 치유작용

항염증, 소염, 방부성, 항우울, 최음, 수렴, 반흔형성 촉진, 세포재생, 탈취, 해열, 이뇨, 살균, 살충, 진정

(4) 적용 증상

① 신경계

우울과 불안, 스트레스와 연관된 증상을 치료한다.

② 스킨케어

피부재생 효과, 소독, 보습, 해열 작용 때문에 피부관리와 국소 적용용으로 최고라고 알려져 있다. 점막궤양, 갈라짐, 상처, 흉터, 피부 염증, 습진, 진균성과 피부감염 치료에 유용하다.

(5) 주의사항

민감한 반응을 일으키지 않으며 무독성, 무자극이다.

29) Peppermint(페퍼민트)

학명	*Mentha piperita*
과명	꿀풀과(Labiatae)
추출부위	반건조된 허브
추출방법	수증기 증류법
원산지	프랑스, 영국, 미국
특징	맑고 투명하며 강한 휘발성의 액체
향	상쾌한 멘톨향
화학 구성 성분	menthol(43%), menthone(20%), sabinene hydrate(7%), 1,8-cineole(5%), neomenthol(4%), isomenthone(3%), limonene(2.5%), germacrened(1.3%)

(1) 식물학적 특성

유럽이 원산이지만 현재 주요 공급국은 미국이고, 영국산이 최상급으로 인정되고 있다. 큰 보라색 꽃이 달리는 스피어민트보다 작고 넓으며 영년생 허브로 높이 90cm까지 자란다. 저온 다습에는 강하지만 고온 건조에는 약하며, 토질은 비옥하고 보수력이 있는 다소 습한 땅을 선호하는 한해살이풀이다. 꽃은 보라색으로 6~7월에 잎겨드랑이에서 수상화서로 핀다. 정유는 주로 잎에 함유되어 있고, 꽃이 피는 오전이나 아침 이슬이 마를 무렵에 함량이 가장 높아 6~7월에 수확한다.

속명 '멘타'(Mentha)는 로마신화에서 비롯된 이름이며 지하세계의 신 '하데스'가 요정 멘타를 사랑했는데, 그의 아내인 '페르세포네'가 그 사실을 알고 질투심에 '멘타'를 땅에 밟아 죽이고 그후 하데스가 그를 그리워하여 페퍼민트로 변신시켰다는 유래도 있다.

페퍼민트의 주성분인 멘톨은 피부와 점막을 시원하게 하고 항균 작용이 있으며, 통증을 완화하여 고대부터 약재용으로 사용되어 왔다. 그리스 및 로마인들은 페퍼민트 허브차를 즐겨 마셨고, 축제에 페퍼민트 관을 쓰기도 하며, 식욕을 증진해주는 약용 식물이라고 하여 식탁에 페퍼민트 잎을 놓아두고 향기를 퍼지게 했다.

(2) 임상연구

페퍼민트오일의 담즙분비 촉진작용은 이미 확인되었다. 리모넨과 제라닐 아세테이트가 쥐의 담즙분비 촉진활성이 확인되었다. 또한 항경련작용으로 신경계에 대한 작용에 근거를 두고 있다. 신선하고 매운 성질을 가진 향은 신경과 두뇌를 각성시켜 집중력을 향상시킨다. 만성 신경쇠약에 강장효과를 주는 것은 아니지만 즉각적인 효과가 요구되는 정신피로에 매우 유용하다.

(3) 주요 치유작용

소염, 방부, 항경련, 수렴, 구풍, 두뇌활성, 담즙분비, 강심, 통경, 거담, 해열, 신경안정, 발한, 혈관수축, 구충, 진통, 마취, 항염증, 항균, 살균, 진경, 항바이러스

(4) 적용 증상

① 근골격계

근육통, 요통, 멍, 타박상, 관절통증, 치통, 신경통에 추천된다.

② 소화계

페퍼민트는 소화계에 가장 효과적인 오일 중의 하나이며 소화불량, 멀미,

위통, 설사와 복부팽만을 완화시킨다. 그리고 담낭의 염증과 심한 간 손상에도 사용된다.

③ **림프계**

혈액과 림프의 순환을 촉진하여 혈관을 수축시켜 비장까지 혈류의 흐름을 빠르게 하고 새로운 혈소판을 생성시킨다. 림프액과 조직액의 순환을 가속시켜 원활한 독소배출 기능을 강화한다.

④ **신경계**

뇌에 혈액공급을 도와 머리를 맑게 해 주고 집중력을 키워준다. 이마와 관자놀이에 냉습포를 하면 두통과 편두통 해소에 도움이 된다.

⑤ **호흡계**

열과 두통을 동반한 감기와 인플루엔자에 효과적이며 감기증상을 완화하기 위해 초기 감기에 추천된다. 기관지염, 구취, 발작성 기침 등에 사용된다.

⑥ **스킨케어**

피부자극이나 가려움증을 완화시키는데 좋지만 과용하면 염증이 악화될 수 있다. 페퍼민트오일을 이용해 수증기를 쐬면 피부의 울혈을 제거하고 정화하는데 도움이 된다. 이 방법은 모세혈관을 수축시켜 시원하게 해주고 피부기능을 강화시켜 여드름, 백선 등에 사용하면 효과적이다.

(5) 주의사항

무독성이지만 때때로 과민반응을 일으킨다. 특히 인중과 코 부위에는 심한 작열감과 통증을 유발한다. 7세 미만의 유아와 소아에게는 사용을 금하며 성인에게도 구강용으로 사용할 때는 주의가 필요하다. 임산부, 간질, 고혈압 환자는 사용을 금하며 민감한 사람에게는 0.1%로 희석한 패치테스트가 선행되어야 한다.

30) Petigrain(페티그레인)

학명	*Citrus aurantium subsp. amara*
과명	운향과(Rutaceae)
추출부위	비터오렌지의 잎
추출방법	수증기 증류법
원산지	중국, 인도
특징	투명하거나 옅은 노란색의 유동성 액체
향	신선한 꽃향과 풀향기
화학 구성 성분	linalyl acetate(44%), linalool(28%), geraniol(2.3%), nerol(1%), α-terpineol(7.5%), geranyl acetate(2.6%), myrcune(5%), trans-ocinene(3.3%)

(1) 식물학적 특성

비터오렌지(Bitter orange)의 잎에서 추출하며 상록수로 작은 가시와 매우 향기로운 꽃을 갖고 있다. 중국 남부와 인도 북동부 지역이 원산지로 프랑스 남부, 이탈리아, 알제리, 튀니지, 모로코, 스페인, 서아프리카, 파라과이와 같이 따뜻한 온대지역, 아열대 지방에서 재배된다. 레몬, 버가못, 만다린의 잎에서 추출한 오일도 '페티그레인'이라는 이름을 사용한다.

프랑스 산 오일은 페티그레인 비거래이드(Bigarade)라고 부르는 한편 파라과이산 오일은 피터그레인 파라과이(Paraguay)라 부른다. 페티그레인의 가장 중요한 구성 성분인 리나릴 아세테이트(linalyl acetate)의 가수분해를 막기 위해 잎을 습식 증류로 빠르게 증류해야 한다.

(2) 임상연구

특정 세균 종류에 효과적으로 대항하는 것으로 밝혀졌다.

(3) 주요 치유작용

우울증, 항경련, 달취, 소화촉진, 방부, 건위

(4) 적용 증상

① 소화계

소화 작용과 항경련 작용이 있어 소화불량 치료에 추천되며 위를 보호하고 건강하게 한다.

② 신경계

신경계를 안정시키고 활력을 주어 탈진과 스트레스로 인한 허약한 상태에 자주 사용된다. 긴장을 완화시켜 불면증을 해소하는데 사용되기도 한다. 특히 고독에서 비롯된 정신적 고통과 독신생활로 인한 감정적 결핍과 이로 인한 정신적 문제에 도움이 된다.

③ 호흡계

화를 잘 내는 사람, 불안한 사람, 우울한 사람에게 나타나는 신경성 천식을 예방하는데 사용된다.

④ 스킨케어

피부기능을 강화시키는 토닉효과가 있고 피지선 분비 활성을 억제하므로 여드름, 지성피부에 효과적이다. 또한 목욕제품에 이용되며 탈취효과도 있다.

(5) 주의사항

민감한 반응을 일으키지 않으며 무독성, 무자극이다.

31) Pine(파인)

학명	*Pinus sylvestris*
과명	소나무과(Pineaceae)
추출부위	스카치파인의 잎, 어린 가지, 솔방울
추출방법	수증기 증류법
원산지	유럽 전 지역, 발트, 러시아, 중앙유럽, 남부유럽
특징	투명한 유동성 액체
향	달콤한 소나무향
화학 구성 성분	α-pinene(42%), δ-limonene, myrcene, camphene, sabinene, terpinolene, borneol, bornyl acetate, teoinyl acetate, citralz

(1) 식물학적 특성

침엽송(Pine needle), 스카치파인, 산림파인이라는 별칭을 갖고 있으며, 스카치파인은 2개의 침엽이 한 묶음으로 된 잎과 균열이 깊게 패어있는 수피를 가지며 높이 40m 되는 소나무이다. 스카치파인(Scotch pine)에서 추출한 오일이 아로마테라피용으로 사용된다.

파인오일을 얻을 수 있는 다른 종으로는 미국 동부와 캐나다산 동부 백송(eastern white pine), 유럽 중부와 남부지역에서 자생하는 왜성 소나무(dwarf pine),

호주산 흑송(black pine)이 있다.

(2) 임상연구

리모넨(limonene)과 디테르펜(diterpene), 보르닐 아세테이트(bornyl acetate)는 항바이러스와 항균 특성을 담당하는 주요 성분들로 보고되어 있다.

(3) 주요 치유작용

항미생물, 신경통, 류머티즘, 방부, 항바이러스, 살균, 탈취, 이뇨, 거담, 살충, 강장

(4) 적용 증상

① **근육계**
순환을 촉진하는 효과로 류머티즘, 관절염의 통증완화, 무리한 운동으로 인한 근육통증 해소에 효과적이다.

② **신경계**
허파, 신장과 신경계를 자극하여 피로와 신경쇠약에 효과적이며 질병의 회복기나 심한 정신적 스트레스 등으로 기력이 없을 때 권장되는 오일이다.

③ **호흡계**
파인오일은 거담성, 진통, 방부효과가 뛰어나 기침 가래를 깨끗하게 없애주고 기관지 울혈, 천식성 호흡에 추천되며 폐질환에 광범위하게 사용된다.

④ **비뇨기계**

방광염, 신우염과 같은 증상에 유용하며 신장 기능을 강화시켜 준다.

(5) 주의사항

스카치파인오일은 무자극, 무독성, 비민감성이지만 왜성 파인오일(dwarf pine oil)은 특정인에 대해 피부자극과 과민반응을 나타낼 수 있다. 산화된 파인오일은 피부발진이 나타날 수 있다.

32) Palmarosa(팔마로사)

학명	*Cymbopogon martini*
과명	벼과(Gramineae)
추출부위	신선한 풀/ 마른 풀
추출방법	수증기 증류법
원산지	인도의 히말라야 산맥, 봄베이 북동지역
특징	맑고 투명한 액체/ 올리브 색
향	달콤한 장미향을 닮은 플로럴 향
화학 구성 성분	myrcene(0.28%), linalool(3.91%), geraniol(82.8%), geranyl acetate(11.8%), limonene(2.16%)

(1) 식물학적 특성

뻣뻣한 많은 줄기들이 무더기로 자라나 뭉치를 형성하고 잎이 좁은 다년생 풀로 히말라야 산맥의 인도 북동부지역에서 자생한다. 인도에서 유럽 상인들에게 '터키 제라늄' 또는 '인도 제라늄오일'로 알려지게 되었으며, 향수산업과 향기 나는 비누용으로 널리 사용되고 있다.

(2) 주요 치유작용

살균, 방부, 세포재생효과, 소화촉진, 해열, 강장작용

(3) 적용 증상

① **소화계**

소화기능 강화제로 장내 병원균 제거에 효능이 있고 식욕상실 및 소화부진에 탁월한 효과가 있다.

② **신경계**

감정을 가라앉히고 북돋워 주는 효과가 있어 스트레스 해소 및 신경과민과 불안감을 완화시켜 준다.

③ **스킨케어**

팔마로사는 피부관리에 광범위하게 사용된다. 모든 피부 타입에 적합하며 피지분비 조절작용으로 여드름 피부에 특히 좋고, 피부염, 습진, 건선, 국소감염과 영양분이 부족한 피부에 사용된다.

(4) 주의사항

민감한 반응을 일으키지 않으며 무독성, 무자극이다.

33) Rose(로즈)

학명	*Rose damascena(로즈오토)* *Rose centifolia(로즈엡솔루트)*
과명	장미과(Rosaceae)
추출부위	꽃
추출방법	수증기 증류법/ 솔벤트 추출법/ 냉침법
원산지	프랑스, 불가리아, 모로코, 터키, 이탈리아, 중국
특징	오렌지 노란색에서 갈색오렌지색의 점액성 액체
향	진한 장미향
화학 구성 성분	Rose otto(Bulgaria): citronellol(33.4%), geraniol and neral(18.47%), nerol(5.9%), linalool(2.18%), geranyl acetate(1.6%), eugenol and trans, β-damascenone(1.2%), methyl eugenol and C16 paraffin(2.37%) Rose absolut(Morocco): decanal +terpinen-4-ol(74.06%), citronellol(8.77%), nerol(2.52%), geraniol+nerol(5.18%), trans-trans-farnesol(1.30%), unidentified(5.7%)

(1) 식물학적 특성

장미 종은 2.4m의 가시가 많은 관목으로 유럽과 아시아 서부가 원산지로 추정된다. 장미는 수천 가지 변종들이 있으나 대표적인 것은 불가리아 장미 또는 터키 장미, 로즈오토로 알려져 있는 로즈 다마스세나(R. damascena)와 모로코 장미, 프랑스 장미, 로즈 엡솔루트로 알려져 있는 로즈 센티폴리아(R. centifolia)가 있다. 오늘날 모든 장미오일 중 가장 높이 평가받는 것이 불가리아산 로즈오일이다.

장미에서 얻는 3가지 주요한 생산물은 에센셜오일, 콘크리트, 엡솔루트이다. 에센셜오일은 꽃 전체를 수증기 증류법으로, 콘크리트는 잎과 꽃을 유기용매 추출법으로, 엡솔루트는 콘크리트를 알코올 처리하여 추출하게 된다.

로즈오토는 R. damascena를 증류 추출한 오일에 적용될 때 쓰이며, 생산국 이름에 접두어를 붙인다. 일반적으로 손으로 꽃을 따며 오전 5시에서 10시 사이에 수확을 완료한다. 이때가 꽃이 벌어져 오일 함량이 최고인 시기이기 때문이다. 2단계 증류과정을 거쳐 첫 번째 증류와 두 번째 증류로 얻어진 오일을 혼합시킨다. 로즈오토의 페닐 에틸 알코올(phenyl ethyl alcohol) 성분은 재증류 물에서 대부분 회수된다. 로즈워터는 로즈오일이 제거된 후 수증기 증류물의 수용액 부분을 말한다. 최초의 로즈워터는 10세기에 아비세나에 의해 제조되었다. 오늘날 장미오일과 로즈워터는 피부 관리 용품, 향수, 비누와 식품 향료의 향기 성분으로 널리 사용되고 있다.

로즈 엡솔루트는 유기용매 추출법으로 얻어지는데 'Holmes'는 이 과정을 드라이 크리닝(dry-cleaning)이라고 말하면서 석유 에테르와 같은 유기용매와의 접촉은 최종 산물인 엡솔루트에 유기용매의 미세한 흔적을 남길 수 있다고 하였다. 또한 'Wabner'는 로즈의 원래성분을 잃어버릴 수 있는 로즈오토는 유기용매 추출법으로 얻어진 로즈 앱솔루트에 비해 우수성이 떨어진다고 하였다.

(2) 주요 치유작용

항우울, 방부, 소염제, 항경련, 항바이러스, 최음, 수렴, 살균, 담즙분비 촉진, 통경, 지혈, 간기능 강화, 신경계 진정, 건위, 자궁강화

(3) 적용 증상

① 신경계

항우울, 신경 진정제로 심계항진과 흥분성, 불면증 치료에 유용하다. 또한 분노, 두려움, 불안한 감정을 진정시키고 마음이 슬플 때 편안하게 해 주고 심리적 고통을 해소한다.

② 생식계

부인과 치료에 매우 유용하여 자궁의 기능을 강화하고 생리를 조절하며 생리통과 생리출혈을 경감한다. 장미는 불임에 권유되며 불규칙한 생리주기 때문에 배란일을 예측하기 어려울 때 유익하다.

③ 스킨케어

연화성, 유연성, 수화성의 작용으로 노화피부, 건성피부, 민감성 피부에 좋으며 모세혈관 기능을 강화하고 수렴효과로 모세혈관 파괴, 피부 발적, 피부 염증치료에 사용할 수 있다. 로즈워터도 피부를 진정하고 수렴해 준다.

(4) 주의사항

통경작용이 있으므로 임신 중의 사용을 금한다. 온도가 10℃ 이하로 내려가면 정유가 굳어지는 경우가 있는데, 이는 자연스러운 현상이며 손안에서 병을 따뜻하게 하면 곧바로 원상태로 되돌아온다.

34) Rosemary(로즈마리)

학명	*Rosmarinus officinalis*
과명	꿀풀과(Labiatae)
추출부위	잎/ 가지/ 꽃
추출방법	수증기 증류법
원산지	지중해 지역/ 스페인, 프랑스, 튀니지
특징	맑고 투명한 액체
향	신선하고 강한 허브 민트향
화학 구성 성분	Tunisian(1,8-cineole): 1,8-cineole(44.59%), α-pinene(11.6%), camphor(12.5%), limonene(4.8%), camphene(4.3%), borneol(4.2%) French(verbenone): 1,8-cineole(49.1%), α-pinene(10.4%), limonene(2.1%), camphene(4.2%), bornyl acetate(13.2%) Spanish(camphor-borneol): camphor(9.9%), α-pinene(26.9%), limonene(4.9%), camphene(9.9%), bornyl acetate(1.6%), borneol(3.4%)

(1) 식물학적 특성

작은 상록수로 매우 진한 향의 뾰족한 잎을 가졌으며 2m까지 자란다. 지중해 지역이 원산지로 스페인, 프랑스, 튀니지에서 생산되며 3가지 케모타입이 있다. 스페인 케모타입(캠퍼 보르네올)은 다소 캠퍼향을 띄고 심장기능 강화, 근육통에 사용되며, 프랑스 케모타입(버베논)은 지적인 향기가 나며 간과 쓸개를 강화시키기에 적합하고, 고품질 피부관리제품에 주로 사용된다. 튀니지 케모타입(1.8-시네올)은 유칼립투스와 비슷한 향이 나며 기관지염, 천식과 같은 호흡기 질환 치료에 유용하며, 간과 신장의 해독 작용 촉진에 사용된다.

로즈마리는 수세기 동안 의약용으로 이용되어 왔고 간, 비장, 황달에 로즈마리를 처방하였다. 고대인들은 값비싼 향 대신 종교 의식에 로즈마리를 사용했으며, 이것은 공기를 정화시키고 감염을 예방하기 위해 주니퍼베리와 함께 로즈마리를 태우는 하나의 관습이었다. 로즈마리는 정신을 자극, 기억력을 강화시키며, 머리카락의 성장을 새롭게 하여 조기에 일어나는 탈모예방 효과로 유명하며 비듬방지 효과도 있다.

(2) 주요 치유작용

항우울, 진통, 수렴, 구풍, 머리를 맑게 함, 담즙분비 촉진, 원기 촉진, 이뇨, 통경, 간 기능 자극 및 보조, 혈압을 높임, 신경강화, 발적, 발한

(3) 적용 증상

① 근골격계

진통효과가 있어 류머티즘, 관절염, 근육긴장 완화, 근육통증을 해소한다.

② 순환계

심장의 기능을 강화하여 심장피로, 심계항진, 저혈압, 손발 순환문제에 유익하다. 담낭염증, 담즙분비, 결석치료를 위하여 로즈마리 온습포를 권장하며 간의 부담이나 구취, 안색이 안 좋은 상태를 조율하고 동맥경화, 부종, 통풍의 증상을 완화시킨다.

③ 신경계

중추신경계를 자극하고 두뇌를 자극하여 집중력이 부족하거나 정신이 쇠약한 사람에게 사용된다. 두통완화를 위해 시네올 케모타입의 로즈마리와 페퍼민트, 라벤더의 블랜딩을 추천한다.

④ 호흡계

시네올 케모타입의 로즈마리는 기관지염, 발작성 기침, 부비강염에 발향

하여 사용할 수 있다. 버베논 케모타입의 로즈마리는 점액 용해성으로 추천된다.

⑤ 스킨케어

로즈마리는 전통적으로 피부와 모발관리에 이용되며 모발 생장을 자극하고 조기 탈모를 예방하는 것으로 유명하며, 비듬예방에도 사용된다. 또한 여드름, 피부염, 습진, 지성모발, 지루성 피부관리에 유용하다.

(4) 주의사항

자극성이 강하여 간질, 고혈압 증상에 사용을 금하며, 통경작용이 있으므로 임신 중에는 피한다.

35) Rosewood(로즈우드)

학명	*Aniba rosaeodora*
과명	녹나무과(Lauraceae)
추출부위	나무
추출방법	수증기 증류법
원산지	아마존 열대 지역
특징	투명하고 엷은 노란색의 액체
향	달콤한 나무향과 꽃내음이 나는 스파이시향
화학 구성 성분	linalool(90%), 1,8-cineole, α-terpineol, geraniol, citronellal, limonene, α-pinene, ρ-elemene, cis-linalool oxide, trans-linalool oxide, camphor

(1) 식물학적 특성

로즈우드는 중간 크기의 열대성 상록수로 아마존 지역에서 자생하며 수증기 증류법으로 추출하지만, 나무 절편을 추출할 때는 물증류법을 이용한다. 향기 산업에서 주로 사용하는 리나롤(linalool) 성분 때문에 상업적으로 주목을 받고 있지만, 중국에서 생산되는 호리프(holeaf)에서 얻어지는 값싼 리나롤 원료의 등장으로 로즈우드 생산이 줄어들고 있다.

(2) 임상연구

로즈우드의 주성분인 리나롤은 생쥐에게 항경련작용을 한다고 보고되었고 기니피그의 회장에 진경작용을 하는 것으로 보고됐다. 또한 항미생물 특성도 갖고 있다.

(3) 주요 치유작용

방부, 항우울, 살균, 두뇌자극, 세포재생, 탈취, 살충

(4) 적용 증상

① 신경계

압박감에 시달리고 의기소침한 사람과 삶의 무게에 힘들어 하는 사람들이 사용하기에 적합한 오일이며 두통과 불안감을 완화시킨다.

② 스킨케어

살균작용과 세포재생촉진 효과로 여드름, 피부염, 민감성 피부, 노화피부 및 손상된 피부를 회복시킨다. 로즈우드는 피부에 사용하기에 매우 안전한 오일이며 방부성이 있어 탈취제로 이용하기도 한다.

(5) 주의사항

민감한 반응을 일으키지 않으며 무독성, 무자극이다.

36) Sage(세이지)

학명	*Salvia officinalis*
과명	꿀풀과(Labiatae)
추출부위	말린 잎
추출방법	증기 증류법
원산지	지중해 지역/ 보스니아, 미국, 불가리아, 터키, 독일
특징	연한 노란색의 유동성 액체
향	따뜻한 캠퍼향과 풀향
화학 구성 성분	camphor(27.3%), α-pinene(5.9%), β-pinene(7.%5), myrcene(0.8%), limonene(2%), 1,8-cineole(11.2%), α-thujone(21.6%), β-thujone(3.7%), linalool(0.7%), bornyl acetate(2.8%), borneol(4.5%)

(1) 식물학적 특성

달마시안 세이지로도 알려져 있으며 작은 상록수로 줄기는 목본성이며 윗부분의 줄기는 초본성이다. 0.8m 높이까지 자라며 지중해 지역이 원산지이며 세계적으로 재배된다.

'구해내다(to save)'라는 의미의 라틴어 'salvare'에서 유래하며 세이지의 의약적 특성을 말해준다. 16세기 허브학자 'Gerard'는 세이지는 머리와 뇌에 매우 좋고 근육을 강화, 마비증상을 완화, 신체의 떨림 증상을 없애준다고 하였다.

(2) 임상연구

항경련 효과와 구강세균에 항미생물 효과가 있는 것으로 보고되었고, 케톤 성분인 튜존과 캠퍼는 간질 발작을 유발시키는 것으로 확인되었다.

(3) 주요 치유작용

항염증, 항균, 방부, 항경련, 수렴, 소화, 이뇨, 통경, 혈압을 낮춤, 건위

(4) 적용 증상

① **근골격계**
몸을 따뜻하게 해 주는 작용으로 강도 높은 훈련을 받는 운동선수들에게 유익하며 류머티즘 관절염 치료에 추천된다.

② **소화계**
소화를 촉진하고 식욕부진에 권장한다.

③ **생식계**
세이지는 에스트로겐 호르몬과 유사한 작용으로 생리주기를 조절하고 생리통, 생리불순, 폐경기 증상치료에 사용되며 발한효과와 모유분비를 억제해 주는 작용이 있다.

④ **호흡계**
거담, 점액 용해성이 있다.

⑤ **스킨케어**
피부 재생효과가 뛰어나 치유가 더딘 상처에 에버라스팅, 로즈힙오일의 블랜딩을 추천한다. 지루성 피부염, 여드름, 피부염, 습진, 비듬과 탈모치료에 효과적이다.

(5) 주의사항

세이지오일은 매우 유용한 효과가 있지만, 전문적인 아로마테라피스트만 사용해야 한다. 간질 발작을 일으키는 튜존과 캠퍼의 함유율이 높기 때문이다. 임신 중, 어린이, 간질환자는 사용을 금한다.

37) Sandalwood(샌달우드)

학명	*Santalum album*
과명	단향과(Santalaceae)
추출부위	심재와 큰 뿌리
추출방법	수증기 증류법/ 물 증류법
원산지	인도, 스리랑카, 말레이시아, 인도네시아, 대만
특징	연한 노란색을 가진 점액성 액체
향	달콤한 나무향과 동물냄새의 발삼향
화학 구성 성분	santalls(89.2%), santyl acetate(5.4%), santalene(4.9%)

(1) 식물학적 특성

인도네시아 자바섬 동부가 원산지로 태평양 지역에 분포하며 자신의 뿌리를 다른 나무의 뿌리에 박아 영양분을 얻는 반기생성의 상록수이다. 높이가 3~10m로 자라는데 60년에 걸쳐 성숙한다. 정유는 30년 이상의 나무를 채벌하여 목재의 심부에서 얻는다.

마음을 진정시켜 주고 정신 집중과 각성 작용을 하므로 고대부터 힌두교와 요가 수행자들의 수행을 돕는 도구로 사용되어 왔으며 우울증, 불안증, 불면증 등의 치료에도 사용된다.

최음 효과가 뛰어나 인도 여성들은 사람들을 유혹하기 위해 가슴에 백단향 반죽을 문지르고, 미얀마에서는 여성들이 노란 백단향 가루를 빵에 바르기도 했는데, 이는 백단향 가루가 잡티를 제거하고 자외선을 차단해 주는 성질이 있기 때문이라고 한다. 인도에서 백단은 자생하는 수많은 식물 중에서 가장 신성한 나무로 여겨지고 있으며 불상, 염주, 목걸이, 장신구, 오일 등을 만들 때 이 백단으로 만든 것을 가장 귀한 것으로 여긴다. 한방에서는 화농독 해소에 사용된다. 백단의 성질은 따뜻하며 맛은 맵고 독이 없다고 기술되어 있으며 향수 제작 시 고정제로도 사용된다.

(2) 임상연구

이뇨성과 방부성이 있다고 보고되고 알파 산타롤(α-santalol)과 베타 산타롤(β-santalol)이 진정효과가 있는 것으로 확인됐다.

(3) 주요 치유작용

항염증, 소염, 방부성, 항경련, 수렴, 구풍, 점막 염증 완화, 이뇨, 피부 연화, 거담, 진정, 기능강화

(4) 적용 증상

① 면역계

세스퀴테르펜 알코올의 항염효과로 정맥과 림프절 울혈치료에 유용하다.

② 신경계

신경을 안정시키고 두통, 불면증, 흥분되고 동요된 감정 상태를 차분하게 해준다. 명상을 위한 오일로 알려져 있다.

③ 호흡계

호흡기계의 감염치료에 추천되며 만성 기관지염에 권장한다.

④ 비뇨기계

방광염, 임질과 같은 생식, 비뇨기관 감염에 사용되며 점막을 회복하고 감염을 최소화한다.

⑤ 스킨케어

피부를 진정시키고 차갑게 식히는 작용과 수분을 공급하여 수분손실과 피부 염증으로 유발된 건성피부 질환에 주로 사용된다. 습진, 건선, 지성피부, 여드름 치료에도 사용된다.

(5) 주의사항

민감한 반응을 일으키지 않으며 무독성, 무자극이다.

38) Teatree(티트리)

학명	*Melaleuca alternifolia*
과명	도금양과(Myrtaceae)
추출부위	잎
추출방법	수증기 증류법
원산지	호주
특징	맑고 투명한 액체
향	상쾌하고 강한 캠퍼향
화학 구성 성분	terpinen-4-ol(45.4%), α-pinene(2.1%), β-pinene(0.4%), sabinene(0.2%), α-terpinene(7.1%), limonene(1.4%), 1,8-cineole(3%), γ-terpinene(15.7%), ρ-cymene(6.2%), terpinolene(3.4%), linalool(0.2%), α-terpineol(5.3%)

(1) 식물학적 특성

원산지는 호주 뉴사우스웨일스주에서 자생하며 높이 약 6m까지 자란다. 늪지대에서 자라며 생명력이 강해서 줄기를 잘라내도 잘 자란다. 또한 공기를 상쾌하게 정화하는 역할을 하는 허브이기도 하다. 호주 원주민들은 오래전부터 티트리 나무의 잎으로 베인 상처에 생긴 감염증을 치료해왔다. 티트리(Melaleuca alternifolia)는 덥고 습기가 많은 호주 동부 해변에서 자라며 주로 늪이나 배수로 주변과 강둑을 좋아한다. 요즘 이용되는 대부분의 오일은 상업적인 조림지에서 얻어진다.

'Melaleuca'라는 이름은 어두운(melos)과 흰(leukon)이라는 말에서 유래되었는데, 이는 줄기 윗부분과 가지는 하얀 종이 같은 껍질인데 반해 줄기 밑부분은 검은색이기 때문이다.

1920년 A, R.penfold 박사는 호주에서 증류된 티트리오일이 무독성•무자극이며, 페놀보다 12배 강한 것을 확인하였다. 비누, 크림, 연고, 샴푸 등 여러 형태로 사용되며, 라벤더와 함께 가장 많이 사용되는 오일이다. 같은 도금양과(쌍떡잎식물 도금양목에 속하는 한 과)로는 유칼립투스, 카유풋, 니아울리, 마누카, 구아바, 머틀, 클로버 등이 있는 유용한 식물군이다.

(2) 임상연구

티트리오일이 햇빛에 노출되면 미량의 파라시멘(para-cymene) 성분이 3%에서 30%로 급격히 늘어나 항미생물 효과가 있는 'terpinene-4-ol'이 산화되어 트리하이드록시멘탄(trihydroxymenthane)으로 변화된다.

파라시멘(para-cymene)은 피부에 홍반과 부종을 유발하는 원소로 밝혀졌으며, 산화된 티트리오일을 피부에 사용할 경우 치료를 지연시키고 화학적 화상을 일으킨다. 그러므로 이러한 산화를 막기 위해 항상 차광병에 보관해야 한다.

(3) 주요 치유작용

항미생물, 항진균, 방부, 무좀, 항박테리아, 방부, 살충, 발한, 항균, 거담

(4) 적용 증상

① 면역계

강력한 면역자극제로 전염병에 대응할 신체 능력을 향상시킨다. 선열

(glandular fever), 감염으로 인한 반복적인 발병 및 질병회복이 더딘 사람에게 사용된다.

② **생식, 비뇨기계**

질염, 소양증 치료에 효과가 높고 방광염, 치질 등을 치유하기 위해 좌욕을 권유한다.

③ **호흡계**

천식, 기관지염, 감기, 기침, 부비강염 및 발작적인 기침을 치료한다.

④ **스킨케어**

여드름, 무좀, 수포, 화상, 비듬, 지성피부의 뾰루지, 사마귀, 상처치료에 사용한다.

(5) 주의사항

일부 사람들에게 과민반응이 일어날 수 있으며 차광병에 보관해야 한다.

39) Thyme red(레드 타임)

학명	*Thymus vulgaris*
과명	꿀풀과(Labiatae)
추출부위	말린 꽃과 잎
추출방법	수증기 증류법
원산지	지중해 연안
특징	투명하거나 옅은 노란색의 액체
향	맵고 강한 스파이시한 발삼향
화학 구성 성분	Thymol type: thymol(39%), ρ-cymene(16%), α-terpinene(19%) Carvacrol type: α-terpinene(15%), ρ-cymene(21%), carvacrol(40%) Linalool type: linalool(78%), β-caryophylline(3%), tymol(2%)

(1) 식물학적 특성

타임은 300개 이상의 다른 종들이 있으며 가장 흔한 종이 T. vulgaris이고 '가든 타임' 혹은 '일반 타임'이라 부른다. 50cm 정도의 다년생의 허브로 녹색을 띤 잎과 옅은 보라색의 꽃을 가진다. 에센셜오일 산업에서는 레드 타임과 화이트 타임의 2가지 형으로 타임오일을 구분하는데, 화이트 타임은 레드 타임을 재증류시킨 것으로 흔히 파인, 로즈마리, 유칼립투스 각각의 증류 분류물과 혼합시킨다.

T. vulgaris는 6개 케모타입이 있는데, 가장 흔한 타임(thyme)은 지중해에 가까운 지역으로 고도가 낮은 지역에 분포하는 티몰 케모타입(thymol type)과 카바크롤 케모타입(carvacrol type)이다.

(2) 임상연구

'Valnet'에 의하면 5%의 타임 수용액은 2분 안에 티푸스 간균(typhus bacillus)을 멸균하고 4~8분 안에 포도상구균(staphylococcus)과 디프테리아 간균을 멸균시킬 수 있다고 하였다. 18세기 프랑스에서는 타임 성분이 신경질환의 제조약에 첨가되었으며 리나룰 타입(linalool type)은 머틀과 함께 블렌딩하여 경련성 기침치료에 사용하였다.

(3) 주요 치유작용

항경련, 방부, 항류머티즘, 살균, 심장 자극, 구풍, 반흔형성, 이뇨, 통경, 거담, 혈압을 높임, 살충, 구충

(4) 적용 증상

① 소화계

소화 자극제, 구풍작용으로 식욕을 증진시키고 복부팽만을 완화하며 장내 가스 차는 증상을 완화시킨다. 장내 부패작용과 위장염과 칸디다증에 대항한다.

② 근골격계

통풍, 류머티즘, 관절염 통증, 염좌 등 수축성, 경련성의 오래된 통증해소에 추천된다.

③ 면역계

백혈구 생산을 자극하여 신체 면역계를 강화시킨다. 특히 티몰 케모타입은 뛰어난 면역자극제로 감염성 질병이 반복되는 것을 막아준다.

④ 신경계

신경 우울과 정신 피로에 유용하며 두통과 스트레스 관련 질환에 유용하다.

⑤ 호흡계

감기, 천식, 후두염, 기관지염, 편도선염 등 호흡기의 기능을 강화시킨다. 리나롤(linalool) 케모타입은 모노테르펜 알코올 성분이 함유되어 어린이에게 사용해도 안전한 것으로 나타났다. 티몰(thymol) 케모타입은 감기, 기침, 인후염, 기관염, 백일해, 천식 치료에 이상적이다.

(5) 주의사항

페놀 성분이 점막과 피부를 자극할 수 있으므로 저농도로 희석해서 사용한다. 민감성 피부, 임산부, 고혈압, 간질환자는 사용을 금지한다.

40) Vetiver(베티버)

학명	*Vetiveria zizanoides*	
과명	벼과(Poaceae 또는 Gramineae)	
추출부위	말린 잔뿌리	
추출방법	수증기 증류법	
원산지	인도, 스리랑카, 말레이시아	
특징	갈색을 띠는 점성이 있는 액체	
향	나무향과 흙냄새	
화학 구성 성분	vetiverol(75), α-vetivone, β-vetivone, khusimone, carbonyl compounds	

(1) 식물학적 특성

베티버는 조밀하게 뭉치로 자라 나오는 키 큰 다년생 벼과식물로 인도가 원산지다. 원뿌리는 강건하고 토양의 침식 작용을 예방하는데 사용되는데, 이것은 레이스 무늬가 풍부한 잔뿌리가 우기에 발생하는 과도한 침식작용에서 비롯된 산경사면의 토양 손실을 방지한다.

인도에서는 야생에서 채집한 베디비는 'Khus' 오일로, 재배된 베티버는 'Vetiver' 오일로 구별한다. 가장 좋은 품질의 베티버는 버본 베티버(Bourbon vetiver)라 부르며 레위니옹 섬 산의 베티버다.

아율베다 의학에서는 갈증, 열사병, 열과 두통 완화에 사용되기도 했다. 베티버오일은 흙냄새와 함께 달콤한 분위기가 희미하게 느껴지는 중후하고 독특한 향기가 나며, 잎에서는 향기가 거의 나지 않고 베티버는 타밀어로 '땅에서 파낸 뿌리'라고도 한다. Fescher-Rizzi는 베티버오일이 우리와 땅의 에너지를 연결시켜 생명 에너지와 재생력의 근원이 되고 이 오일의 흙냄새는 세상과 접촉이 끊긴 사람을 정신적으로 받쳐준다고 하였다.

베티버 뿌리는 인도에서 고대부터 향수로 사용되었고, 현대의 향 산업에서도 고착제와 여러 가지 향의 향기원으로 사용되고 있다.

(2) 임상연구

베티버는 질트리코모나스(Trichomonas vaginalis) 배양실험에서 항미생물 활성을 띈다고 보고되었다.

(3) 주요 치유작용

방부, 신경 강화, 진정, 부드러운 발적, 기능강화

(4) 적용 증상

① 신경계
이완작용이 있어 스트레스, 불안, 불면증, 우울증을 겪는 사람에게 유용하다. 또한 신체적, 정신적, 감정적으로 극도로 피로한 사람에게 적극 추천된다.

② 근골격계
부드러운 발적제로 관절염, 류머티즘, 근육통에 사용된다.

③ 생식계
베티버는 에스트로겐과 프로게스테론의 분비를 조절한다는 평가가 있어 폐경기와 얼굴이 달아오르는 갱년기 증상을 감소시킨다. 또한 내분비 호르몬과 감정적 요인에서 비롯된 PMS에 유용하다.

④ 스킨케어
피부가 위축되고 늘어진 피부 조직을 강화시켜 탄력을 제공하며 임신선을 최소화시키고 피부의 재흡수력(resorptive)을 자극하여 조직을 강화시킨다.

(5) 주의사항

민감한 반응을 일으키지 않으며 무독성, 무자극이다.

41) Ylang ylang(일랑일랑)

학명	*Cananga odorata*
과명	포포나무과(Annonaceae)
추출부위	신선한 꽃
추출방법	수증기 증류법
원산지	필리핀, 마다가스카르 등 동남아 지역
특징	옅은 노란색부터 짙은 갈색의 점성이 있는 액체
향	따뜻하고 달콤하며 무거운 향
화학 구성 성분	Extra: benzyl acetate(25.1%), p-cresyl methyl ether(16.5%), linalool(13.6%) 1st grade: sesquiterpenes(28.8%), linalool(18.6%), benzyl acetate(17.4%) 2st grade: sesquiterpenes(54.5%), caryophyllene(7.5%), linalool(2.8%), benzyl acetate(7%) 3st grade: sesquiterpenes(97%), caryophyllene(7.5%), linalool(2.8%), benzyl benzoate(4.3%)

(1) 식물학적 특성

카난가(Cananga)는 생육이 빠르고 높이가 35m까지 자라는 매우 큰 상록수이지만 인공재배를 위해 가지치기를 하여 3m 이내로 조절한다. 노란색의 매우 강한 향을 내는 큰 꽃은 일년 내내 피고 건기 초에 꽃을 수확한다.

인도네시아와 필리핀이 원산지로 타히티섬, 마다카스가르, 코모로 등지에서 자란다. 이른 아침 신선한 상태로 딴 노란색 꽃에서 수증기 증류법을 통해 오일을 추출하며 향은 나른하고 달콤하다. 자스민과 비슷하지만 가격이 자스민보다 저렴해 '가난한 자의 자스민'으로 부르기도 한다. 달콤한 꽃향의 강한 이국풍인 향기는 최음 효과가 있는 것으로 알려져 인도네시아에서는 신혼부부의 첫날밤에 침대에 일랑일랑 꽃을 두는 풍습이 있다고 한다. 에센셜오일은 19세기 중반부터 유럽에서 고급 향수의 원료로 사용되었고, 비누, 스킨로션, 머릿기름으로도 사용되었다. 입욕제로 몇 방울 떨어뜨리면 스트레스 완화와 진정 효과가 있다.

Cananga odorata의 꽃에서 두 가지 유형의 오일이 생산되는데 macrophylla 품종에서 카난가오일이, genuina 품종에서는 일랑일랑오일이 생산된다. 카난가오일은 세스키테르펜(sesquiterpene) 성분 함량이 더 높고, 알코올과 에스테르 성분은 낮다. 반면 일랑일랑오일은 알코올과 에스테르 성분이 더 높다.

마다가스카 증류가들은 일랑일랑오일을 4~5단계로 구분하는데 최고 등급(premier), 극상품(extra), 1등급, 2등급, 3등급으로 구분되며 이 순서로 가격과 품질이 결정된다.

일랑일랑 컴플리트(ylang ylang complete)오일은 일랑일랑 극상품, 1등급, 2등급을 혼합시켜 만든다.

(2) 임상연구

일랑일랑오일은 황색포도상구균에 뛰어난 항균성을 나타내고 간질성 발작을 제어시키는 것으로 밝혀졌다.

(3) 주요 치유작용

항우울, 방부성, 최음, 혈압 강하, 진정

(4) 적용 증상

① **생식계**

PMS의 급격한 감정 해소에 도움이 된다.

② **순환계**

심장의 두근거림과 높은 혈압을 낮추는데 추천한다.

③ **신경계**

쇼크, 근심, 분노로 인한 급한 호흡과 빠른 심장 박동을 낮춘다. 특히 항우울제로 유명하며 분노와 좌절감 등 격한 감정을 풀어주고 최음효과가 있다.

④ **스킨케어**

일랑일랑이 피부관리 제품에 함유되면 피부를 부드럽게 하고 수분 밸런스를 조절해 주고 갈라지는 모발에도 효과가 있어 샴푸의 주성분으로도 사용된다. 살구씨오일과 호호바오일로 마사지한 후 샴푸하면 모발 끝의 갈라짐을 예방해 준다. 건성과 지성피부에 추천되며 피지분비를 조절해 준다.

(5) 주의사항

과용하면 구역질이나 두통을 유발할 수 있고 개인차에 따라 민감 반응이 있을 수 있으며, 저혈압 환자는 주의하여 사용한다.

4. 에센셜오일의 위험성

에센셜오일로 인해 독성, 피부 민감 반응, 광독성, 피부 자극, 발암, 신경 독성, 간독성, 임신 중 위험이 따를 수 있다.

1) 독성, 신경독성, 유산유발작용으로 아로마테라피에서 금기 시 되는 에센셜오일

Yarrow, Dill, Tarragon, Caraway, Atlas cedarwood, Camphor, Broad-leaved peppermint, Hyssop, Pennyroyal, Spearmint, Rosemary, Tagetes

2) 통경작용이 있어 임신 중 사용을 금하는 정유

Yarrow, Cinnamon, Sweet fennel, Niaouli, Nutmeg, Parsley seed, Aniseed, Sage, Myrrh, Juniper berry, Juniper, German chamomile, Cajuput, Peppermint, Basil, Marjoram, Rose otto, Rosemary, Clary sage, Vetiver

3) 광독성이 있는 에센셜오일

Angelica root / seed, Caraway, Cassia, Cinnamon bark, Lime, Bitter orange, Bergamot, Lemon, Cumin, Lovage, Lemon verbena, Melissa

4) 피부 자극성이 있는 에센셜오일

Cinnamon bark, Costus root, Bergamot, Fig leaf, Elecampane(목향), Lemon verbena, aniseed, Clove stem / bud, Ylang ylang, Cassia

5) 간질에 피해야 할 에센셜오일

Hyssop, Fennel, Rosemary, Sage

6) 고혈압 환자에게 금기 시 되는 에센셜오일

Hyssop, Rosemary, Sage, Thyme

7) 저혈압 환자에게 금기 시 되는 에센셜오일

Lavender, Ylang ylang, Majoram, Mandarin

5. 에센셜오일의 증상별 레퍼런스 차트(Essential oils Reference Chart)

1) 근육과 관절(Muscle & Joint)

Property	Essential oils
근육통 (Muscular Pains)	블랙페퍼, 라벤더, 유칼립투스, 진저, 주니퍼베리, 마조람, 타임, 넛맥, 페퍼민트, 파인, 로즈마리, 베티버

관절염 (Arthritis)	블랙페퍼, 프랑킨세스, 진저, 카모마일 저먼과 로만, 타임, 마조람, 로즈마리, 마조람, 레몬, 파인
염좌 (Sprains)	유칼립투스, 진저, 라벤더, 로즈마리, 파인, 블랙페퍼, 프랑킨세스
오십견 (Frozen shoulder)	진저, 로즈마리, 클라리세이지, 라벤더, 페퍼민트, 마조람, 블랙페퍼, 프랑킨세스
통증완화 (Ache ease)	캐저풋, 클로브버드, 유칼립투스, 라벤더, 마누카, 넛맥, 진저, 스파이크라벤더, 주니퍼베리, 마조람, 로즈마리
류마티스 (Rheumatism)	블랙페퍼, 캐저풋, 유칼립투스, 진저, 라벤더, 주니퍼베리, 마조람, 페퍼민트, 파인

2) 순환계(Circulatory)

Property	Essential oils
해독 (Detox)	캐롯시드, 펜넬, 제라늄, 그레이프후릇, 주니퍼베리, 레몬, 라임, 오렌지, 만다린
부종 (Edema)	블랙페퍼, 사이프러스, 제라늄, 카모마일 저먼과 로만, 펜넬, 진저, 마조람, 라임, 만다린, 너트맥, 오렌지, 페퍼민트
셀룰라이트 (Cellulite)	사이프러스, 펜넬, 그레이프후릇, 제라늄, 주니퍼베리, 레몬, 라임, 오렌지, 로즈마리, 시더우드
혈액순환 (Circulations)	블랙페퍼, 유칼립투스, 진저, 레몬, 마조람, 로즈마리, 타임
정맥류 (Varicose veins)	사이프러스, 레몬, 샌달우드
모세혈관 손상 (Broken Capillaries)	카모마일 저먼, 사이프러스, 로즈, 제라늄
치질 (Piles)	사이프러스, 레몬, 주니퍼베리, 프랑킨세스

3) 심혈관계(Cardiovascular System)

Property	Essential oils
고혈압 (Hypertension)	클라리세이지, 라벤더, 마조람, 멜리사, 일랑일랑
저혈압 (Hypotension)	로즈마리, 진저, 레몬, 타임, 히솝
불안 (Anger)	카모마일 로만, 프랑킨세스, 제라늄, 네롤리, 로즈오토, 샌달우드, 일랑일랑
근심 (Anxiety)	버가못, 시더우드, 프랑킨세스, 제라늄, 자스민, 라벤더, 네롤리, 로즈오토, 로즈엡솔루트, 로즈우드, 일랑일랑
불면증 (Insomnia)	카모마일 로만, 라벤더, 마조람, 만다린, 네롤리, 오렌지, 페티그레인, 샌달우드, 베티버
스트레스 완화 (Stress Reduction)	바질, 버가못, 시더우드, 카모마일 로만, 클라리세이지, 프랑킨세스, 로즈, 제라늄, 그레이프 후룻, 오렌지, 팔마로사, 파촐리, 샌달우드, 베티버, 일랑일랑
우울증 (Depression)	파초올리, 로즈, 클라리세이지, 그레이프 후룻, 라벤더, 카모마일 로만, 마조람, 네롤리, 제라늄, 샌달우드, 일랑일랑, 자스민, 베티버

4) 생식계(Reproductive System)

Property	Essential oils
불감증 (Frigidity)	클라리세이지, 네롤리, 자스민, 샌달우드, 일랑일랑, 로즈
생리불순 (Irregular Periods)	클라리세이지, 바질, 페퍼민트, 펜넬, 라벤더, 마조람, 로즈, 제라늄
생리통 (Menstrual Pain)	카모마일 로만과 저먼, 클라리세이지, 라벤더, 마조람, 로즈

생리전 증후군 (Pre-Menstrual syndrome)	버가못, 카모마일 로만과 저먼, 클라리세이지, 라벤더, 제라늄, 마조람, 네롤리, 로즈, 일랑일랑
월경과다 (Hypermenorrhea)	카모마일 로만, 사이프러스, 클라리세이지, 라벤더, 로즈
분만통증 (Labour Pain)	클라리세이지, 라벤더, 네롤리, 자스민
갱년기 장애 (Menopausal Problems)	버가못, 클라리세이지, 사이프러스, 제라늄, 네롤리, 카모마일 로만과 저먼, 자스민, 로즈, 일랑일랑
폐경기 (Menopause)	사이프러스, 펜넬, 제라늄, 라벤더
방광염 (Cystitis)	버가못, 유칼립투스, 티트리, 샌달우드, 프랑킨세스

5) 소화기계(Digestive System)

Property	Essential oils
소화불량 (Ingestion)	블랙페퍼, 카모마일 로만과 저먼, 펜넬, 진저, 레몬그래스, 마조람, 만다린, 오렌지, 페퍼민트, 로즈마리
복통 (Colic)	애니씨드, 카모마일 로만과 저먼, 펜넬, 진저, 라벤더, 마조람, 페퍼민트
복부팽만 (Flatulence)	블랙페퍼, 버거못, 바질, 진저, 카모마일 로만과 저먼, 펜넬, 마조람, 만다린, 오렌지, 페퍼민트
변비 (Constipation)	블랙페퍼, 펜넬, 마조람, 오렌지
설사 (Diarrhoea)	페퍼민트, 진저, 유칼립투스, 카모마일 로만, 라벤더, 사이프러스, 샌달우드
식욕부진 (Loss of appetite)	바질, 진저, 레몬

과민성대장증후군 (Irritable Bowel Syndrome)	페티그레인, 진저, 블렉페퍼, 마조람, 로즈마리, 페퍼민트, 카모마일 로만과 저먼, 샌달우드

6) 호흡계(Respiratory System)

Property	Essential oils
기침 (Coughs)	애니씨드, 시더우드, 클라리세이지, 유칼립투스, 프랑킨센스, 진저, 히솝, 스파이크 라벤더, 미르, 파인, 샌달우드
감기 독감 (Colds and Flu)	시나몬, 유칼립투스, 진저, 라벤더, 스파이크 라벤더, 레몬, 미르, 페퍼민트, 파인, 티트리, 타임
천식 (Asthma)	바질, 페퍼민트, 마조람, 멜리사, 사이프러스, 로즈마리, 타임
비염 (Sinusitis)	시더우드, 유칼립투스, 진저, 니아울리, 페퍼민트, 파인, 로즈마리, 타임
카타르, 콧물 (Catarrh)	시더우드, 카모마일 저먼, 유칼립투스, 프랑킨센스, 진저, 히솝, 스파이크 라벤더, 마조람, 페퍼민트, 파인, 티트리, 타임

7) 피부(Skin)

Property	Essential oils
동상 (Chilblains)	블랙페퍼, 라벤더, 마조람
화상 (Burns)	라벤더, 프랑킨센스, 네롤리, 티트리
상처 (Wounds)	라벤더, 레몬, 미르, 티트리
찰과상 (Minor Cuts)	티트리, 유칼립투스, 레몬, 라벤더, 제라늄, 카모마일 로만과 저먼
피부염 (Dermatitis)	페퍼민트, 카모마일 로만과 저먼, 라벤더, 제라늄, 주니퍼베리, 파촐리

갈라진 피부 (Cracked Skin)	라벤더, 미르, 파초올리, 칼렌듈라 인퓨즈 오일
튼살 (Chapped Skin)	네롤리, 카모마일 저먼, 라벤더, 파초올리, 샌달우드
여드름 (Acne)	버가못, 제라늄, 그레이프후룻, 라벤더, 주니퍼베리, 페티그레인, 티트리, 로즈우드, 탠저린
임신선 (Stretch Marks)	라벤더, 네롤리, 프랑킨센스, 파초올리, 샌달우드, 만다린
주름 (Wrinkles)	로즈마리, 제라늄, 네롤리, 프랑킨센스, 파초올리, 로즈, 샌달우드, 자스민
기저귀발진 (Nappy Rash)	라벤더, 카모마일 저먼, 티트리
습진 (Eczema)	버가못, 티트리, 카모마일 로만과 저먼, 제라늄, 라벤더, 멜리사, 로즈, 샌달우드, 파초올리
건성, 민감피부 (Dry & Sensitive)	라벤더, 카모마일 로만과 저먼, 제라늄, 로즈, 네롤리, 자스민, 일랑일랑, 샌달우드, 프랑킨센스
노화피부 (Mature Skin)	캐롯시드, 프랑킨센스, 라벤더, 자스민, 만다린, 미르, 네롤리, 팔마로사, 파초올리, 로즈, 로즈우드, 샌달우드
지성피부 (Oily Skin)	버가못, 클라리세이지, 사이프러스, 제라늄, 그레이프후룻, 주니퍼베리, 라벤더, 레몬, 만다린, 니아울리, 오렌지, 팔마로사, 파초올리, 페티그레인, 티트리, 일랑일랑
모든 피부타입 (All skin type)	자스민, 라벤더, 네롤리, 로즈
탈모 (Hair Loss)	로즈마리, 사이프러스, 클라리세이지, 레몬, 페퍼민트, 일랑일랑
비듬 (Dandruff)	티트리, 레몬그래스, 로즈마리, 시더우드, 라벤더, 파초올리

8) 기타(Others)

Property	Essential oils
벌레퇴치 (Insect repellent)	시트로넬라, 유칼립투스, 제라늄, 레몬그래스, 페퍼민트, 로즈마리, 티트리, 시더우드
발열 (Fever)	유칼립투스, 진저, 페퍼민트
기분상승 (Uplifting)	버가못, 그레이프후룻, 유칼립투스, 페퍼민트, 로즈마리, 네롤리, 자스민
비만 (Obesity)	레몬, 그레이프후룻, 주니퍼베리, 파촐리
숙취 (Hangover)	그레이프후룻, 라벤더, 로즈마리, 주니퍼베리, 샌달우드

Aroma
Therapy
APRICOT
APRICOT

07

캐리어오일

07

캐리어오일

1. 캐리어오일의 개념

식물이 함유하는 오일은 휘발성을 가진 에센셜오일과 휘발되지 않고 아로마테라피 마사지에서 캐리어오일로 사용되는 식물성오일로 나눌 수 있다. 식물성오일은 윤활제로서의 특성과 불휘발성으로 얼룩을 남기지만 에센셜오일은 휘발성이 있어서 그 자체의 색을 가지고 있는 것만 얼룩을 남기는 경향이 있다. 식물성오일은 알코올에 불용해성이지만 에센셜오일은 알코올과 식물성오일에 용해되는 성질을 가진다.

고농축된 에센셜오일을 직접 피부에 바르거나 마사지하는 경우 피부에 자극적이고 강하기 때문에 그대로 사용하는 예는 드물다. 일반적으로 정유는 2~4가지를 블랜딩하여 사용하는데 확산기를 통한 흡입법을 제외하고는 식물성오일이나 크림, 로션, 알코올, 물에 희석하여 사용해야 한다. 특히 식물성오일에 희석하여 에센셜오일을 피부 속으로 깊숙이 운반시켜 주는 매개체 역할을 한다는 의미에서 캐리어오일(Carrier oil) 또는 베이스오일(Base oil)이라고 부른다.

식용의 식물성오일, 베이비오일을 포함한 광물성오일, 동물성오일 등은 피부의 침투력이 약하기 때문에 베이스오일로는 적합하지 않다. 베이스오일은 식물성오일로써 함유되어 있는 성분 등으로 인하여 사용감과 효과가 다르게 나타난다. 베이스오일을 선택할 때에는 피부의 질, 상태, 증상을 고려하여 선택한다.

캐리어오일은 에센셜오일을 희석하는 역할도 하지만 풍부한 영양을 갖고 있어 그 자체로도 피부나 건강에 좋은 효과를 준다. 캐리어오일에 들어있는 불포화지방산은 우리 몸속의 중요한 성분으로 우리 스스로는 만들 수 없고 오직 밖으로부터 흡수해야 한다. 생선과 콩류와 씨앗에 들어있는 불포화지방산이 캐리어오일에는 들어있기에 정규적으로 캐리어오일을 몸에 바른다면, 음식으로 먹는 것만큼의 효과를 기대할 수 있다. 또한 비타민·미네랄 등 피부에 좋은 성분을 함유하고 있기에 민감한 피부에는 캐리어오일만 사용해도 효과가 있다.

캐리어오일은 식물의 씨나 열매 등을 냉압착법(Cold press, 예: 호호바 오일)이나 고온 추출법(Hot extraction: 예: 포도씨오일)을 이용하여 얻어지며 아로마테라피에 쓰이는 가장 이상적인 캐리어오일은 냉압착법을 이용한 정제되지 않은 오일이다. 캐리어오일은 독특한 향이 있고 휘발성이 없는 끈적끈적한 성분으로 그 자체만으로도 다양한 치유효과를 나타내며, 피부관리를 위해 단독으로 사용되기도 하고 다른 캐리어오일과 희석해서 사용하는 경우도 있다.

에센셜오일을 희석하여 사용할 때, 캐리어오일이 차지하는 비중이 95% 이상이기 때문에 캐리어오일이 사용자의 피부 타입과 맞지 않는 경우에는 에센셜오일의 효과를 저해할 수 있다. 예외적으로 라벤더나 티트리는 에센셜오일을 희석하지 않고 화상이나 간지러움 등 일반적인 피부질환에 원액 사용이 가능하다. 식품점에서 식용으로 판매되는 대부분의 식물성오일은 냉압착된 오일이 아니다. 대부분의 식용오일은 고열이 가해진 것이라 피부에 효과가 없고 에센셜오일이 피부에 흡수되는 것을 막아 아로마테라피에서는 잘 사용하지 않는다.

2. 캐리어오일(Carrier oil)의 종류와 특징

1) Sweet almond oil(스윗 아몬드오일)

학명	*Prunis amygdalus*
형태	견과류
추출부위	씨
추출방법	냉압착법
원산지	이스라엘
특징	맑은색의 가벼운 점성이 있음

(1) 주요 성분

Oleic(64.6%), Linoleic(26.3%), Palmitic(6.6%), Stearic(1.3%), Palmitoleic(0.5%), Myristic(0.1%), Vit. A, B1, B2, B6, E

(2) 주요 특징

아몬드오일은 로마시대부터 피부관리에 광범위하게 적용했다. Vit. A, B1, B2, B6, E와 각종 미네랄이 풍부하고 불포화지방산인 리놀레익산이 들어있어 거칠고 갈라진 손에 뛰어난 연화제이며, 피부염에 의한 가려움을 완화시켜 준다. 썬탠에 의한 화상의 진정에도 유효하다. 다른 오일에 비해서 산패가 빠르다.

속명의 Prunus는 plum '자두'의 옛 라틴명에서 유래하였고, 높이는 8m 정도 자라는 장미과의 낙엽교목이다. 꽃은 4~5월에 연분홍색 또는 흰색으로 다르며 종자는 자연적으로 건조해서 터진다. 아몬드는 아시아 남서부가 원산지인 교목으로 씨는 먹을 수 있는데 맛이 단 것과 쓴 것 두 종류가 있다. 맛이 단 것을 스윗 아몬드(sweet almond)라 부르며 주로 이것이 사용된다. 그 외로 비터 아몬드는 아미그달린(amygdalin)이라는 물질을 함유하고 있는데 효소에 의해 가수분해되어 청산을 내놓는다.

아미그달린은 독성이 강한 물질로 먹거나 바르면 인체에 손상을 준다. 피부에 천천히 스며들게 해야 하며 아기 피부나 가려움증이 잘 생기는 민감한 피부에 효과적이다. 항염증 보습 작용이 있어 일상적인 피부 관리에 사용하며 아기 피부에 마사지할 때도 좋다. 습진이나 건선 등에 유용하고 피부에 영양을 공급한다. 유연 작용이 좋아 각종 크림, 마사지 오일로 사용되며 비교적 가격이 저렴하고, 어떤 오일을 골라야 할지 모를 때는 스윗 아몬드오일이나 호호바오일을 선택하면 된다.

2) Apricot kernel oil(아프리콧커넬(살구씨)오일)

학명	*Prunus armeniaca*
형태	과일
추출부위	씨
추출방법	냉압착법
원산지	중국, 남유럽, 중동, 미국, 프랑스
특징	무색, 옅은 노란색의 가벼운 점도

(1) 주요 성분

Oleic(62%), Linoleic(30.%6), Palmitic(4.9%), Stearic(1%), Palmitoleic(0.9%), Linolenic(0.2%), Arachidic(0.1%)

(2) 주요 특징

비타민 A, E가 풍부한 다가 불포화 지방산으로 가벼운 질감으로 피부에 쉽게 흡수된다. 또한 오래된 각질제거를 위하여 페이셜 스크럽에 많이 사용되고, 비누, 콜드크림에도 사용된다. 습진에 의한 가려움 완화에 유익하고 민감피부, 건조피부, 노화피부에 적절한 오일이다.

한방에서 살구씨는 진해제, 항천식제로 사용된다. 또한 혈중콜레스테롤 수치 저하에 유효하다.

살구나무는 높이가 5m 정도로 자라는 장미과의 낙엽교목이다. 초여름에 노랗게 익은 열매가 열리며 과실은 먹기도 하고 잼이나 술, 설탕 절임을 만들기도 한다. 살구 열매의 가장 안쪽에 있는 살구의 씨는 한방에서 행인이라고 부르는데, 이런 연유로 살구씨오일을 '행인유'(杏仁油)라고 부르기도 한다. 올레산이 65%로 풍부하게 들어있고, 피부에 가장 좋은 피부 관리용 오일로써 침투성이 뛰어나 피부를 부드럽게 해 주며 거칠어진 피부를 재생한다. 가벼운 점도 때문에 피부 흡수가 빠르고 각질 제거 및 피부 보호 영양을 위한 가려움증을 완화하는데 유용하다.

3) Avocado oil(아보카도오일)

학명	*Persea americana*
형태	과일
추출부위	과피
추출방법	냉압착법
원산지	중남미 아열대 지역
특징	저온에서 응고, 밝은 초록색

(1) 주요 성분

Oleic(72%), Palmitic(15%), Linoleic(10.6%), Linolenic(2%) 외

(2) 주요 특징

저온에서 응고, 혼탁해지는 경향이 있고 침전물이 생기는 경우가 있으므로 냉장고 보존은 부적합하다. 미정제유는 짙은 녹색이다. 속명의 Persea는 이집트의 단맛을 내는 수목의 옛 그리스명에서 유래했다. 약 150종이 있으며 높이는 5~20m 정도 자라는 녹나무과의 상록수이다.

과육은 '숲속의 버터'라고 불리며 어떠한 과일보다도 영양 성분이 많아 높은 지방분, 단백질 함유량을 가지며 단맛은 없다. 열매에서 추출한 오일은 침투력 때문에 우중충하고 생기 없는 피부를 개선하는 크림과 마사지오일의 재료로 사용된다. 이뇨작용이 있는 잎을 우려내서 마시면 간을 깨끗하게 하고 고혈압을 낮춘다. 수피와 잎은 위, 가슴병 치료, 생리 기간 조절에 쓰인다. 씨앗은 설사 치료에 도움이 된다.

원산지는 미국 열대와 아열대지방으로 유럽에 도입되어 현재, 스페인과

이스라엘 등 많은 나라에서 생육되고 있는 상록수이다. 열매는 녹갈색, 자줏빛을 띤 검은색 등이고 둥글거나 타원 모양 또는 서양 배 같이 생기며 길이 10~15cm이다. 종자는 1개씩 들어있으며 매우 크다. 과육은 버터 같이 부드럽고 노란색을 띠며 독특한 향기가 난다.

뛰어난 피부유연성을 가지며 표피의 투과성이 높다. 피부염증의 완화, 보습작용, 유연작용, 주름예방의 효과로 노화피부에 적합하며, 건조피부와 기저귀 발진과 습진에도 좋다. 레시틴이 풍부하여 립스틱의 화장품 조합제로 사용되고 있다. 위장 트러블(소화촉진작용), 변비, 비뇨기계 감염증, 간장과 담낭의 트러블 치료에 유효하다.

아보카도 잎, 과실, 과피, 씨는 가축, 말, 양, 토끼, 카나리아(새), 물고기에의 중독이 보고되어 있고, 아보카도를 사용한 샴푸가 동물과 사람의 피부와 눈에 테스트되어 어느 정도의 자극이 인정되었지만, 그 증거가 되는 것은 없었다.

4) Evening primrose oil(달맞이꽃오일)

학명	*Oenothera biennis*
형태	꽃
추출부위	씨
추출방법	냉압착법
원산지	북미, 지중해, 영국
특징	황색 혹은 녹색의 가벼운 점성

(1) 주요 성분

Linoleic(70%), Gamma linolenic(11.5%), Oleic(6.3%), Palmitic(6.1%), Arachidic(0.3%)

(2) 주요 특징

북아메리카가 원산지이지만 1600년대에 유럽에 도입되어 지중해 지방 및 영국에서 재배되고 있다. 꽃은 저녁에 일제히 개화하여 하루 만에 시드는 황금색의 꽃을 피운다. 그 후 오일이 추출되는 종자를 형성하는 식물로 물가, 산, 해변, 사막 등 어느 곳에서나 번식한다.

황색의 불포화도가 높아 반응을 일으키기 쉬운 불안정한 오일이다. 공기와 빛에 산화되기 쉬우며 중금속의 용기 중에서 산화 속도가 가속된다. 옛날부터 체질 개선에 효과가 있는 약초로 사용되어 왔고, 꽃잎은 4장이며 밤에 노란색 꽃이 피었다가 아침이 되면 시든다. 달맞이꽃은 밤이 되면 활짝 피기 때문에 '달을 맞이하는 꽃'이라 해서 '달맞이꽃' 혹은 월견초(月見草)라고 불린다.

한방에서는 뿌리를 약재로 쓰는데 감기로 열이 높고 인후염이 있을 때, 물에 넣고 달여서 복용한다. 종자는 월견자(月見子)라고 하여 고지혈증에 사용한다. 과거 미국의 인디언들이 기름을 추출하여 만능 치료제로 이용해 왔는데, 후에 이탈리아로 건너가 '왕의 만병통치약(King's Cureall)'으로 불릴 정도로 진귀하게 취급되었다.

리놀레산이 60~75%, 감마리놀렌산이 10% 정도 들어있다. 이들 성분은 면역 기능을 강화하고 항알레르기, 항염증, 노화 방지 작용을 하여 간접적으로 호르몬 균형을 잡아준다. 감마리놀렌산이 풍부해 가려움을 진정시키거나 피부의 상처와 건조를 치유하는 데 도움을 준다. 특히 아토피성 피부염의 진정효과가 뛰어나며 유지로 비누에 첨가하거나 크림에 5% 정도 섞어 사용한다. 보습이 좋아서 건성, 아토피 피부에 많이 이용된다. 또한 혈압강하, 혈전증 억제, 관절염 조정, 아토피성 습진의 치료, 간장기능 저하의 억제, 생리전 증후군과 우울증의 개선촉진 등의 효능이 알려져 있다.

강력한 호르몬 물질과 같은 성질을 가지는 감마리놀렌산을 풍부히 포함하고 있어서 체내장기와 기능에 영향력을 가지므로 장기에 걸친 경구섭취는 피하도록 한다. 달맞이유는 체중 증가, 혈액순환이 부분적으로 잘되지 않아 몸이 퉁퉁 붓는 질병 치료에 효과적이며, 개봉 후 약 3주간 냉장고에 보관하여 사용하면 쉽게 산화하므로 소량으로 구입하는 것이 좋다.

5) Grapeseed oil(포도씨오일)

학명	*Vitis vinifera*
형태	포도과
추출부위	씨
추출방법	고온압착법
원산지	프랑스, 스페인, 이탈리아, 캘리포니아
특징	무색, 무취의 투명한 오일

(1) 주요 성분

Linoleic(75%), Oleic(20%), Palmitodleic(1%), Palmitic(11%), Stearic(6%), Arachidic(1%)

(2) 주요 특징

대개 낙엽성 덩굴식물로 덩굴손(변형된 가지)을 뻗어 기어오르며, 길이 20m 또는 그 이상까지 자란다. 잎 가장자리에 톱니 모양을 한 잎은 어긋나고 손바닥 모양으로 갈라져 있으며, 녹색을 띠는 작은 꽃이 핀 후, 검은색에서 녹색, 붉은색, 호박색에 이르기까지 다양한 색을 띤 열매를 가진다. 열매는 장과(漿果)로 둥글며 즙이 많은 괴육 속에 씨가 들어있다.

보존성이 매우 좋은 거의 무취, 무색의 투명한 오일이다. 투명도와 맛을 증가시키기 위하여 정제되기도 한다.

소화를 촉진하고 콜레스테롤을 함유하지 않기 때문에 고혈압과 동맥경화증에 유효한 것으로 알려져 있으며, 독성이 없고 알레르기가 유발되지 않아서 마사지오일과 크림에 많이 사용된다. 피부세포 파괴를 막아주어 탄력 있고 부드러운 피부로 가꿔주며 노화방지에 효과가 있다. 높은 함량의 리놀레산은 피부에 유분막을 형성하여 피부의 수분이 증발하는 것을 막아주고, 외부 유해 물질이 피부로 침투하는 것 또한 막아주며 피부 조직 세포에 영양을 공급한다. 모든 피부타입에 사용할 수 있고 향과 색이 옅어 영양이 풍부한 다른 캐리어오일과 섞으면 시너지 효과가 있다. 비교적 가격이 저렴하고 사용하기 편하다. 유분이 가장 적은 캐리어오일로 유분감이 많은 일을 싫어하는 사람에게 적합하며 냄새가 없고 피부에 쉽게 스며든다.

6) Jojoba oil(호호바오일)

학명	*Simmondsia sinensis*
형태	콩류
추출부위	콩
추출방법	냉압착법
원산지	멕시코 북부, 캘리포니아
특징	밝은 노란색의 액체왁스

(1) 주요 성분

Stearic(13.9%), Erucic(11.2%), Palmitic(1.5%), Nervonic(0.9%), Palmitoleic(0.4%)

(2) 주요 특징

미국 서남부와 멕시코 북부의 건조 지대에 자생하는 회양목과에 속하며 가죽질의 잎을 가진 관목으로 높이가 60cm~3m 정도이다. 호호바 식물은 다년생으로 불모지역 또는 건조지역에서 수분손실을 막기 위해 두꺼운 표피의 청록색 잎을 가진 관목으로 성목이 되기 위해서 12년(이때 전장 0.5-2m)이 필요하고 종자를 맺는 것은 15년째부터이다. 열매는 여름에 열리는 과로 녹색에서 갈색으로 변한 후에 터져서 종자가 지면에 떨어진다. 두껍고 거친 잎이 수분 증발을 막으며 햇볕이 강하고 비가 잘 오지 않는 건조한 지역에서도 잘 자란다. 북미 원주민들이 따가운 햇볕에 건조해지기 쉬운 피부와 머리카락을 보호하는 데 사용해 온 오일이며, 향유고래 기름의 대용으로도 주목받기 시작했고, 화장품과 모발 관리용 원료로 유명하다. 오일이기보다는 긴 체인형

지방산 형태의 액체왁스이다. 쉽게 산화되지 않으며 열에 강한 특성을 가진다. 10℃ 정도를 경계로 고체화된다.

분자가 안정적이고 피부의 피지 성분과 유사하여 피부 침투력이 뛰어나다. 두피에 발라 잘 스며든 다음에 샴푸를 하면 탈모 방지 또는 발모 효과가 있으며 머리카락에 윤기가 나기도 한다. 건조성 두피, 건선, 습진, 선번(Sun burn), 과도한 피부분비를 조절하고 항염증 효과가 있는 미리스틴산을 함유하고 있어 관절염과 류머티즘에 유효한 것으로 알려져 있다. 또한 산패가 느리기 때문에 화학방부가 필요 없다.

7) Macadamianut oil(마카다미아오일)

학명	*Macadamia ternifolia*
형태	견과류
추출부위	씨
추출방법	냉압착법
원산지	호주, 하와이
특징	맑은 노란색으로 견과류 냄새가 난다

(1) 주요 성분

Oleic(62%), Palmitoleic(25%), Palmitic(11%), Stearic(4%), Linoleic(4%), Myristic(1.6%)

(2) 주요 특징

오스트레일리아가 원산지이며 높이 10~18m인 상록교목이다. 잎은 어긋나고 긴 타원형 또는 바소꼴로 짙은 녹색이며 윤기가 나고 가장자리에 톱니가 있다. 종자에 향기가 있고 식용유지가 들어있다. 나무의 재질이 좋아 가구재로도 유용하지만, 과수로서의 가치가 높아 재목은 그다지 이용되지 않고 열매를 주로 이용한다. '마카다미아'라는 말은 1857년 종이 식물학자들에 의하여 기재될 때, 호주 초기 과학자인 존맥아담의 이름에서 유래된 학명이 일반 이름으로 쓰이게 된 것에 기인한다. 고온 다습한 열대 아시아, 아프리카, 남미의 저지대에서 주로 재배하며, 연간 세계 생산량은 약 10만 톤이다. 마카다미아 넛은 매우 단단한 껍질로 싸여 있어 자연계에서 껍질을 깨고 내용물을 먹을 수 있는 동물은 없을 정도이다. 서양인이 호주에 도착하기 오래 전부터 호주 동북부에 살던 원주민들은 마카다미아 넛을 수거하여 영양가 높은 알맹이를 먹어온 것으로 알려졌다.

마카다미아에서 발견되는 단순불포화지방산인 팔미트올레산은 영유아나 어린이의 피지에서 발견되는 글리셀라이드와 유사한 필수지방산으로 피부에 천연 유연제 역할을 한다. 강한 향이 있고 오메가-3와 오메가-6 지방산이 풍부하여 밍크오일 대용으로 사용되는 식물성 오일이다. 부패에 대하여 우수한 저항력을 가지고 있어 보존성이 좋고, 피지와 흡사한 성분구성을 이루고 있는 것으로 유명하다.

피지성분과 흡사한 성질로 경피흡수가 쉽기 때문에 마사지오일로 많이 사용되며, 피지분비가 적어진 노화피부에 특히 좋다. 피부 온도를 상승하는 효과로 여름에는 사용을 제한하며 겨울철에 주로 사용한다.

8) Olive oil(올리브오일)

학명	*Olea europaea*
형태	과실
추출부위	과실의 과육
추출방법	과실을 압착하여 원심분리 후 여과
원산지	이탈리아, 스페인, 그리스, 프랑스, 미국
특징	크로로필을 함유하여 녹색을 띤다.

(1) 주요 성분

Oleic(75.5%), Linoleic(8.0%), Palmitic(11.0%), Stearic(2.7%), Palmitoleic(1.2%)

(2) 주요 특징

지중해 지방이 원산지로 주요 생산국은 이탈리아, 스페인, 그리스, 프랑스, 미국, 멕시코, 호주 등이다. 높이 5~10m까지 자라며 은녹색의 수많은 가지가 달리는 상록교목이다. 잎은 마주나고 긴 타원형이며 가장자리가 밋밋하고 뒷면에 비늘 같은 흰 털이 밀생한다. 꽃은 황백색이며 늦은 봄에 피고 향기가 있다. 열매는 핵과(核果)로 타원형이며 녹색에서 점차 자흑색으로 익는다.

올리브는 전통적으로 평화의 상징으로 여겨진다. 고대 그리스인들은 평화를 기원할 때 머리에 올리브 잎으로 화환을 만들어 썼다. 최상의 오일은 거의 완숙하였을 때 수작업으로 수확한 과실에서 나오며 과실 특유의 향과 녹색을 띠는데, 이것은 클로로필을 함유하고 있기 때문이다. 저온에서는 응고되는 성질이 있다.

올리브오일은 영양분이 풍부하여 샐러드에 널리 사용되며 요리에 이상적이다. 우수한 혈압강하작용, 간장장해, 위산과다 조정 및 담즙분비 증가에도 유효한 것으로 알려져 있고 화상, 염좌, 타박상, 벌레 물린데, 피부가려움 억제, 가벼운 수렴작용 등의 효과와 건조피부, 주름예방과 완화에 적합한 것으로 알려져 있다. 또한 비듬치료제로서 로즈마리오일과 블랜딩하여 사용을 권장하며, 건조한 두피에 올리브오일을 사용하면 알레르기 반응을 일으킨다는 보고가 있다.

9) Rosehip oil(로즈힙오일)

학명	*Rosa rubiginosa*
형태	장미관목의 종자
추출부위	씨
추출방법	용매추출법/ 냉압착법
원산지	안데스산맥 남부, 칠레
특징	밝은 노란색 혹은 붉은색

(1) 주요 성분

Linoleic(47.4%), Linolenic(33.0%), Retinoic acid, Vitamin C 외

(2) 주요 특징

안데스산맥, 주로 칠레와 페루에서 자생하고, 산악지대의 열악한 환경에서 보여지는 높이 2m 정도로 성장하는 낙엽관목이다. 잎은 호생, 5~9개의 소엽으로 구성된 우상복엽이며, 소엽은 타원형 또는 도란형이고 가장자리에 잔 톱니가 있다. 꽃은 5-6월에 백색 또는 연홍색의 꽃을 피우고 새 가지 끝에 원추화서를 이룬다. 열매는 9~10월경에 적색으로 익는다. 종자는 길이 3mm 정도로서 백색이며 털이 나 있다. 로즈힙은 고대 마야, 이집트, 남아메리카 원주민들이 오랫동안 약용과 식용으로 사용해왔다. 야생 장미는 전통 아메리카 원주민이 약용으로 사용하였다.

로즈힙오일은 카로티노이드를 함유하는 관계로 노란색과 붉은색을 띠는 오일로 약간의 향을 가진다. Vitamin C가 풍부하며 피부재생효과가 뛰어나 건성 손상, 노화피부를 개선한다. 임상실험에서 화상이나 주름개선, 수술 후 흉터 치료를 위한 조직 재생에 매우 유익한 것으로 밝혀졌다. 특히 태양광선에 의한 눈과 입 주위의 잔주름을 완화시킨다. 남미 의사들의 실험에 의하면 화상 얼굴, 주름 수술 후 생긴 상처 자국에 큰 효과가 있다고 한다. 특히 입가, 눈가의 깊은 주름에 효과가 있지만, 햇빛에 건조해지는 역효과가 있다. 여드름 피부에는 모공을 막을 수 있어 주의한다. 상처 조직에 있는 켈로이드(keloid) 형성을 억제하고 착색을 감소화하는데 사용된다. 게다가 불포화지방산 함유량이 높아 산패가 빠르므로 냉장 보관한다.

로즈힙오일의 피부 재생 및 개선에 미치는 가장 중요한 작용은 리놀레산(47%) 및 리놀렌산(33%), 레티노산이 풍부하게 들어있기 때문이다.

10) Sesame oil(참깨오일)

학명	*Sesamum indicum*
형태	콩과
추출부위	씨
추출방법	저온압착을 한 후 여과
원산지	동인도 열대 지역
특징	투명한 담황색

(1) 주요 성분

Linoleic(41~51%), Oleic(33.5~46%), Palmitic(5.5~9.5%), Stearic(4~6%), Vitamin A, B, E, 칼슘, 마그네슘, 인을 풍부히 함유

(2) 주요 특징

동인도의 열대 지역이 원산지로 긴 종 모양의 적색, 청색, 황색을 띤 흰색 꽃을 7~8월에 피우며, 수직으로 1m 정도 성장하는 한해살이풀이다. 열매는 삭과로 길이 2~3cm의 원기둥 모양이며 약 80개의 종자가 들어있다. 종자는 흰색·노란색·검은색이다. 종자에는 45~55%의 기름이 들어있고 단백질이 36% 들어있다.

우리가 알고 있는 참기름은 참깨를 볶아서 기름을 짜내어 고소한 향이 나는데, 아로마테라피에서 사용하는 세서미오일은 참깨를 냉압착하여 얻는 것으로 향이 없고 빛깔은 담황색이다. 인도 전통의 아율베다에서 해독과 재생을 목적으로 사용되었다.

세서미오일의 주성분은 올레인산, 리놀레산, 비타민 A, B, D, E 등 산화를 방지하는 성분이 함유되어 있다. 천연 산화방지제로서 다른 캐리어오일과 블랜딩하면 마사지오일의 수명을 연장할 수 있다.

비장 장애에 유효하며 혈소판을 증가시키므로 빈혈증에 좋다고 한다. 칼슘을 풍부히 함유하여 소화관을 안정화시킨다. 다른 베이스오일에 20% 정도로 희석하여 마사지오일로 사용되며 건선, 건조성의 습진 등 피부 컨디션 조정과 류머티즘에 유효한 것으로 알려진다.

11) Sunflower oil(해바라기씨오일)

학명	*Helianthus annuus*
형태	국화과
추출부위	해바라기씨
추출방법	냉압착법
원산지	남미, 러시아, 동유럽, 인도, 지중해연안국
특징	무향의 오일로 황색이다

(1) 주요 성분

Linoleic(73.5%), Oleic(14.2%), Palmitic(6.4%), Stearic(4.2%), Vitamin A, D, E, 미네랄, 칼슘, 아연, 칼륨, 철분, 인 등

(2) 주요 특징

남미가 원산지로 16세기 말에 유럽에 도입되었고, 현재 주요 재배국은 러시아, 동유럽, 인도, 아르헨티나, 지중해 연안국, 미국, 남프랑스 등이다. 높

이 2~3m의 꽃이 해를 향해 피는 한해살이풀이다. 꽃은 황색의 꽃잎이 길게 밖을 향해 뻗은 설상화와 중앙 부위에 밀집되어 있는 암자색 또는 갈색의 통상화로 이루어져 있다. 열매는 2개의 능선이 있는 달걀모양으로 길이가 1cm 내외이고 검은 줄무늬가 있다.

콜레스테롤 대사촉진작용으로 동맥경화 중화에 이용되며 이뇨성, 거담성을 가진다. 변비 완화에도 유효하며, 타박, 좌창, 지루증 등의 피부 트러블에 이용되며 피부에 유연성과 윤택함을 부여하는 효과를 가지므로 마사지오일로 사용된다.

해바라기씨에는 태아의 피부를 덮고 있는 태지와 비슷한 성분이 함유되어 있어 아기 피부에 사용해도 될 만큼 안전하며 보습 효과가 있다. 신생아와 유아에게 발라주면 유해균의 감염으로부터 피부를 보호하고 촉촉하게 해 준다. 리놀레산 60%, 세포의 구성 성분인 레시틴과 비타민A와 E를 함유하고 있어 노화 예방에 효과가 있다.

건조하고 예민한 피부의 수분을 유지하여 피부를 촉촉하고 부드럽게 해주며, 가려움과 예민함을 진정시켜 여드름을 유발하지 않게 하는 오일로 피부에 보호막을 형성하여 겨울에 특히 사용하기 좋다. 비용이 저렴하여 인퓨즈드나 마사지오일로 많이 사용되고, 느낌이 가볍고 상쾌하여 피부트러블, 발목 염좌나 타박상, 관절성 염증에 좋다. 산화가 빠르므로 가급적 빨리 사용해야 한다.

12) Wheatgerm oil(윗점오일, 밀배아오일)

학명	*Triticum. durum / T. aestivum*
형태	밀
추출부위	배아
추출방법	따뜻한 온도에서 압착법과 용제추출법
원산지	서아시아, 중동 지역
특징	밝은 갈색에서 엷은 노란색 오일

(1) 주요 성분

Linolenic(53.9%), Oleic(19.15%), Palmitic(15.77%), Linolenic(7.07%), Stearic acid(1.02%), Vitamin A, B1, B2, B3, B6, E, 미네랄 등

(2) 주요 특징

밀은 세계에서 가장 광범위하게 재배되는 곡류이며 10,000년 전 중동지역에서 서식했던 야생 잡종 밀에서 유래되었다. 서아시아가 원산지이지만 아열대 지역과 온대 지역에 널리 재배되고 있다. 밀은 12%의 껍질과 3%의 배아, 나머지 곡분으로 이루어진 배유로 형성되어 있다.

T. durum은 빵 제조에 사용되는 반면 T. aestivum은 스파게티나 파스타를 만드는데 사용되는 더 단단한 밀 종자이다. 밀과 보리 같은 식물을 맥류라 하는데, 소맥(小麥)은 밀을 의미하고 대맥(大麥)은 보리를 말한다. 이 중 소맥의 씨눈(배아)을 건조시킨 뒤 나선형 압착기로 압착하면 기름을 얻을 수 있는데, 이것을 맥아오일 또는 윗점(Wheat germ)오일이라 한다. 이 오일은 다른 식물에서 쉽게 발견되지 않는 옥타코사놀(octacosa nol)이 함유되어 있어 근육 조직에

축적된 젖산의 비율을 낮추어 준다.

강한 향과 점성 때문에 단독으로는 잘 사용하지 않으며 다른 캐리어오일과 섞어서 사용하는 것이 좋다. 밀눈오일은 Vitamin A, C, D, E가 풍부하고 특히 비타민 E(100mg당 190mg)의 함량이 높아 방부효과와 천연 항산화제이다. 이것은 피부세포재생을 증진시키고 혈액순환을 향상시키며 피부병 증상을 완화시킨다. 또한 뼈 및 근육의 건강 유지를 도우며 소화불량 조정, 정맥류의 악화 예방, 항혈액응고성이 있다고 알려진다. 근육 피로에 유효하여 마사지 오일에 첨가하기도 한다. 또한 순수 냉압착 방식으로는 추출이 어려워 인퓨즈드 또는 용매추출을 한다.

3. 인퓨즈드오일(온침법으로 추출한 오일= 머서레이트오일)

식물의 치유적 성분을 목적으로 식물성오일에 허브를 담그어 열을 가하거나 햇빛에 몇 주간 우려내고 마지막 찌꺼기를 걸러 사용하는 오일을 인퓨즈드오일이라 한다. 용도는 다른 캐리어오일과 같으며 단독으로 사용하기보다는 캐리어오일에 소량 블랜딩하여 사용하기도 한다. 단독으로 사용 시 감광성 작용이 있어 민감한 피부는 트러블이 일어날 수 있기 때문이다. 인퓨즈드오일에 쓰이는 식물성 오일로는 주로 해바라기씨오일, 마카다미아오일, 올리브오일, 살구씨오일 등이 많이 쓰이고, 오일의 산화방지를 위해 항산화작용을 하는 윗점오일을 전체의 1% 정도 더해주는 것도 좋다.

인퓨즈드오일은 공기를 밀폐시키기 위해 병을 밀봉하고 수시로 병을 흔들어 유효성분이 잘 스며들 수 있도록 하고 4~8주간 그대로 놓아둔다. 기간이 끝날 무렵에 오일을 따라내고 여과하면 머서레이트오일로 사용할 준비가 완료된다. 짙은 색의 병에 오일을 저장한다.

1) Arnica infused oil(아니카 인퓨즈드오일)

학명	*Arnica Montana*
형태	꽃
베이스오일	소이빈오일, 선플라워오일
원산지	북유럽 산악지대에서 자생
특징	노란오일로 풀향
피부타입	모든 피부
사용방법	캐리어오일에 희석해서 사용하거나 국소부위에 단독으로 사용할 수 있다. 식물의 꽃봉오리는 머서레이트오일로 사용되고 뿌리는 동종요법에 사용된다.
주요효능	독일에서 '산의 안녕', 즉 산에서 나는 보약으로 불리며 골절, 근육통증, 류머티스, 타박상, 멍, 관절염, 출혈, 붓기 제거에 유용하다.

2) Calendula infused oil(칼렌듈라 인퓨즈드오일)

학명	*Calendula officinalis*
형태	꽃
베이스오일	스위트 아몬드오일, 호호바오일, 소이빈오일
원산지	지중해 연안
특징	약간 붉은색이 도는 노란색 오일
피부타입	모든 피부, 특히 민감성피부
사용방법	캐리어오일에 30% 정도 희석하여 사용하거나 국소부위에 직접 사용 가능하며, 꽃잎과 꽃봉우리 전체를 의약 목적으로 사용한다.

주요효능	항염증과 상처 치유력이 우수하여 잘 낫지 않는 상처와 피부염증 및 정맥류에 유용하다. 정맥류에는 사이프러스와 레몬오일과 블랜딩하여 사용하고 가벼운 연고로도 적용한다. 갈라지고 베인 상처, 건선, 습진, 1도 화상, 벌레 물린데 효과적이다.

3) Saint, John's wort oil(세인트존스워트오일)

학명	*Hypericum perforatum*	
형태	꽃	
베이스오일	세서미오일, 마카다미아오일, 스위트아몬드오일	
원산지	프랑스, 영국	
특징	붉은색을 띠며 여름에 피는 꽃을 베이스오일에 담가 만드는 침출유	
피부타입	염증피부	
사용방법	신경통에는 라벤더오일과 류머티즘에는 쥬니퍼베리와 블렌딩한다. 주요 성분인 하이페리신(hypericin)은 광민감성이 있으므로 주의한다.	
주요효능	하이페리신은 항바이러스 약으로 특히, 에이즈의 바이러스 증식을 억제하는 기능이 밝혀져 에이즈 치료약으로 연구되고 있다. 우울증 치료제로 사용되고 신경통, 근육통, 관절염, 류머티스, 멍, 상처치료에 유용하다.	

4. 캐리어오일 보관 및 관리방법

① 캐리어오일은 대부분 산화되기 쉬우므로 냉암소에 보관한다.
② 에센셜오일과 캐리어오일을 블랜딩한 것은 가능한 6개월 이내에 사용하는 것이 좋다.
③ 블랜딩한 오일은 불투명한 갈색 차광병에 담아 뚜껑을 잘 닫은 후 냉장 보관하는 것이 좋다.
④ 혼합한 아로마 마사지오일은 1~2일 숙성을 시킨 후 사용한다.

5. 하이드로졸(플로랄 워터)

하이드로졸(Hydrosol)이라는 용어는 '수용액' 을 의미하는 화학 용어로 '물' 을 뜻하는 라틴어 'Hydro' 와 '용액' 을 뜻하는 'Sol' 에서 파생되었다. 하이드로졸은 아로마테라피 목적으로 증기 또는 하이드로 증류법으로 생산된 응축된 물을 의미한다.

아로마테라피에서 플로랄 워터라는 말 대신에 하이드레이트(Hydrolate) 또는 하이드로졸(Hydrosol)이라고 불린다. 꽃뿐만 아니라 뿌리, 나무껍질, 가지, 나무 등에서 하이드로졸을 증기로 추출할 수 있기에 엄격하게 말하자면 플로랄 워터라고 할 수 없기 때문이다. 보통 하이드로졸은 에센셜오일을 추출하는 증류법의 부산물로 보고 있으나 때에 따라서는 하이드로졸만을 얻기 위해서 증류하기도 한다.

고품질의 하이드로졸은 환경 보호지역에서 추수한 유기농 인증 또는 살충제, 어떤 화학비료를 사용하지 않은 식물에서 추출한다. 추출하는 식물 성분의 수용성 용해도에 따라 하이드로졸 1리터당 약 0.002 ~ 0.005% 정도 에센셜오일 성분이 함유되어 있어 하이드로졸 자체로도 소독, 살균, 보습의 효과가 있다. 하이드로졸에 용해되어 있는 에센셜오일은 동일한 식물에서 추출한 에센셜오일과 다른 화학적 구조를 보이며, 대체로 모노테르펜 및 세스퀴테르펜 알코올류가 검출된다. 그 이유는 에센셜오일의 일부 화학물질은 너무 친유성이어서 물에 머물지 못하고 다른 화학물질은 너무 친수성이어서 오일에 머물지 못해 하이드로졸에서만 발견되기 때문이다.

하이드로졸은 식물에서 나온 수용성 물질을 함유하며, 이것은 에센셜오일에서 찾을 수 없는 것으로 주로 수용성 산(acid)으로 구성되어 있다.

하이드로졸에는 pH 2.9에서 최대 6.5에 이르는 폭넓은 pH 수위를 보이고 있으며, 하이드로졸의 천연 약산성은 부드러운 피부 살균소독으로 천연 스킨, 보습용 미스트 또는 애프터쉐이빙, 천연화장품 원료, 반려동물 등에 사용된다. 하이드로졸은 단독으로 사용하거나 2~3가지를 블랜딩하여 사용하면 효과적으로 사용할 수 있다. 하이드로졸에는 수렴작용, 항염, 밸런싱, 순환촉진, 정화, 진정작용과 같은 활성 성분이 풍부하여 다양한 방법으로 생활 속에서 활용할 수 있다.

1) 하이드로졸의 종류

(1) 캐모마일 저먼 하이드로졸(Chamomile German Hydrosol)

학명 : 마트리카리아 레쿠티타(Matricaria recutita)

pH : 4.0~4.1

녹차의 씁쓸한 맛이 특징이며, 민감성 피부, 여드름, 트러블이 있는 피부에 진정 효과가 있어 스킨케어로 널리 사용된다. 항염증, 항균 및 살균 효과, 발진, 일광화상, 가려움증 등에 도움이 되는 주요 효과가 있다. 불안, 스트레스를 받을 때 미스트로 뿌리면 마음을 안정시킬 수 있다. 남성 애프터쉐이브로도 사용할 수 있다. 캐모마일 저먼 하이드로졸과 네롤리 하이드로졸을 함께 사용하면 반려동물의 과잉 활동을 억제하는 데 효과적이다.

(2) 캐모마일 로만 하이드로졸(Chamomile Roman Hydrosol)

학명 : 안테미스 노빌리스(Anthemis nobilis)

pH : 3.0~3.3

달콤한 꿀과 같은 풋사과 향이 특징이며, 아기 케어를 위한 최고의 하이드로졸로 출생 직후부터 목욕물이나 침구용 진정 미스트로 안전하게 사용할 수 있다. 기저귀 발진으로 인한 발적과 통증에도 효과적이며, 아기와 어린이를 위한 수제 물티슈로 캐모마일 로만 하이드로졸을 사용하면 아주 좋다.

화상과 햇볕에 탄 피부에 라벤더 하이드로졸처럼 사용할 수 있고 올인원 메이크업 리무버, 스킨 클린저, 토너로도 사용할 수 있다. 컴퓨터로 인한 눈의 피로, 결막염 등 일반적인 충혈을 진정시키는데 좋은 데일리 아이워시로 사용할 수 있다.

여드름성 피부와 지성피부에 네롤리 하이드로졸과 함께 사용하고, 노화피부에는 위치하젤 하이드로졸과 함께 사용하고, 건조한 피부에는 라벤더 하이드로졸과 함께 사용하면 좋다. 반려동물들에게도 아이와 마찬가지로 여행 전, 동물병원에 방문했을 때 등의 다양한 스트레스 상황에 사용하면 진정 효과를 얻을 수 있다.

(3) 라벤더 하이드로졸(Lavender Hydrosol)

학명 : 라반둘라 안구스티폴리아(Lavandula angustifolia)

pH : 5.6 ~ 5.9

달콤하고 부드러운 향이 특징이며, 균형 잡힌 화장품의 pH와 비슷하여 모든 피부 유형에 적용할 수 있다. 기성 화장품에 첨가하여 사용해도 본래의 특성을 바꾸지 않고 기분 좋은 향과 함께 쿨링 및 치유 효과를 더할 수 있는 장점이 있다.

가벼운 화상이나 상처 등의 염증을 가라앉히고 두피, 모발 정화와 강화에도 도움을 준다. 피부 진정 효과에 뛰어나 햇빛에 그을린 피부나 면도 후 손상된 피부를 진정시키는 데도 효과가 있으며, 땀띠, 일사병, 발진, 벌레 물린 데, 가려움증을 진정시키는 효과가 있다. 또한 몸과 마음, 정신을 진정시키고 시원하게 해주는 룸 스프레이로 집이나 사무실에서 사용하면 진정, 정화, 상쾌한 기분을 느낄 수 있다.

여름 피부 손상 예방과 진정작용으로 보습제를 바르기 전에 라벤더 하이드로졸과 위치하젤 하이드로졸을 60:40 비율로 섞어 피부에 뿌려주면 좋다. 캐모마일로만 하이드로졸과 혼합하여 아이의 기저귀 발진에 사용하면 효과적이다.

(4) 네롤리 하이드로졸(Neroli(Orange Blossom Floral) Hydrosol)

학명 : 시트루스 아우란티움(Citrus aurantium)

pH : 3.8 ~ 4.5

고상한 꽃 향, 과일 향, 섹시한 향, 달콤한 향이라는 다양한 수식어가 붙는다. 연약하고 민감한 피부, 지성피부, 건성피부, 노화피부에 보습을 충분히 주어 세포의 성장, 재생을 돕는다. 매우 건조한 피부에는 시용을 피하거나 라벤더, 로즈 하이드로졸과 함께 80% : 20% 비율로 사용하면 효과적이다. 여드름과 자극을 완화하는 훌륭한 토너로 사용할 수 있다. 또한 천연 향수로도 사용한다.

어린이, 아기, 성인의 히스테리 증상을 완화하고 ADHD(주의력 결핍 및 과잉행동 장애)가 있는 어린이나 동물에게도 매우 효과적이며, 국소적으로 사용할 수 있다.

(5) 로즈 하이드로졸(Rose Hydrosol)

학명 : 로사 다마세나(Rosa damascena)

pH : 4.1 ~ 4.4

달콤하고 우아한 장미 향으로 피부 보습제로 수분을 보충하고 유지하여 건성, 민감성, 활력을 잃은 피부에 적합하다. 쿨링 작용과 부드러운 수렴작용으로 마스크, 스팀, 습포 등으로 사용할 수 있다.

여성 호르몬 조절과 감정 조절 등 폐경 후 여성의 호르몬 대체요법의 대안으로 다양한 용도로 실험적으로 사용되고 있다. 로즈, 라벤더, 캐모마일 하이드로졸을 거의 같은 비율로 섞어 사용하면 스트레스와 불면증부터 일광화상, 상처에 다양하게 사용할 수 있다.

(6) 로즈마리 하이드로졸(Rosemary Hydrosol)

학명 : 로즈마리누스 오피시날리스(Rosmarinus officinalis)

pH : 4.2 ~ 4.7

부드러운 은은한 꽃 향으로 피부 트리트먼트에 중성 및 지성피부용 토너로 유용하게 사용된다. 건강하고 윤기 나는 모발을 촉진하며, 비듬이나 지루성 두피에도 도움이 된다. 샴푸와 컨디셔너에 첨가하거나 샴푸 후 또는 샴푸 사이에 두피 토닉으로 사용하면 효과를 볼 수 있다. 심신이 피곤할 때 피부에 도포해 주면 활력을 부여해 주고 항산화 작용이 뛰어나 보존 기간을 길게 해 준다.

(7) 페퍼민트 하이드로졸(Peppermint Hydrosol)

학명 : 멘타 피페리타(Mentha piperita)

pH : 6.1 ~ 6.3

매콤하고 시원한 박하 향으로 소화, 항염, 정신 자극 효과로 가장 잘 알려져 있다. 구취나 여드름성 피부, 국소적 가려움증과 작열감을 완화하고 알레르기 반응, 물림, 쏘임 등을 빠르게 완화하여 남성과 여성의 생식기 자극이나 가려움증에 좋은 세정제로도 사용할 수 있다. 더운 날씨나 피곤할 때 얼굴에 뿌려 활력을 되찾거나 안면 홍조를 진정시키는 데 사용해도 효과적이다. 반려견의 개인 공간 보호 및 과잉행동에 도움을 준다.

(8) 티트리 하이드로졸(Tea Tree Hydrosol)

학명 : 멜라루카 알터니폴리아(Melaleuca alternifolia)

pH : 3.9 ~ 4.1

신선한 스파이시 향으로 살균, 항진균, 항균, 항바이러스 등에 효과가 있어 칸디다증, 생식기 또는 요로 감염에는 물로 희석하여 사용할 수 있다. 베인 상처, 긁힌 상처를 깨끗이 씻어낼 수 있으며 어린이의 경우 라벤더 하이드로졸과 섞어 부스럼이 날 때마다 수시로 사용하면 효과적이다. 반려견이 경계에 대한 혼란을 느끼거나 자기 보호가 필요할 때 도움을 준다.

(9) 위치하젤 하이드로졸(Witch Hazel Hydrosol)

학명 : 하마멜리스 비르기니아나(Hamamelis virginiana)

pH : 4.0 ~ 4.2

가벼운 나무 향과 함께 달콤한 허브향으로 강력한 항산화 효과와 수렴 효과가 뛰어나다. 국소 적용 시 피부 발적, 발진, 가려움증, 붓기, 각질을 줄여주고, 갈라지거나 물집이 생긴 피부, 습진 및 건선 진정에 효과가 있으며 상처 세척 및 소독제이기도 하다. 항산화제로 노화 방지, 모든 스킨케어 제품에 첨가하거나 세안 후와 보습 전에 아침, 저녁으로 얼굴과 목에 뿌려주면 효과를 본다. 쉰 목소리와 부종, 류머티즘 및 관절염 통증에도 도움이 된다. 반려동물이 과민반응을 하거나 안절부절못할 때 효과적이다.

Aroma Therapy

08

아로마 블랜딩 예술

1. 블랜딩 예술
2. 블렌딩 방법
3. 에센셜오일의 휘발속도 및 향의 용도별 분류
4. 향의 감각적 표현

08

아로마 블랜딩 예술

1. 블랜딩 예술

다양한 효능과 효과를 가진 에센셜오일은 한 가지만 사용할 때보다 다른 오일과 같이 사용할 때 각각의 오일이 가지고 있는 특성들이 어우러져 아로마테라피의 효과를 상승시키는 시너지 효과를 가져온다. 이처럼 효과를 상승시키기 위해 여러 가지 에센셜오일을 섞는 것을 '블랜딩'이라 하며, 블랜딩은 아로마테라피의 효과를 상승시키는 아주 중요한 역할을 한다. 블렌딩을 할 때는 에센셜오일의 특성뿐만 아니라 사용 목적, 아로마오일을 사용할 사람의 건강 상태 및 정신적 요인들도 고려되어야 한다.

아로마오일을 캐리어오일에 블랜딩할 때에는 성인 기준으로 얼굴에는 1~2% 신체는 2~3%로 하는 것이 좋다. 또한 처음 아로마를 사용하는 초보자는 낮은 용도로 희석하며 아로마의 신체 적응도를 보면서 농도를 맞추어 가는 것이 좋다. 처음 블랜딩을 할 때에는 농도를 맞추는데 계산상의 어려움을 겪는다. 이때 쉽게 계산하는 방법은 베이스오일의 양을 모두 방울 수로 계산하는 것이다. 예를 들면, 호호바 10ml에 라벤더를 2% 희석하고자 한다면, 먼저 호호바 10ml를 방울 수로 계산하여 보자. 호호바 10ml는 200방울이라는 것은 쉽게 알 수 있다. 그렇다면 200방울의 2%는 몇 방울일까? 4방울이다.

아로마 목욕을 위해 에센셜오일을 목욕물에 넣게 되면 에센셜오일이 물에 희석되지 않고 둥둥 떠 있게 되는데, 만약 아기의 연한 피부에 에센셜오일 원액이 묻으면 피부 알레르기와 같은 부작용을 일으킬 가능성이 높다. 그래서 어린이를 위한 목욕물에는 에센셜오일 2~3방울을 캐리어오일에 희석한 다음 목욕물에 넣는 것이 안전하다. 특히 레몬글래스와 같은 알데하이드 성분이 많은 오일들은 피부 자극이 있기에 희석하지 않고 사용하면, 목욕 시 붉은 반점이 생길 수 있으므로 주의가 필요하다.

2. 블랜딩 방법

에센셜오일의 블랜딩은 풍부한 경험과 직관에 의해 이루어지는 창조적인 예술이라 할 수 있지만 몇 가지 기본적인 블랜딩 방법이 있다.

① 에센셜오일 2~3개를 블랜딩하는 것이 가장 효과적이다.
② 초보자의 경우에는 3~4개 이상을 한꺼번에 블랜딩하지 않는다.
③ 피시술자에게 불쾌한 기억이 없는 향이어야 하며, 좋은 향이 나야 한다.
④ 알레르기가 생기지 않아야 한다.
⑤ 탑노트(Top note), 미들노트(Middle note), 베이스노트(Base note)가 적절히 배합되어 향의 조화가 잘 이루어져야 한다.
⑥ 오일에 대한 풍부한 지식과 임상경험으로 정확한 적용방법을 알고 있어야 하며, 관리하려는 고객의 심리적, 신체적 요인까지 고려해야 한다. 단, 에센셜오일의 구성성분 중 어느 한 화학 성분에 의해 일어날 수 있는 잠재적 부작용을 발현하지 못하게 2~5가지 오일 블랜딩이 권장된다.

⑦ 블랜딩한 에센셜오일을 피부에 바르거나 마사지할 때는 원액을 바로 사용할 수 없으며, 반드시 캐리어오일에 희석하여 사용하여야 한다.

⑧ 얼굴의 경우 1~2%, 전신의 경우에는 3~5%로 희석하여 사용할 수 있으며, 일반적으로 얼굴은 2%, 전신은 3%로 희석한 오일을 많이 사용한다.

⑨ 3개월~7세 영유아는 성인의 1/4로 희석하며, 7세~16세까지는 어른의 1/2 정도로 희석하여 사용하여야 한다.

1) 희석 방법

블랜딩한 에센셜오일을 희석하기 위해서는 피부 타입에 적합한 캐리어오일을 선택하여 원하는 농도로 배합하여 사용하여야 한다.

에센셜오일 한 방울은 0.05ml이므로, 1ml가 되기 위해서는 20방울이 필요하다. 즉, 1%의 얼굴 관리용 아로마오일 5ml을 블랜딩하기 위해서는 캐리어오일 5ml에 에센셜오일 1방울을 첨가하면 된다.

계산식

1/100 × 5ml = 0.05ml

0.05ml × 20 = 1방울

또한 3%의 전신 관리용 아로마오일 10ml을 블랜딩하기 위해서는 캐리어오일 10ml에 에센셜오일 6방울을 첨가하면 된다.

에센셜오일 한 방울 = 0.05ml 에센셜오일 1ml = 20방울

2) 블랜딩 시 주의사항

대체로 같은 식물 종의 에센셜오일과 블랜딩을 하면 무난하며, 향의 느낌에 따라 잘 어울리는 계열의 에센셜오일을 블랜딩한다.

조화로운 향의 블랜딩을 위해 에센셜오일의 노트를 고려하여 균형있게 배합한다.

선택한 에센셜오일에 대해 패치테스트를 하여 알레르기가 없는지 확인하며, 블랜딩한 향은 고객과의 상담을 통해 취향에 맞게 한다.

처음 블랜딩 시에는 2~3개의 오일로 시작하며 5가지 이상 섞을 경우, 시너지의 질을 떨어뜨릴 수 있다. 에센셜오일을 블랜딩 비율에 따라 베이스노트, 미들노트, 탑노트 순으로 넣고, 나머지는 캐리어오일로 채운다. 혼합 후 향을 고객에게 맡아보게 하고 향이 너무 강하거나 약할 경우 구성 비율을 다시 조정한다.

캐리어오일은 산화·부패되기 쉬우므로 항산화 작용이 강한 아로마테라피 오일과 혼합한 상태의 마사지 치료용 오일을 만들어 보관하는 것도 괜찮다.

3. 에센셜오일의 휘발속도 및 향의 용도별 분류

각각의 에센셜오일은 휘발성이 달라 시간에 따라 다른 향기를 내는데 이때의 후각적인 느낌을 “노트(note)”라고 한다. 좋은 향을 만들고 향기의 지속성을 높이기 위해서는 세 가지 노트의 향이 균형 있게 배합되는 것이 중요하며 탑, 미들, 베이스노트의 조화를 이루는 것을 포함한다. 에센셜오일을 혼합하여 블랜딩한 오일의 향기는 시간이 흐르면서 조금씩 변하게 된다. 그 이유는 에센셜오일마다 휘발 속도가 다르기 때문이다.

1) 향의 휘발속도에 따른 분류

(1) 탑노트

상향이라고도 한다. 향을 휘발하는 속도에 따라 나누었을 때, 혼합한 향에서 가장 먼저 맡을 수 있는 것으로 향의 첫인상을 결정한다. 비교적 가벼운 화학 성분으로 구성되어 있어 휘발 속도가 가장 빠르므로 '처음 맡을 수 있는 향'이라는 뜻에서 '퍼스트노트(first notes)', '헤드노트(head notes)'라고도 한다. 이 오일들은 자극적이고 활력을 주며 신체에 흡수되어 반응하는 속도가 빨라 낮은 비율로도 빠른 효과를 볼 수 있다. 우울하거나 무기력하고 가라앉는 기분이 들 때 사용하면 가볍고 상쾌한 향으로 신체를 자극하여 고양 효과를 누릴 수 있다. 탑노트 향의 지속시간은 약 3시간이고 마음을 상쾌하게 하는 감귤류와 허브에서 추출한 오일이 주로 속한다. 바질, 버가못, 시트로넬라, 코리앤더, 유칼립투스, 진저, 그레이프프룻, 레몬, 레몬글래스, 라임, 만다린, 니아울리, 네롤리, 오렌지, 스피어민트, 페티그레인, 티트리, 타임, 페퍼민트 등의 에센셜오일이 있다.

(2) 미들노트

블랜딩한 오일에서 휘발 속도가 두 번째로 강한 오일 향으로 중향이라고도 하며, 신체의 물질대사 기능을 촉진한다. 오일을 블랜딩할 때, 향의 이미지와 콘셉트를 결정하는 중요한 역할을 한다고 해서 '소울노트(soul notes)', '하트노트(heart notes)'라고도 한다.

탑노트와 베이스노트의 중간 단계로 향이 조화를 이루도록 돕는 역할을 하며, 향의 지속 시간은 5~6시간부터 길게는 약 2~3일이다. 향을 블랜딩할 때 전체 오일 양의 50~80% 정도 사용할 수 있다.

미들노트에는 블랙페퍼, 카주풋, 캐롯시드, 카모마일, 코리앤더, 사이프러스, 펜넬, 제라늄, 진저, 헬리크리섬, 히솝, 주니퍼베리, 라벤더, 마조람, 멜리사, 로즈마리, 파인, 팔마로사, 로즈우드 등의 에센셜오일이 있다.

(3) 베이스노트

비교적 크고 무거운 화학 성분으로 이루어져 있어 휘발 속도가 가장 느리고 혼합한 향에서 마지막까지 맡을 수 있는 향이라 하여 '라스트노트(last notes)', '보텀노트(bottom notes)'라고도 한다. 이 오일들은 잔향이 은은하게 오래가기 때문에 적은 양을 넣어도 충분히 맡을 수 있을 만큼 향에 깊이를 주고, 혼합한 향을 묵직하게 잡아주는 고착제 역할을 한다. 진정과 이완작용이 뛰어나 정신적 스트레스를 완화하고 심신을 편안하게 하는 효과가 있다. 향의 지속시간은 5~6시간부터 길게는 1주일 정도로, 잔향이 오래가고 향이 강하므로 전체 오일 양의 5% 미만으로 사용한다.

베이스노트에는 따뜻하고 부드러운 향으로 진정과 이완을 돕는 벤조인, 시더우드, 시나몬, 클로브, 프랑킨센스, 자스민, 미르, 패출리, 로즈, 샌달우드, 베티버, 일랑일랑 등의 에센셜오일 등이 있다.

에센셜오일의 발산 속도에 따른 구분 및 배합 함량

노트	특징	에센셜오일	배합량
탑노트 (top note)	휘발성이 강한 상쾌하고 가벼운 향으로 향의 첫인상을 좌우한다.	레몬, 오렌지, 버가못, 만다린, 페퍼민트, 유칼립툽스, 로즈마리, 티트리	20~40%
미들노트 (middle note)	탑노트와 베이스노트를 연결해 주는 향으로 탑노트보다 좀 더 오래 지속되고 따뜻함과 풍부함을 부여하는 향의 중심 역할을 한다.	라벤더, 제라늄, 네롤리, 카모마일, 마조람, 블랙페퍼, 진저	40~80%
베이스노트 (base note)	잔류성이 강한 향으로 오래 남는 풍부하고 무거운 향이다. 라스트노트라고도 한다.	패츌리, 자스민, 미르, 로즈, 일랑일랑, 프랑킨센스, 샌달우드	10~25%

2) 향의 용도별 분류

(1) 고정제

고정제는 베이스노트보다 짙으나 경우에 따라 베이스노트로 분류되기도 한다. 혼합물을 피부에 흡수시키거나 오랜 시간 동안 피부에 남아 향을 지속시킨다. 고정제는 혼합물의 효과를 지속시키는데 필요하며, 짙고 강하면서 깊다. 머스크(musk), 시베(civet) 등의 동물성 고착제는 그 효과가 며칠 동안 지속된다.

(2) 혼합 균등제

혼합 균등제는 날카로운 부분을 제거시키는 오일로, 각 오일들의 틈새를 채워 블랜딩을 조화롭게 하며, 가장 활동력이 강한 성분을 조절한다. 주로 혼합 균등제에 속하는 오일들은 단독으로도 많이 사용된다.

대표적인 혼합 균등제 오일은 시트러스 계열의 오렌지, 탄저린, 네롤리, 버거못, 페티그레인, 로즈우드, 스페니시 마조람 등이다. 혼합 균등제 오일의 목적은 각기 다른 특성 때문에 생기는 상호작용의 영향을 이용하여 혼합의 특성을 유지시키는 데 있다.

(3) 혼합 수정제

혼합 수정제들은 대부분 향이 짙고 1%의 아주 적은 양을 사용해도 대부분의 향을 좌우하면서 혼합 수정제 한 방울을 혼합하게 되면 매우 특별한 향으로 바뀐다. 대표적인 에센셜오일로는 시나몬, 페퍼민트, 타임, 블루카모마일(저먼카모마일), 파초올리가 있다. 다만, 혼합물의 2% 이상 초과하여 사용하지 않도록 주의한다.

(4) 혼합 강화제

수정제와 균등제 사이에는 그 자체로 좋은 향을 가지고 있는 강화제가 있다. 이것은 혼합물을 수정하는 특징을 갖고 있으며 혼합물의 특징을 강하게 만들지 않으면서도 각각의 특징을 살릴 수 있는 장점이 있다.

(5) 대체가능한 에센셜오일의 희석

자스민, 로즈 등은 가격이 매우 고가이므로 대신에 비슷한 향과 효능을 지닌 다른 에센셜오일을 혼합하면 효과를 높일 수 있다.

대체가능한 에센셜오일

에센셜오일	대체가능한 에센셜오일
네놀리	페티그레인, 버가못, 탄저린
로즈	제라늄, 팔마로사, 로즈우드, 로즈제라늄
자스민	페티그레인, 일랑일랑
바닐라	벤조인
샌달우드	시더우드

4. 향의 감각적 표현

향의 특성이 매우 다양하므로 향의 특성을 잘 고려하여 혼합을 해야 하며, 같은 계통의 식물과 비슷한 계열의 향을 혼합하면 기분을 좋게 할 수 있지만 불쾌할 수도 있다. 향을 블랜딩할 때 향의 분류를 고려하여, 사용하는 목적에 맞는 에센셜오일을 선택하고, 오일의 휘발도 및 향의 특성을 고려하여 혼합해야 한다.

다음은 향을 표현하고 기술하는데 사용되는 단어들이다.

1) Anisic(애니스)

'애니스향' 이라는 단어는 애니스 열매 맛의 향에서 유래된다. 애니스 열매의 맛이나 냄새는 감초와 거의 비슷하다. 애니스향을 가진 에센셜오일은 애니시드 열매, 딜 열매, 펜넬이 있다.

종류: 애니시드, 바질, 코리앤더, 펜넬, 타라곤

2) Balsamic(발삼)

발삼은 식물에서 스며 나오는 수지성 물질이다. 발삼은 다양한 종류의 향이 있으며, 바닐라를 연상케 하는 달콤하고 따뜻한 향으로 정의된다. 페루의 발삼, 톨루(tolu), 벤조인(benzoin), 스타이렉스(styrax, 때죽나무)의 발삼이 있다.

종류: 유칼립투스, 니아울리, 티트리, 사이프러스, 파인, 주니퍼베리, 로즈마리

3) Citrus(시트러스)

감귤류 과일의 전형적인 향을 가지고 있으며 버가못, 레몬, 라임 등이 있다.

종류: 레몬, 오렌지, 만다린, 자몽

4) Conifer(침엽수)

파인 숲은 상쾌한 기분을 갖게 해 준다. 전나무, 파인, 스프루스(spruce)가 있다.

5) Earthy(흙)

흙의 향은 태양에 노출되었던 땅이 계속적으로 비를 맞았을 때 공기에 스며드는 냄새로 표현될 수 있다. 파초올리, 오크모스(oakmoss), 베티버가 있다.

6) Floral(꽃)

꽃이나 꽃다발을 상기시키는 후각을 설명할 때 이 용어가 유용하다.

종류: 로즈, 네롤리, 자스민, 일랑일랑, 미모사, 제라늄, 팔마로사, 라벤더, 버가못, 페티그레인

7) Fruity(과일)

과일에서 나는 향을 의미하며 과일주스의 향도 포함된다. 성분 중 에스테르는 강한 과일향을 가지고 있으며 감귤향도 과일향으로 분류된다.

종류: 오렌지, 탠저린, 레몬, 라임, 자몽, 버가못, 페티그레인, 카모마일

8) Green(초록)

그린향은 초록 잎의 향을 가진 것으로 자연스러운 향을 가지고 있으며 갈바넘(galbanum)과 제비꽃 잎 엡솔루트가 있다.

종류: 페퍼민트, 라임, 레몬, 페티그레인, 시트로넬라, 레몬그래스, 멜리사, 버가못, 진저

9) Herbaceous(허바시우스, 풀)

'풀'이라는 단어는 꽃이 피고 나서 말라버린 식물에서 유래된 반면 '허

브'는 약이나 요리를 목적으로 사용되는 식물을 말한다. 약간 자극성이 있으며 그린향과 매우 약한 나무향이 있다.

종류: 바질, 세이지, 히솝, 라벤더, 마조람, 로즈마리, 레몬, 타임, 카모마일, 진저, 팔마로사

10) Minty(민트)

전형적으로 페퍼민트나 스피어민트의 멘톨(menthol)향을 상기시킨다.

11) Peppery(후추)

페퍼리향은 얼얼하고 따뜻하며 마른 스파이시향을 갖는다. 날카롭고 따끔한 향을 가지고 있다. 블랙페퍼, 엘레미(elemi)가 있다.

12) Spicy(스파이시)

혼합물의 1~5% 정도로 매우 소량만 사용하고 어떠한 성질의 오일과도 잘 혼합된다. 따뜻함과 뜨거움 그리고 톡 쏘는 인상을 준다.

종류: 클로브, 베이, 시나몬, 바질, 오레가노, 레드타임

13) Woody(나무)

모든 오일과 혼합이 잘 되며 오일을 따뜻하게 하는 효능을 가지고 있다. 나무향은 샌달우드나 시더우드와 같은 나무가 있으며 오래 유지된다.

종류: 시더우드, 샌달우드, 프랑킨센스, 사이프러스, 주니퍼베리

Aroma Therapy

09

조향

1. 향수의 어원과 역사
2. 향료의 안전
3. 향의 분류
4. 향조(향의 표현)
5. 향수의 구조
6. 향의 배합
7. 조향 실습
8. 향수의 사용법

09

조향

1. 향수의 어원과 역사

1) 향료(香料)의 정의

'향' 하면 떠오르는 것은 향수, 좋은 냄새, 꽃, 화장품, 그리움 등의 여러 가지가 떠오를 것이다. 향은 인간과 가장 밀접한 관계를 맺고 있으면서 인간의 마음을 움직여 마음의 평정과 미묘한 사람의 감정을 지배한다.

향기를 통해 우울한 마음을 긍정적인 마음으로 바꾸어 줄 수 있고, 심리적, 육체적, 정신적인 행복감을 느낄 수도 있다.

(1) 냄새(Odor)

쾌감을 주는 것 : 향기(Odor, Fragrance, Scent, Aroma)
불쾌감을 주는 것 : 악취, 냄새(Smell, Malodor)

일상생활에 유용한 향기 물질(유향 물질)을 향료(Perfume)라고 칭하며, 불쾌취라고 하더라도 어떤 목적을 가지고 사용되는 경우는 향료에 포함한다.

Perfume(향료)에는 Flavor(식품 향료), Fragrance(향장품 향료)로 구별된다.

① Flavor(식품 향료) : **유향 물질을 입에 넣어 미각과 후각을 동시에 자극하여 독특한 향미를 느끼게 하는 유향 물질**

② Fragrance(향장품 향료) : **화장품을 총칭**

2) 향료(香料)의 기원

(1) 향료의 어원

Perfume(퍼퓸) ← Per Fumum(라틴어) 연기를 통하여

(Through Smoke)

(By Smoke)

향료란 라틴어의 '~'를 통하여 Per(퍼)와 연기를 의미하는 Fumum(푸뭄)에서 유래되었으며, 방향물질을 태우는 훈향(熏香) 의식에 기인한다. 원시시대의 식물에서 분비되는 수액이나 수지, 향이 있는 나무를 태워서 향기를 냈던 것에서 유래하기 때문이다.

이미 기원전 4천 년 전쯤에 향기 나는 물질과 그 제조법을 알고 있었다.

3) 향료의 역사

(1) 성경 속의 향료

고대의 향료: 제단에 바쳐지는 향연(香煙), 심신을 깨끗이 하는 의약품이었다.

구약성서(출애굽기 30장 23 - 25)

<최초의 향료 제조 처방>

“여호와께서 모세에게 또 일러 가라사대 너는 최고 품질의 향료인 몰약(Myrrh), 육계(Cinnamon), 창포(Calamus), 계피(Cassia)를 이용하여 거룩한 관유(灌油)를 만들되, 향을 제조하는 법대로 향기를 만들지니 그것이 거룩한 관유가 될지라.”

《(참조) 몰약(500세 겔), 육계(250세 겔), 창포(250세 겔), 계피(500세 겔) / 세겔: 고대 이스라엘 무게 단위(0.4온스)》

* 관유 : 성물로 취급. 일반 사람들이 동일 처방으로 향유를 제조하거나 자신의 몸에 뿌리는 등의 사용 엄격하게 금지. 성전에서만 사용할 수 있었다.

<구약성서 역대하 9장>

“솔로몬과 시바의 여왕” 향을 내는 관목과 꽃이 연중 끊임없이 자라서 향료 물질을 공급할 수 있는 예멘 지방은 향신료의 생산과 교역의 중심지였다.

(2) 불경 속의 향

법화경 및 각종 경전에 향료는 제사뿐만 아니라 생활 속에서도 향료가 널리 이용이 되었다고 전해진다.

예) 수명과 건강을 위한 목욕 방법의 처방으로 창포(Calamus), 우황, 사향(Musk), 정향(Clove), 계피(Cinnamon) 등 32종의 천연 향약을 사용한다는 예가 있다.

예전 인도나 중국 사람들도 향기가 풍부한 생활을 즐겼다는 것을 알 수 있다.

(3) 이집트의 향료

그리스의 역사가 헤로도투스가 B.C 5세기경 이집트를 여행하면서 쓴 책에는 그 당시의 향수 사용에 대한 기록이 있어 역사를 고증한다. 피라미드에서 화장품 용기가 발견(BC 2200)되었고, 히브리 사람들에 의해 제조 기술을 전수한 이집트 여인들은 계절에 따라 눈꺼풀과 입술, 뺨, 손톱 등의 색조 화장품 제조 기술에 향을 응용하였다. 장례의식에 향유가 다량 사용하였으며, 훈향, 방부(미이라), 냄새를 은폐하였다.

① Horus 사원의 벽화(BC 2C) : 이 벽화에는 신정의 종교의식에 쓰이는 훈향 처방의 기록이 있었다.
② 클레오파트라 시대(BC 1C) : 나일강변에 향료 공장을 가지고, 장미 꽃잎이 뿌려진 침실이 딸린 배까지 향료를 뿌려 장식, 몸에는 Civet(영묘향)이 조합된 향연고를 발랐다는 기록이 있으며, 독자적인 화장법으로 원시적 화장품을 사용하였다.
③ 키피(Kyphi) : 조합 향료로 로마에 수출되었으며, 붓꽃, 몰약, 육계 등에 송진과 벌꿀을 배합하였다. 제조법이 복잡하여 500g을 만드는 데 약 1년이 소요되었으며 이때 향료 용기는 대부분 돌이나 대리석으로 만들어진 것이다.

(4) 그리스 시대

조향 기술뿐 아니라 향료 제조 기술이 발전해 향료의 예술적인 사용법이 이루어지는 등 대단한 발전을 이루었으며, 최초의 직업 조향사(Perfumer)가 탄생하였다.

오랑캐꽃(Violet) 향기가 대단히 유행하였으며, 장미로 머리를 장식하고, 박하 크림을 바르는 등 향료 소비가 많아 한때 수입에 의한 무역 역조 현상이

심하여 아테네에서는 칙령으로 향료의 수입이 금지되고 일반 사용이 중지된 적도 있었다.

(5) 로마의 향료

목욕 문화의 발달로 인해 향료와 화장품이 대량으로 사용되었다.
향료의 주요 어휘는 라틴어에서 유래되었으며 향수(Perfume), 향기(Fragrance, Scent), 냄새(Odor), 후각(Olfaction) 이 있다.

네로 황제 시대에는 향료의 사용이 사치의 극치를 이루었다. 네로 황제는 향수 바른 새를 날아다니게 하고, 장미수가 나오는 분수를 만들었다. 또한 두 번째 처 포파이아와 함께 장미 꽃잎을 가득 찬 방에서 지내며, 꽃잎을 가득 채운 욕조에서 목욕을 즐기기도 했다. 그녀의 장례식 때는 70일 동안 로마 시내 곳곳에 대량의 향을 태우도록 하여 시내는 연기로 자욱했고, 아라비아 반도에서 생산되는 향료의 10년치를 이때 소비했다고 한다.

(6) 인도와 중국의 향료

인도와 중국을 비롯한 동양에서도 일찍부터 힌두교나 불교 사원 등에서 분향 의식으로 향료를 많이 사용하였다. 인도는 백단향(Sandalwood)의 경우 약재(수렴제, 이뇨제)와 향료로 다양하게 사용되었다.
중국은 전통적인 차와 요리법의 발달과 더불어 다양한 향신료가 발달하였다. 일찍이 사향(麝香 Musk)의 진가를 인정하여 향료와 약재로 사용하였으며, 레몬·오렌지도 중국과 인도에서 12세기경에 아랍 상인들에 의해 지중해로 소개되어 이탈리아에 전파하였다.

(7) 아라비아의 향료

향료를 농축하는 기술인 Distillation 기술을 Syria로부터 전수 발달시켜, Essence, Rose water, Tincture 등을 제조하였다. 연금술사들에 의하여 "철학자의 돌"과 "생명의 특효약"을 연구하고, Mahomet에는 세상에서 가장 소중히 여겨야 할 것 3가지로 여자, 아이들, 향료라고 하였다.

향기는 나의 사고(思考)를 자극하는 자양분이라고 하였으며, Mosque 건축에 Musk Mortar를 사용하였다.

(8) 유럽 중세의 향료

향이 대중들에게 관능적이고 환락적인 영향을 미친다는 부정적인 비판으로 잠시 쇠퇴하였다. 십자군 전쟁 후 중동에서 돌아온 십자군 병사들에 의해 향연고와 향료들이 다시 유럽에 들어와 재차 향 문화가 꽃피우게 되었고, 향료는 동서교류의 주요 물자로 취급되었다.

유럽에는 새로운 향신료인 후추와 육계를 전파하였으며, Hungary Water (Rosemary향)는 1370년 헝가리의 엘리자베스 여왕이 '영원한 아름다움의 비결'이라는 향수를 애용하였으며, 근대적 의미에서 향수로 불린 최초의 알코올 향수이다. 르네상스 시대에 인간의 신체에 관한 관심이 고조됨에 따라서 향을 화장과 청결의 용도로 사용하려는 욕구가 증대하였으며, 향의 일반 대중화가 되었다.

(9) 이탈리아의 향료

포도주의 증류에 의한 "영혼의 샘물"인 농축 알코올의 등장으로 젊음을 오래 보전하기 위한 약, 의학용, 방부제, 향신료 추출에 이용하였다. 향수의 가장 이상적인 용매로서의 알코올 사용과 Essential Oil 향료를 사용함으로써 근대 향수 발달의 획기적인 전환점을 이룩하였으며, 지중해 항로를 장악하고 향료무역을 독점하였다.

(10) 프랑스의 향료

이탈리아 명문가 플로렌스 메디치가의 캐서린 드 메디치(1519~1589) 공주가 프랑스 앙리 II세와 결혼, 전속 조향사 르네 플로렌틴과 동행하여 Paris에서 Perfume Shop을 개설하여 대성공하였는데, 이는 목욕하기 싫어하고, 화려한 생활을 좋아하는 프랑스 국민성에 부합되었다.

18세기 루이 15세 때에는 궁정을 중심으로 귀족들의 사치 문화가 극에 달하고 이에 따라 향수 문화도 발달하였다. 마르셰유를 중심으로 발달한 피혁공업에서 향을 가죽제품의 냄새를 지우는 데 사용하였으며, 더 나아가 비누공업으로 연결해 향의 활용 범위가 확대되었다.

① **그라스**(Grasse)**의 등장과 향료 산업의 주도**

향료의 원료들이 풍부하게 자랄 수 있는 자연적인 기후 조건과 재능 있는 조향사와 디자이너, 패션 산업의 발달에 요구되는 끊임없는 창의력 등은 오늘날 프랑스를 향수의 종주국으로 올려놓은 바탕이 되었다.

기후와 토질이 적합하여(구릉지대) 지중해 방면에서 수입된 식물의 토착화에 성공하였고 지형적인 교통의 요지(지중해와 북부 유럽 연결)로 향료의 대량 소비처인 피혁, 비누 공업의 중심지 마르세유와 근접하여 장갑 제조업자와 조향사와 길드를 형성하였다.

② **오데 코롱**(Eau de Cologne)**의 출현**

Eaude Cologne → Water of Koln(퀼른의 물)

Eaude Cologne의 코롱은 독일 지명인 퀼른의 프랑스식 발음

17세기 말 이탈리아인인 폴 드 페미니스(Paul de Feminis)가 독일의 Koln에서 오 아드미러블(Eau admirable)이란 향수를 제조 판매하였다. 1710년 조반니 마리아 파리나(Maria Farina)가 콜리쉬 와세르(Kolnisch Wasser)란 향수 판매를 시작하였다.

프러시아와의 7년 전쟁(1756~1763) 시 퀼른에 주둔했던 프랑스 군인들에게 인기가 있었는데 그 후 유럽 전역에서 유명해졌다(판매하는 상점이 4711번지이었기 때문에 4711이라고도 함). 전형적인 Eaude Cologne은 베르가모트, 레몬, 라벤더, 오렌지꽃 오일 및 로즈메리를 주정에 용해시킨 후 증류시켜서 만들었다.

오늘날 Eaude cologne이란 말은 향수류 중에서 향료의 함유량이 낮아서 부담 없이 가볍게 사용할 수 있는 것을 말한다.

Eaude cologne 처방

Bergamot oil	8
Lemon oil	6
Sweet Orange Oil	5
Lavender oil	1
Orris powder	10
Neroli oil	2.5
Rosemary oil	0.5
Alcohol(90%)	100

〈출처 : 향료와 향수. 한상길. 신광출판사. 2007〉

③ 오데 투알렛(Eau de Toilette)

유럽의 16세기에서 17세기에 걸쳐 현대적인 도시 모습을 갖추기 시작하였다. 산업 혁명으로 인한 도시로의 급속한 인구 집중화가 일어나게 되어 원래 옥외에 있었던 화장실이 실내로 들어오게 되고, 하수구 시설이 제대로 정비되지 못해서 악취 문제가 대두가 되었다. 19세기 파리의 경우도 위생문제가 매우 심각하게 대두되었다. 악취 처리 문제를 해결하기 위하여 허브에 대한 연구도 활발해지게 되었고, 향수 문화를 더욱 부추기게 된 원인이기도 하였다.

오늘날의 오데 투알렛은 중간 정도의 농도를 가진 향수를 말하는데, 오데 코오롱보다는 농도가 높고 향수보다는 낮은 농도의 향수이다.

(11) 근대 유럽의 향료

16세기에 들어 170종류나 되는 정유(精油)가 증류되어 향료공업이 더욱 발전되는 계기가 되었다. 19세기로 들어서는 화학의 발달로 인하여 향료의 제조 기술도 비약적으로 발전하여 수증기 증류, 추출법 등 화학 공업적인 제법이 도입되었으며, 많은 화학자가 천연 향료를 추출 개발하여 그 종류가

수백 종에 이르렀다. 19세기 중엽에는 인공 향료의 합성에 성공하여 대량 생산에 의한 저가 향료를 공급할 수 있어서 대량 소비 시대의 문을 열게 되었다.

(12) 우리나라의 향료

삼국유사에는 신라 19대 눌지왕 시절에 중국의 양나라에서 향료와 옷감을 보내왔는데, 향료에 대해 아는 바가 없어 방을 써 붙였다. 마침 포교활동을 하던 고구려 승려 묵호자가 방을 보고 찾아가 불전에서 기원하는데 쓰는 물품이라고 설명하니, 마침 왕녀가 병환 중이었는데 묵호자의 말대로 시행하라 하여 그대로 행하니 깨끗이 나았다는 기록이 있다.

신라 경덕왕 때부터 궁녀들이 향낭을 차고 다녔다. 조선 세종 때에는 변계량에게 전국을 조사케 하여 향료의 재배와 생산을 장려했다. 성종 때에는 향또한 궁중에서 사용하는 향료를 따로 관리하는 향실이라는 직제를 두기도 했다.

일본의 문헌에 의하면 임진왜란 직후 선조 때에 조선에서 최신의 제법으로 제조한 <아침의 이슬(朝의 露)>이란 화장수를 발매했다는 기록이 있어 우리나라 화장수의 개발은 물론 화장술 및 화장품의 제조 기술이 상당히 발전해 있었음을 알 수가 있었다. 귀족계급에 국한되어 사용되었지만, 폐쇄적인 문호 개방으로 향료가 산업화의 형태를 갖출 수 없었다.

다양한 음식 문화의 발달 측면에서 보면 매우 세련된 감각으로 향신료를 사용한 예를 얼마든지 볼 수 있어 향료에 대한 감각은 매우 뛰어난 민족으로 평가된다.

(13) 19세기 화학 향료

산업화의 진전과 더불어 화학합성 향료가 개발되면서 향수의 대량 생산이 이루어졌다. 향료와 향수는 가격의 희소성 때문에 귀족과 부르주아 계급의 전유물이 되었고, 합성 향료의 등장으로 향료와 향수의 대중화가 이루어졌다. 자크 겔랑에 의해 대중화되었고 뵐르 블루, 미츠코, 브르 드 뉘(야간비행) 등이 대표적인 향수이다.

근대 향수 산업 발달로 크게 진전시키는 계기가 되었으며, 대표적인 인물로는 샤넬, 랑방, 크리스챤 디올, 피에르 카르뎅, 지방시, 이브 생로랑 등이 있다. 이들은 자신의 패션브랜드와 같은 이름을 걸고 향수를 출시해서 큰 성공을 거두었다.

① 향료에 대한 분석 및 화학구조의 연구

향료에 대한 분석 장치로 가스크로마토그래피의 역사는 약 40년밖에 안 되지만 향료 및 정유 분야에 공헌한 바는 대단히 크다. 과학분석 장치의 눈부신 진보에 의하여 미지 성분의 정밀 분석, 분자구조의 연구 및 합성연구에 대한 분석을 통하여 새로운 향료가 계속 만들어질 것이다.

② 천연 향의 재현 기술 향상

화학의 진보에 따라서 정유를 추출할 수 있는 기술은 점점 더 좋아지고 있지만, 실제 있는 그대로의 향기를 완벽하게 재현할 수는 없다. 이를 극복하기 위해서 Head space method를 이용하여 자연의 향기를 추출하는 방법이 시도되었다.

(14) 향료의 향후 발전 방향

고부가가치 산업으로의 발전과 화장품과 함께 사용할 수 있으며, 브랜드의 전체적인 이미지를 만들어내는 데 중요한 역할을 한다. 향기가 인간의 정신에 미치는 영향을 연구하는 학문으로써 향기의 효과를 과학적으로 실증하고, 적극적으로 활용을 추구하여 아로마콜로지(Aromachology), 즉 향기 심리학으로 발전시켜야 할 것이다.

2. 향료의 안전

1) 향의 안전성(Safety)

① 모든 사람을 대상으로 장기간 지속적으로 사용해야 하는 물품으로 피부 자극이나 알레르기 반응, 경구 독성, 이물질 혼입 파손 등 독성이 없어야 한다.

② 화장품은 피부에 직접 사용하기 때문에 원료의 배합량, 배합비에 따라 자극 발생, 안전성을 고려한 제품도 경우에 따라 자극을 발생한다. 이에 신규 원료를 배합한 제품은 충분한 안전성 확보가 필요하다.

③ 향의 안전성은 여러 가지 요소를 고려하여 책정한다.

향의 안전성 책정에 중요한 것은 피부의 자극성, 감각성, 광독성, 광민감성, 유전적 손상 등이 있다.

RIFM(Research Institute for Fragrance Materials)는 1966년 미국에서 설립된 향료 물질의 안전성 시험 전문 기관이다.

IFRA(International Fragrance Association)는 1973년 유럽에서 설립된 단체로 RIFM 및 산하 연구기관, 각 병원의 DATA를 근거로 사용금지 품목, 사용 제한 품목을 정해서 정례적으로 발표하거나 심의된 향료 원료는 자율 규제 규약으로 권고된다.

④ 안전성 확보를 위한 시험

독성이나 피부 자극, 알레르기와 같은 작용에 대응하는 다양한 예측 평가법이다.

⑤ 안전성 시험 항목

㉠ 단회투여독성 시험

㉡ 1차 피부자극 시험

㉢ 안 점막 자극 또는 기타 점막 자극 시험

㉣ 피부감작성 시험

㉤ 광 독성 시험

㉥ 광감작성 시험

㉦ 인체 사용 시험

2) 향의 안정성(Stability)

(1) 향의 안정성

향료 혹은 향을 이용한 제품이 물리적, 화학적으로 변하지 않고 일정한 품질을 유지하는 것이다.

화장품을 제조된 날부터 적절한 보관 조건에서 성상 · 품질의 변화 없이 최적의 품질로 이를 사용할 수 있는 최소한의 기한과 저장 방법을 설정하기 위한 기준을 정했다.

① 화학적 변화 → 화장품의 내용물이 변색, 변취와 같은 것

② 물리적 변화 → 미생물 오염, 분리, 침전, 응집, 부러짐, 굳음과 같은 변화로 인하여 사용성이나 미관이 손상되어서는 안 됨

화장품을 제조된 날부터 적절한 보관 조건에서 성상 · 품질의 변화 없이 최적의 품질로 이를 사용할 수 있는 최소한의 기한과 저장 방법을 설정하기 위한 기준을 정하였다.

(2) 안정성에 영향을 미치는 요소

① 온도변화, 특히 고온에서 민감하게 나타난다.

② 일광, 특히 직사광선(자외선)에 약하다(향수, 방향제 등 향의 의미가 높은 제품을 장시간 보관할 때).

③ 냉암소에 보관, 향료 용기는 알루미늄(스테인리스) 또는 갈색 유리병으로 되어 있다.

④ 미량의 금속 이온의 존재 하에서 변색 또는 변취 가능하다. 특히 철제 용기는 주의를 요한다.

⑤ pH의 변화에 민감하다(특히 알칼리에 약하다).

⑥ 투명 용기의 향수가 변색이 되는 것을 늦추기 위해 자외선 차단제를 소량 첨가한다.

⑦ 산화를 늦추기 위해 산화방지제를 소량 첨가한다.

⑧ 향을 이용한 제품의 안정성을 극대화하기 위해 필수적인 연구 과정에서 테스트가 요구된다.

⑨ 부향 테스트는 제품에서 적절한 향의 함량을 찾아내는 과정이다.

⑩ 한 달 이상의 사전테스트를 통해 혹시 모를 침전, 변색, 제품의 물성 변화 등을 관찰한다.

⑪ 완제품이 나오기 전 불량의 요소를 확인 및 수정한다.

(3) 안정성 시험

제품 그 자체가 형상의 변화, 변질 및 기능의 저하에 있어서 수명을 예측하기 위한 시험이다.

(4) 안정성 시험 항목

① 장기보존 시험
② 가속 시험
③ 가혹 시험
㉠ 온도 편차 및 극한 조건
㉡ 기계, 물리적 시험
㉢ 광안정성
④ 개봉 후 안정성 시험

3) 향료 성분 중 알레르기 유발 물질

(1) 화장품 사용할 때 주의 사항 표시에 관한 규정 개정 [식약처고시 제3조]

① **화장품 사용할 때 주의 사항 표시에 관한 규정 변경**
화장품 사용 시의 주의 사항 및 알레르기 유발성분 표시에 관한 규정

② **안전 정보에 따른 사용 때의 주의 사항에 관한 변경 내용**
안전 정보에 따른 사용 때의 주의 사항 및 알레르기 유발성분 종류의 성분명을 기재 · 표시하여야 하는 것으로 규정

(2) 향료의 구성성분 중 기재 표시해야 하는 알레르기 유발성분의 종류

단, 사용 후 씻어내는 제품 0.01% 초과 / 사용 후 씻어내지 않는 제품 0.001% 초과 함유하는 경우에만 표시한다.

향료 성분 중 알레르기 유발 물질(25종)

향료 성분	향료 성분	향료 성분	향료 성분	향료 성분
아밀신남알	하이드록시시트로넬알	쿠마린	부틸페닐메칠프로피오날	리모넨
벤질알코올	아이소유제놀	제라니올	리날룰	메칠 2-옥티노에이트
신남일알코올	아밀신나밀알코올	아니스알코올	벤질벤조에이트	알파-아이소메칠아이오논
시트랄	벤질살리실레이트	벤질신나메이트	시트로넬올	참나무이끼추출물
유제놀	신남알	파네솔	헥실신남알	나무 이끼 추출물

〈출처 (별표2) 착향제의 구성 성분 중 알레르기 유발성분 (제3조 관련), 식품의약품안전처〉

3. 향의 분류

1) 부위에 따른 분류

천연 향은 식물의 꽃, 가지, 잎, 나무껍질, 뿌리, 과실 등에서 다양하게 얻을 수 있으며, 식물의 종류 및 부위에 따라 다르고 기후, 풍토에 따라 약간씩 다르다.

① 꽃 : 로즈, 자스민, 네롤리, 일랑일랑, 제라늄, 라벤더, 클라리세이지 등
② 잎 : 페티그레인, 사이프러스, 시나몬리프, 파인, 유칼립투스, 패출리, 로즈마리 등
③ 열매, 씨앗 : 페퍼, 쥬니퍼베리, 코리안더, 펜넬 등
④ 뿌리 : 베티버, 진저 등
⑤ 과일 껍질 : 버가못, 레몬, 오렌지, 라임, 그레이프푸룻 등
⑥ 나무 : 샌달우드, 시더우드, 로즈우드 등
⑦ 수지 : 몰약(미르), 유향(프랑킨센스), 벤조인 등

(1) 감귤 계통(Citrus)

식물명	추출법	특징
레몬(Lemon)	열매껍질 압착법	신선한 향, 소독제, 해독제, 식품, 향수 등에 널리 사용
오렌지(Orange)	열매껍질 압착법	상쾌한 감귤 향, 긴장, 스트레스 해소, 생활용품 등에 사용
버가못(Bergamot)	열매껍질 압착법	달콤하면서도 신선한 향, 오데코롱 등의 향수에 자주 사용
그레이프푸룻 (Grapefruits)	열매껍질 압착법	달콤하고 상쾌한 향, 행복감을 주는 오일, 식품, 오데코롱 등에 사용

(2) 나무 계통(Wood)

식물명	추출법	특징
샌달우드(Sandal wood, 백단향)	나무줄기, 뿌리 수증기 증류법	온화한 향기, 향기의 지속성이 높다. 여성용 향수, 남성용 애프터 세이브에 이용 향수 제작 시 고착제로 사용

시더우드 (Cedar wood)	잘게 부순 나무, 톱밥 수증기 증류법	달콤한 발삼, 온화한 나무 향, 캠퍼 향과 짙은 나무 향, 주로 살충, 소독제, 비누 등에 광범위하게 사용
베티버 (Vetiver)	말린 뿌리 수증기 증류법	달콤한 나무 향과 젖은 흙 향, 주로 남성용 향수, 비누 향료, 여드름 및 지성용 화장품에 사용
사이프러스 (Cypress)	잎, 열매 수증기 증류법	소나무 향과 유사한 상쾌한 나무 향 코롱, 남성용 향수 사용

(3) 허브 계통(Herbal)

식물명	추출법	특징
바질(Basil)	꽃, 잎 수증기 증류법	매우 가볍고 상쾌한 향, 향긋한 향 풀 향, 캠퍼향
로즈마리 (Rosemary)	꽃, 잎 수증기 증류법	신선한 나무 향, 풀 향, 발삼향, 살균, 방충, 구취 제거, 심신 안정, 비누 향료에 사용
유칼립투스 (Eucalyptus)	잎 수증기 증류법	글루블루스- 캠퍼 향 레몬-신선하고 달콤한 발삼 향, 꽃 향, 시트로넬라와 유사한 향, 방부, 살균, 탈취, 감기와 호흡기, 벌레 퇴치제로 사용

(4) 플로럴(Floral, 꽃 향)

식물명	추출법	특징
로즈 (Rose otto) (Rose absolute)	꽃 수증기 증류법 용매 추출법	로즈 오토: 따뜻하며 진한 꽃 향, 약간 매운 향, 은은하고 달콤한 향 로즈앱솔루트: 달콤하고 짙은 장미향이 나며 오래 지속 화장품 원료, 향수에 사용

자스민 (Jasmine)	꽃 용매 추출법	따뜻하고 진하며 높은 확산성의 향기를 가지며 독특한 풀 향, 과일 향, 차 향, 향수에 광범위하게 사용
일랑일랑 (Ylang-Ylang)	꽃 수증기 증류법	달콤한 향, 부드러운 발삼 향, 꽃 향 감미로우면서 자극적이고 관능적인 발삼 향 화장품, 포푸리, 방향제, 비누, 향수에 사용
네롤리 (Neroli)	꽃 수증기 증류법	달콤하고 톡 쏘는 오렌지꽃 향 시원하고 상쾌한 꽃 향 향수나 화장품에 오랫동안 사용
라벤더 (Lavender)	꽃 수증기 증류법	기분이 좋은 발삼 향, 나무 향, 꽃 향, 허브 향 진정, 상처, 통증, 안정, 오데코롱, 화장수, 살균 비누, 세제류 등에 사용

(5) 스파이시 향(Spicy)

식물명	추출법	특징
클로브버드 (Clove bud)	꽃봉오리 수증기 증류법	프루티한 달콤함과 따뜻함을 지닌 자극적이고 스파이시한 향 두통, 치통에 효과, 화장품, 무좀 캐어
시나몬리프 (Cinnamon leaf)	잎 수증기 증류법	날카롭고 은은한 달콤한 향, 농후하고 깊은 향 항바이러스, 살균, 살충, 소독, 방향제로 사용
코리안더 (Coriander)	씨앗 수증기 증류법	톡 쏘는 자극이 있는 달콤하고 관능적이며 스파이시한 향 살균, 강장, 진경, 진통, 식품에 사용
진저(Ginger)	뿌리 수증기 증류법	톡 쏘는 자극이 있는 독특한 향으로 따뜻함 항염증, 살균, 진정, 진통, 식품에 사용

(6) 그린(Green, 푸른 잎)

식물명	추출법	특징
페퍼민트 (Peppermint)	잎 수증기 증류법	짙은 발삼 향, 신선하고 강한 풀 향, 박하 향 진통, 방부, 소화불량, 감기 등에 이용
레몬밤 (lemon cheese balm)	잎 수증기 증류법	신선함과 달콤함이 진한 감귤 향과 허브 향 항우울, 살균, 진정제로 사용
페티그레인 (Petitgrain)	잎 수증기 증류법	달콤하고 톡 쏘는 향 값비싼 네롤리를 대신하는 향 향수의 원료로 사용

(7) 무스티, 어씨(Musty, Earthy : 곰팡이 향, 흙 향)

식물명	추출법	특징
프랑킨센스 (Frankincense)	수지 수증기 증류법	상쾌한 테르펜 향, 레몬 같은 프레쉬함을 약간 지닌 맑은 향 스킨케어, 헤어케어
미르 (Myrrh)	수지 수증기 증류법	달콤함과 쌉싸름한 맛이 있는 스모키한 향 방부, 진정, 자극, 살균, 냄새 제거
베티버 (Vetiver)	말린 뿌리 수증기 증류법	달콤한 나무 향과 흙 향, 주로 남성용 향수, 비누 향료, 여드름 및 지성용 화장품에 사용
패출리 (Patchouli)	건조시킨 잎 수증기 증류법	매우 진하고 달콤한 풀 향, 매운 향, 나무 냄새를 띠는 발삼 향, 흙 향, 나무뿌리 향, 향수, 화장품, 구취 제거에 사용

(8) 이그조틱, 센슈얼, 오리엔탈(Exotie, Sensual, Oriental)

식물명	추출법	특징
자스민 (Jasmine)	꽃 용매 추출법	따뜻하고 진하며 높은 확산성의 향기를 가지며, 독특한 풀 향, 과일 향, 차 향 향수에 광범위하게 사용
일랑일랑 (Ylang-Ylang)	꽃 수증기 증류법	달콤한 향, 부드러운 발삼 향, 꽃 향 모발 영양제, 모발과 두피관리에 사용
샌달우드(Sandal wood, 백단향)	나무줄기, 뿌리 수증기 증류법	온화한 향기, 향기의 지속성이 높다. 여성 용 향수, 남성용 애프터 세이브에 사용

(9) 스윗(Sweet : 달콤한 향)

식물명	추출법	특징
벤조인 (Benzoin)	수지(레진) 용매 추출법	발삼과 바닐라가 조화된 달콤한 향 향수의 고정제로 사용

(10) 바닐라(Vanilla)

식물명	추출법	특징
바닐라 (Vanilla)	열매 용매 추출법	우아하고 따뜻하고 달콤한 향 향수, 방향제에 사용
벤조인 (Benzoin)	수지(레진) 용매 추출법	발삼과 바닐라가 조화된 달콤한 향 향수의 고정제로 사용

2) 향의 발향 속도에 따른 분류

노트별	지속시간	작용 및 특징	향료
탑노트 (Top notes)	30분	-향수의 첫인상 -차갑거나 뜨겁다. -휘발성이 강함 -뿌린 직후부터 알코올이 날아가는 10분 전후의 첫 번째 인상의 향 -상큼한 향기가 나는 시트러스 계열	-레몬, 오렌지, 버가못의 시트러스 계열 -티트리, 페퍼민트, 유칼립투스의 그린 계열
미들노트 (Middle notes)	4~8시간	-향수의 주제를 이루고 있는 향취의 중심 -향수의 구성 요소들이 잘 배합을 이룬 향의 중간 단계 -향수의 콘셉트나 성격이 가장 강하게 표현되는 부분 -중간 정도의 휘발도의 보류성을 가진 향을 사용	-자스민, 장미, 제라늄, 네롤리, 라벤더, 클라리 세이지 등의 플로럴 계열
베이스노트 (Base notes)	4~24시간	-향의 기본 성격과 지속적인 품질을 결정하는 데 향수를 뿌린 후 2~3시간 뒤부터 모두 날아가기까지 느낄 수 있는 잔향 -우디 계열 등 지속성을 높이기 위한 향을 사용	-샌달우드(백단향), 시더우드, 프랑킨센스, 파촐리, 베티버 벤조인 등의 나무나 이끼의 향과 발삼계의 수지 향

4. 향조(향의 표현)

1) 향조란?

향에 대해 표현할 때, 기술할 때 도움을 주기 위해 향기의 냄새, 성격, 느낌을 분류하는 것을 말한다. 향의 표현은 향의 계열별, 향의 타입별, 향의 특징별로 분류한다.

2) 계열별 향의 표현

(1) Green(푸른 잎)

Fresh한 감각, 신선함, 상쾌함을 주는 향으로 잔디, 풀, 녹색의 이미지, 부담 없이 즐기는 향수라고 호평을 받고 있다.

아웃도어, 스포츠, 도시의 활동적이고 유연한 라이프스타일과 잘 어울린다.

(2) Citrus(감귤)

달고 신 느낌을 주는 레몬, 버가못, 그레이프푸릇, 오렌지 등의 향으로 산뜻하고 짜릿한 상쾌함이 있어 심신을 리프레쉬한 느낌을 준다.

(3) Floral(꽃)

Main body를 형성하는 가장 중요한 역할을 하며, 여성스럽고 부드러운 분위기를 연출하기 때문에 부담 없이 사용한다.

① Floral bouquet : 2종류 이상의 꽃 향이 조합된 향

② Single bouquet : 하나의 꽃 향을 주제로 한 향

(4) Fruity(과일)

Citrus계, Green계, Floral계에 악센트를 주기 위함이며, 신선하고 부드러우면서 접근하기 쉬운 분위기를 연출한다. 특유의 강렬함으로 다른 향을 부추기는 역할을 하고 주로 젊은 사람들이 좋아하며 봄, 여름, 가을 분위기에 잘 어울리는 향이다.

(5) Woody(나무, 수목)

나무의 향기로 대표되는 향조이며, 산림의 신선함, 부드러우면서 깊은 분위기와 섬세하고 고급스러운 분위기 연출을 할 수 있다. Formal한 치장이 필요할 때, Green과 조합되어 여름에 아웃도어, 스포츠 이미지와 잘 맞는다.

(6) Spicy(향신료)

양념류의 독특한 느낌의 시나몬, 클로브, 후추 등의 향으로 신선하고 끈끈한 느낌의 향이며, 조합된 향을 부드럽게 해주고 감칠맛이 나게 한다.

남성용, 여성용에 모두 어울리며 특징적인 변화를 줄 수 있고 운치 있는 여운을 남기며, 특히 Woody와 잘 어울린다.

3) 향의 타입에 따른 표현

향의 표현	특징
아니스(Anisic)	아니스 열매의 향취로 특유의 풀뿌리에서 느껴지는 독특한 이미지
캄포(Camphor)	산뜻하며 깨끗한 느낌을 주는 소나무 향과 같은 침엽수의 향미로 여름에 사용하기 편한 시프레 계열 향수의 포인트
어씨(Earthy)	비가 올 때 토양에서 올라오는 대기의 독특한 향취로 약간 곰팡이 같은 향이 섞인 듯한 흙 향
피컬(Fecal)	인돌의 향취라고 하는데 자스민 등의 흰 꽃만이 가지고 특유의 화려한 향미
제스티(Zesty)	버가못, 레몬과 같이 상큼하고 강한 풍미를 가지는 향긋한 향으로 향수의 기본 구성 향료
민티(Minty)	허브 중 민트류의 총칭으로 멘톨과 같은 특유의 상쾌하고 달콤한 향기가 있는 향료로 가벼운 분위기의 시원한 감성이 특징
Narcotic	자스민, 일랑일랑 등 농도가 진한 무거운 꽃 향료가 가지고 있는 특유의 동물적인 감성과 분위기
Oily	일상에서 쉽게 사용하는 기름에서 느껴지는 향미와 감성으로 올리브, 유채, 콩기름 등에서 느껴지는 향취

4) 향의 특징에 따른 표현

향의 표현	특징
Balance	조합된 향들이 튀지 않고 서로 조화를 이루어 균형이 잡힌 완벽한 상태
Diffusive	향수가 가지고 있는 확산성의 표현으로 향이 대기 중에 확산되어 주위로 퍼지는 것
Dry	건조한 물체의 느낌이나 주위 환경과 결합하여 메마른 인상을 주는 향수로 강할수록 텁텁하고 답답한 분위기가 선명
Flat	어떠한 이미지나 특징이 없고 밋밋한 상태로 물처럼 투명하거나 무취에 가까운 향
Fresh	허브, 과일, 그린과 같이 신선한 자극을 주는 향
Harsh	향수를 이루는 향료 중 일부에서 균형 잡히지 않고 삐죽 튀어나와 탁하고 거칠게 느껴지는 향
Heavy	자스민, 일랑일랑의 비율이 매우 높은 향수로 숨이 막힐 듯한 진한 농도의 향
Musty	먼지가 쌓인지 오래된 책에서 느껴지는 매캐하고 쾌쾌한 곰팡이 냄새가 나는 듯한 마른 종이 느낌의 향
Light	시트러스, 프루티, 그린 등의 휘발성이 높고 가벼우며 지속성이 짧은 향조
Rich	자스민, 로즈와 같이 향이 농축된 인상을 주는 풍부한 향
Round	조향할 때 균형이 맞지 않아 향이 제각각으로 느껴질 때 전체 향이 조화를 잘 이루도록 첨가하는 향으로 버가못, 네롤리, 샌달우드가 라운드의 좋은 예
Sharp	레몬 향과 같이 날카롭게 코를 자극하는 향
Sweet	달콤하고 향기로우며 즐거움을 주는 향
Smooth	샌달우드와 같이 oily한 향에서 느껴지는 크림처럼 부드럽고 포근한 향

5. 향수의 구조

1) 향수의 발향

(1) 향수의 발향 단계

노트는 향에 대한 느낌(후각적인 인상)이라고 할 수 있겠으며, 발향 순서에 따라 탑노트, 미들노트, 베이스노트로 구분된다. 향수는 신체에 뿌린 후 시간이 지남에 따라 변화해간다. 그 이유는 서로 다른 여러 가지 향료가 조합되어 있어 각 향료가 공기 중으로 날아가는 속도가 서로 다르며, 습도, 온도, 체온, 체취 등에 의하여 변화하기 때문이다. 향은 시간이 지날수록 계속해서 변화하고 탑노트, 미들노트, 베이스노트 각 단계는 서로 연결되어 있으며, 특히 피부에서는 변화가 더 빨리 나타난다.

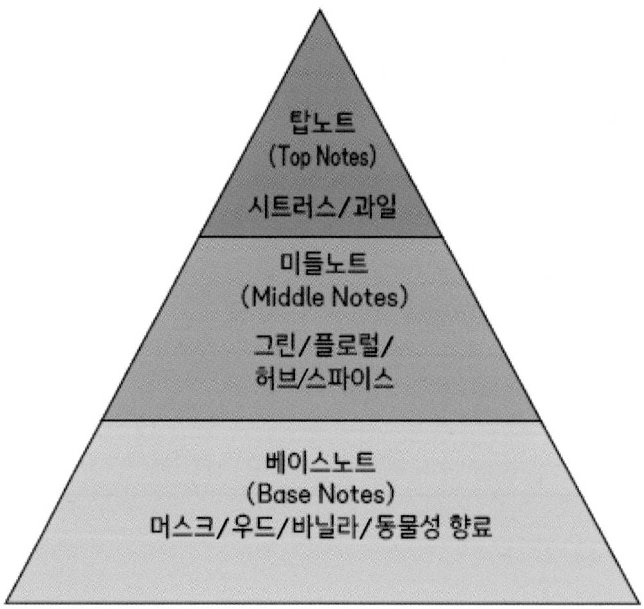

향수의 발향 단계

(2) 부향률

① 부향: 향을 분배하는 것을 말한다.
② 부향률: 향수, 화장품 등에 향이 차지하는 비율을 말한다.
③ 부향률이 높은 제품일수록 향이 강하고 지속성이 좋다.
④ 향수에서의 부향률은 향을 입혔을 때 그 향이 피부에서 얼마나 오래 지속되는지 결정짓는 요인 중 가장 큰 영향을 미친다.
⑤ 향수를 만드는 데 사용되는 알코올은 보통 95%의 변성 알코올이 사용되며, 증류수를 넣음으로써 날카로운 알코올을 부드럽게 피부에 느껴지게 한다.
⑥ 기본 구성 비율은 기본적으로 향을 만드는 데 사용하는 원료의 종류와 사용량, 원하는 향수의 종류에 따라 달라진다.
⑦ 동일한 향기를 가진 향수가 부향률에 따라 향기가 다르게 느껴지기도 하고, 다르게 출시되기도 한다.
⑧ 원료의 농도가 높을수록 비싼 경향이 있고 부향률에 따라 향의 구성이 달라지기도 한다.

2) 향수의 부향률

기본적으로 향수를 나누는 개념은 부향에 근거하여 향수 원액의 함량비에 따라 나눈다. 향수의 종류는 농도의 진함 차이에 따라 파르팽(Parfum), 오 드파르팽(Eaude Parfum), 오 드뚜알렛(Eaude Toilette), 오 드콜론(Eaude Cologne), 샤워 콜론(Shower Cologne)으로 나뉜다.

분류	부향률	발향 지속 시간	특징
파르팽 (Parfum)	15~30%	6~7시간	향수 원액의 부향률이 가장 높고 가장 고상한 향수 제품으로 지속성이 강하며, 소량의 사용으로도 충분하다.
오 드파르팽 (Eaude Parfum)	9~18%	5~6시간	파르팽과 오 드뚜알렛의 중간으로 많은 향수 공예사는 타 상표와 구분하려고 꾸르드파르팽(Coeur de Parfum)이나 플뢰르드파르팽(Fleur de Parfum)과 같은 환상적인 용어로 사용한다.
오 드뚜알렛 (Eaude Toilette)	6~12%	3~5시간	화장수란 의미로 가장 대중적인 향수로서 초보자가 이용하기에 적합하다.
오 드콜론 (Eaude Cologne)	3~7%	1~2시간	레몬, 버가못, 로즈마리, 네롤리 등으로 구성된 신선하고 상쾌한 향의 제조법을 이용한 퀼른 지방의 제품에서 유래된 명칭이다. 현대에는 일반적으로 사용하는 향수보다 낮은 강도로 가볍게 향을 풍기는 제품이다.
샤워 콜론 (Shower Cologne)	2~5%	약 1시간	낮은 함량의 향료 원액을 내포하고 있어 목욕이나 샤워 후에 가볍게 사용한다.

〈출처 : 향료와 향수 마스터. 김민준외. 북앤미디어디엔터, 2022〉

(1) 파르팽(Parfum)

알코올 70~85%에 향료가 15~30% 정도 함유하고 있으며 발향 지속시간이 약 6~7시간 정도 유지한다. 향이 가장 풍부해서 '액체의 보석'이라 불릴 정도로 완성도가 높은 파르팽은 예부터 귀중품으로 취급하였으며, 향료와 최저 한도의 알코올이 섞인 혼합물이며 영어로는 '퍼퓸'이라 한다.

조향사가 표현하고자 하는 이미지를 가장 순수한 이미지로 완벽하게 만들어낸 예술품으로 손꼽히며 종종 음악과 그림에 비유되기도 한다. 화려하고 깊은 느낌이 있고 향이 강하기 때문에 소량을 조금씩 신체의 부위(귀뒤, 목, 팔목 등)에 바른다.

(2) 오 드파르팽(Eaude Parfum, E.D.P)

알코올 72~91%에 향료가 9~18% 정도 함유하고 있으며, 향의 지속시간은 5~6시간 전후로서 병 형태나 스프레이 타입이다. 가장 아름다운 향기로 조향되어 현재 가장 많이 사용하고 있는 타입의 향수이다.

(3) 오 드뚜알렛(Eaude Toilette, E.D.T)

알코올 80~85%에 향료 6~12% 정도 함유하고 있으며, 향의 지속시간은 3~5시간 정도이다. 불어로 '오(Eau)는 물, 뚜알렛(Toilette)은 화장실'이란 뜻으로 '몸차림을 정돈하기 위한 물'이란 뜻이다. 부드러운 향기를 원할 때, 향이 엷은 편이지만 신선하고 상큼해서 간편하게 전신에 뿌릴 수 있어 향수 제품들 가운데 가장 많이 애용한다. 향수를 처음 사용하는 사람에게 적합하다.

(4) 오 드콜론(Eaude Cologne, E.D.C)

알코올 93~95%에 향료 3~7% 정도 함유하고 있으며, 잔향이 1~2시간 정도로 짧아 오래 남지 않는 단점이 있다. 레몬 등으로 구성된 신선하고 상쾌한 향의 제조법을 이용한다. 1709년 이탈리아 출신의 향신료 상인 빠올로드페미니스(Paolo de Feminins)가 만든 '아쿠아 드라 레지나(Aqua de la Regina)', '오 드라드미라블(Eaude L'admirable)'이라는 제품에서 비롯된 것으로 '퀼른의 물'이라 통용되며, 1756~1763년에 걸친 7년 전쟁으로 국경 지역의 퀼른이 프랑스에 점령되면서 오 드콜론(Eaude Cologne)으로 불리게 되었다.

여성보다 남성들이 즐겨 사용하였으며, 욕실, 거실, 병실 등에 위생적인 용도로도 사용한다. 감귤류의 꽃이나 과일 껍질 등에서 얻어지는 상큼한 향으로 알코올 특유의 자극적인 냄새가 적어 향이 부드러우며, 향료가 적게 배합되어 청량감과 신선함을 준다. 제품의 숙성기간이 짧아 가격이 저렴하고 운동이나 목욕 후의 전신에 사용한다.

(5) 샤워 콜론(Shower Cologne)

알코올 95% 이상, 향료 2~5% 정도 함유하고 있으며, 목욕이나 샤워 후에 가볍게 사용한다. 향이 은은하여 몸을 산뜻하고 상쾌하게 유지하고 액취를 제거해 주는 효과가 있다. 강한 향에 거부감을 느끼거나 향수 사용이 익숙하지 않은 사람에게 적합하다.

6. 향의 배합

1) 조향

① 조합 향료는 수 종에서 수십 종의 천연 또는 합성 향료를 배합한 것을 말한다.

② 어코드(Accord)

음악 용어로서 음과 음이 잘 조화된 화음을 의미하며, 향기를 내는 각각의 물질이 몇 가지 모여 조화를 이루는 기본 단위이다. 서로 다른 향을 가진 향료들이 배합되어 매우 이상적인 조화를 이루는 상태이다.

어코드를 잘 조화시켜 나가면 각각 원하는 향취를 잘 표현해 나갈 수 있으며, 한 어코드는 조향사의 새로운 향수를 만들기 위한 뼈대가 될 수 있다. 거의 완성된 처방전에 추가되어 개발 중인 향수에 새로운 특징을 부여할 수도 있다.

향 속에 그들의 균형을 찾는 것은 조향사의 몫이다. 향수가 최종적으로 부여받는 정체성은 여러 어코드 사이에서 일어나는 상호작용을 통해 결정된다.

2) 조합 향료

① 조향이란 천연 향료, 합성 향료, 천연으로부터 유리(분리)되어 정제된 유리 향 등을 이용하여 사용 목적에 맞게 혼합물을 만드는 것이다.
② 조합 향료는 여러 성분, 즉 목적하는 냄새를 만들기 위해 서로 다른 향료들의 혼합물로 화장품, 생활용품, 의약품, 산업용 등 다양한 분야에 맞게 만들어지고 이용되고 있다. 화장품에 사용하는 조합 향료의 경우는 천연 향기를 재현한 향기뿐만 아니라 환상적이고 창조적인 향조(Note)를 가진 조합 향료를 만들어 이용하고 있다.

3) 조합 향의 구성

(1) 기초제(Base)

향기의 형태를 특정짓고 근간이 된다. 향의 모습이 결정되는 것으로 휘발도가 낮고 보류성이 풍부한 향이며, 조향을 할 때 가장 기본이 되면서 향수의 방향을 잡아 준다. 전체 향료 중 가장 높은 비율 향수의 이미지 표현에 중요하다.

(2) 변조제(Modifier)

향의 상태에 변화를 준다. 기본적인 향기에 약간 다른 향을 첨가하여 전체 향을 돋보이게 하는 역할을 한다. 향의 주제를 해치지 않으면서 미묘한 향의 변화를 주는 향으로 전체적인 향기의 부족한 부분을 채워주거나 독특한 개성을 부여하고 요리에서의 조미료와 비슷한 역할을 한다.

대표적인 향으로 시나몬, 페퍼민트, 타임, 패출리 등이 있다.

(3) 조화제

전체적인 향을 조화롭게 하는 역할을 한다. 조합한 향들이 조화롭게 느껴질 수 있도록 이질적인 향을 다듬거나 감싸준다.

조화제의 역할을 하는 대표적인 향으로 버가못(Top note), 네롤리(Middle), 샌달우드(Base)가 있다.

(4) 보류제(Fixer)

시간이 경과해도 향조가 변하지 않고 장시간 향기를 보류시키기 위하여 조합 향의 휘발성을 저지하려는 목적으로 사용된다. 향조가 변화하는 것을 방지하고 제품의 지속성을 늘려주며 대부분 라스트노트에 사용되는 향으로 완성 단계로 향을 고정하고 깊이를 준다.

대표적인 향으로 시더우드, 베티버 등이 있다.

4) 조합 향료의 소재

(1) 조합 향료에 이용되는 첨가제

① 고급알코올, 계면활성제, 정제수, 색소 등이 이용됨
② 무취, 고순도의 원료를 사용하는 것이 바람직함

(2) 향료 선정의 요건

① 확산성
② 지속력
③ 다른 향료나 베이스 제품과의 조화
④ 안정성과 안전성이 높을수록 품질이 좋음

7. 조향 실습

조향은 창의적인 예술 작품이다. 조향사가 선택한 향 한 방울 한 방울에 따라 향의 이미지가 180도 달라지기도 한다. 직접 경험으로 익히는 것이 가장 중요하며, 자신이 만들고자 하는 이미지를 생각하면서 각 향을 선택하고 비율을 결정하고 배합하여 향의 미묘한 변화를 관찰한다.

배합하는 과정에서 원하는 대로 잘 이어졌는지, 빠진 향은 없는지, 향이 너무 튀지는 않는지 등을 체크해야 하며, 향의 조화로운 구성을 찾아내고 완벽한 비율의 조합 방법을 익힌다.

1) 조향 방법

① 조향 실습을 위한 포뮬러를 오른쪽에 두고 조향할 향을 선택하여 노트(탑, 미들, 베이스)별로 구분하여 왼쪽에 정렬한다.

② 각 향을 시향지에 묻혀서 향을 맡고 향의 주관적인 느낌과 객관적인 느낌을 표현한다.

③ 향의 느낌을 바탕으로 향의 구성을 설계한 후 향의 조합 비율을 결정한다.

④ 비이커에 베이스노트부터 미들노트, 탑노트 순으로 향을 배합한다. 이때 베이스노트의 향을 넣고 잘 섞이도록 저어주면서 향을 맡아보고 향의 느낌을 기억하며, 미들노트를 혼합하여 향을 맡아보고 향의 느낌을 기억하는 작업을 반복하며, 탑노트까지 혼합하였을 때 향이 변화하는 과정을 확인한다.

⑤ 조합한 향은 공병에 넣고 뚜껑을 닫아 향수병을 손바닥이 마주 보는 자세로 잡고 좌우로 흔들어준다.

⑥ 조합 향을 시향지에 묻혀 향을 맡아 향의 전체적인 분위기, 본인이 의도한 이미지대로 완성되었는지 등의 조향 전과 조향 후에 어떻게 변화되었는지 피드백한다.

⑦ 1차 조향에 대한 피드백을 참고하여 2차 조합을 시행한다.

⑧ 1차, 2차에 걸쳐 조합한 향수에 향수 계열, 조향 날짜를 기재한다.

2) 조향 차트 작성

① 조향하기 위하여 선택한 각 향의 느낌을 조향 차트에 기록한다.

② 각 향을 묻힌 시향지를 반복적으로 대조하면서 자신이 만들고자 하는 향수 이미지라는 확신이 들 때 시향을 멈추고 조합 비율을 기록한다.

③ 조합된 베이스노트의 향을 시향한 후 향의 느낌을 기록한다.

④ 조합한 베이스노트 시향지를 미들노트에 배합할 각 향과 비교하면서 가장 조화가 좋은 배합 비율을 결정하고 기록한다.

⑤ 미들노트, 탑노트 순으로 향들을 차례대로 배합하여 조합된 느낌을 기록한다.

⑥ 모든 향의 조합을 마치면 전체 과정이 원하는 대로 잘 이어졌는지 조합 전과 조합 후의 향의 변화 등을 피드백하고 상세하게 기록한다.

⑦ 피드백을 참고하여 2차 조향을 시행한 후 1차 조향과 비교 분석하여 조향 후기를 차트에 기록한다.

<table>
<tr><td colspan="8">계열 (　　ml)　　　날짜 20　.　.</td></tr>
<tr><td rowspan="2">Note</td><td rowspan="2">에센셜오일</td><td colspan="2">1차</td><td colspan="2">2차</td><td colspan="2">향의 표현</td></tr>
<tr><td>%</td><td>실측치</td><td>%</td><td>실측치</td><td>주관적인 느낌</td><td>객관적인 느낌</td></tr>
<tr><td rowspan="3">Top</td><td></td><td></td><td></td><td></td><td></td><td></td><td></td></tr>
<tr><td></td><td></td><td></td><td></td><td></td><td></td><td></td></tr>
<tr><td></td><td></td><td></td><td></td><td></td><td></td><td></td></tr>
<tr><td rowspan="3">Middle</td><td></td><td></td><td></td><td></td><td></td><td></td><td></td></tr>
<tr><td></td><td></td><td></td><td></td><td></td><td></td><td></td></tr>
<tr><td></td><td></td><td></td><td></td><td></td><td></td><td></td></tr>
<tr><td rowspan="2">Base</td><td></td><td></td><td></td><td></td><td></td><td></td><td></td></tr>
<tr><td></td><td></td><td></td><td></td><td></td><td></td><td></td></tr>
<tr><td>Total</td><td></td><td>100%</td><td>방울</td><td>100%</td><td>방울</td><td></td><td></td></tr>
<tr><td colspan="8">특이 사항 및 개선 사항</td></tr>
<tr><td colspan="8">1차 조합한 후 전체적인 향의 느낌

2차 수정 후 조합한 향의 전체적인 느낌 등을 기록</td></tr>
</table>

8. 향수의 사용법

1) 향수 고르는 법

① 향수는 다른 사람이 뿌린 향수의 향이 좋다고 무작정 따라 구입하면 실패할 확률이 높다. 마음에 드는 향수가 있다면 시향해 본다.

② 여러 향수를 시향하는 것보다 더 좋은 것으로 1~2개를 정한 다음 손목에 직접 착향한다.

③ 향수는 최소 2시간 이후부터 하루가 지난 후에 자신의 채취와 잘 맞는 향수를 고른다.

2) 향수의 사용 부위

① 귀밑, 목덜미, 손목, 무릎 뒤쪽, 허벅지 등 맥박이 뛰는 부위에 뿌려주거나 발라준다.

② 스프레이 타입은 약 20cm 정도에서 피부가 젖지 않을 정도, 양어깨에 2~3회 정도 뿌려준다.

③ 의복인 경우 천연섬유(울, 실크)에 효과적이다. 단, 흰색 옷은 얼룩이 남을 수 있으므로 피한다.

④ 향이 강할수록 스커트나 바지 밑단에 뿌리면 은은한 향을 연출할 수 있다.

⑤ 부향률에 따라 효과적으로 사용하는 방법

- 퍼퓸: 화장솜이나 거즈에 향수를 묻혀 점을 찍듯 톡톡 두드려서 사용한다.
- 오드퍼퓸, 오드뚜알렛: 선을 긋듯 길게 뿌려서 사용한다.

· 오데코롱: 면을 채우듯 전신에 바른다.

3) 올바른 사용법

① T.P.O는 패션의 기본 원칙으로 Time(시간), Place(장소), Occasion(상황)에 맞게 향수를 선택한다.
② 향수는 스타일 완성을 위해 제일 마지막에 착용하는 액세서리 역할을 한다.
③ 나를 대표하는 향수를 찾으려면 먼저 자신의 직업과 패션 스타일, 나이를 고려한다.
④ 나와 완벽하게 어울리는 독특한 매력을 뽐낼 수 있는 나만의 향수를 만들어 본다.
⑤ 가능한 한 넓게, 엷게(스프레이가 효과적), 약간 적은 듯이 유행하는 향 타입으로 초보자는 오데코롱부터 시작한다.
⑥ 아침에는 신선한 향(그린, 시트러스)으로, 오후에는 화사한 플로랄, 밤에는 정열적인 오리엔탈 향으로 선택한다.
⑦ 여름에는 엷고 신선한 향(그린, 플로랄), 겨울에는 진하고 화사한 향(플로랄, 오리엔탈)으로 선택한다.
⑧ 운동 시에는 프레쉬 혹은 에니멀한 향으로 선택한다.
⑨ 청결한 부위에 피부가 예민한 경우는 속옷 위에 사용한다.

4) 향수 사용 시 주의 사항

① 2~3종 혼합 사용은 피한다.
② 땀이 나는 겨드랑이 등은 불쾌한 향으로 바뀔수 있으므로 피한다.
③ 보석류(진주)나 가죽제품, 흰옷에 사용을 피한다.

④ 아침에는 진한 향수를 피한다.
⑤ 손목에 뿌리고 문지르는 행위를 피한다.
⑥ 향수를 뿌린 후 자외선 노출을 피하고 자외선이 닿지 않는 몸 안쪽에 뿌리는 것이 좋다.

5) 향수의 보관 방법

① 향수의 사용기한은 제조일부터 5년 이내, 개봉 후에는 2년 정도이다.
② 햇빛이 닿지 않는 곳에 보관하거나 차광용 유리병에 넣어 보관한다.
③ 섭씨 10~15도의 온도에서 보관하는 것이 좋으며 가급적 어둡고 통풍이 잘 되는 곳에 보관한다.
④ 필요하다면 화장품 전용 냉장고나 소형 냉장고 내에 보관한다.
⑤ 고온과 온도변화가 심한 장소는 피한다(화학적인 변화를 일으킬 수 있음).
⑥ 향은 아래에서 위로 발산하며 온도가 높을 경우 더욱 활발하게 확산한다.

Aroma Therapy

10

반려동물 아로마테라피

1. 반려동물 아로마테라피 적용의 이론적 배경
2. 반려동물의 후각 시스템과 향에 대한 반응
3. 반려동물 아로마테라피의 적용방법

10

반려동물 아로마테라피

1. 반려동물 아로마테라피 적용의 이론적 배경

1) 반려동물 웰빙과 아로마테라피

현대 사회에서 반려동물은 애완동물로서의 존재를 넘어, 정서적 유대와 심리적 위안을 제공하는 가족 구성원으로 인식되고 있다. 이러한 인식 변화는 동물 복지(animal welfare)와 전인적 건강 관리에 대한 관심 증가로 이어지고 있으며, 삶의 질을 중시하는 경향과 맞물려 예방적 건강 관리가 강조되고 있다. 이에 반려동물의 스트레스 완화, 면역 기능 강화 및 정서 안정에 도움을 줄 수 있는 비침습적이고 자연 친화적인 요법에 대한 관심이 높아짐에 따라 아로마테라피는 보완요법(complementary therapy)으로 주목받고 있다.

에센셜오일(essential oil)의 향기 성분이 후각 시스템을 통해 뇌의 변연계(limbic system) 및 자율신경계에 작용하여 정서적 안정과 신체의 항상성 유지에 기여하는 기전은, 기존 약물 요법과는 다른 방식으로 반려동물의 건강과 행동에 긍정적인 영향을 미칠 가능성을 의미한다. 특히 만성 스트레스 관리 및 정서적 안정에 대한 요구가 높아짐에 따라, 아로마테라피는 반려동물 웰빙(well-being) 증진을 위한 유망한 보완요법으로 인식되고 있다. 다만 아로마테라피의 효과는 에센셜오일의 종류, 농도, 사용 방법 그리고 개체별 반응에 따라 달라질 수 있으며, 안전성 확보를 위한 사전 지식 습득 및 전문가의 조언이 필수적이다. 아울러 아로마테라피는 반려동물과 보호자 간의 긍정적인 상호작용을 촉진하고 유대감을 강화하는 간접적인 효과도 기대할 수 있다.

2) 반려동물 스트레스 및 행동 문제의 심각성

도시화된 주거 환경, 사회적 관계 부족, 보호자의 불규칙한 생활 패턴, 사회화 기회 부족 그리고 예상치 못한 환경적 변화(이사, 새로운 가족 구성원의 등장, 생활 공간의 변화 등)는 반려동물에게 다양한 형태의 스트레스를 유발하며, 이는 흔히 행동 문제로 표출된다. 분리불안(separation anxiety), 소음 공포증(noise phobia), 낯선 환경에 대한 불안은 개와 고양이 모두에게서 관찰되며, 이로 인해 과도한 짖음, 하울링, 부적절한 배변, 가구 파괴, 긁기, 공격성, 상동행동(stereotypy), 자해성 핥기나 뜯기 등의 부적응 행동이 발생한다. 이러한 행동 문제는 반려동물의 삶의 질을 저하시킬 뿐만 아니라, 보호자와의 관계에도 부정적인 영향을 미칠 수 있다. 또한 만성적인 스트레스는 면역력 저하를 초래하여 소화기 질환, 피부 질환, 심혈관 질환 등 다양한 질병 발병 위험을 높일 수 있으므로 주의가 필요하다.

Graham et al.(2005)의 연구에 따르면, 보호소 내 개들에게 라벤더 오일을 디퓨징했을 때 스트레스 지표(짖는 횟수, 활동 수준 등)가 유의하게 감소하였다. 이는 특정 향기 자극이 반려견의 정서 상태에 유의미한 영향을 미칠 수 있음을 시사한다. 다만, 이 연구는 보호소라는 제한된 환경에서 수행되었으며, 모든 개에게 동일한 효과가 나타나는 것은 아니라는 점을 고려해야 한다. 이러한 한계에도 불구하고, 해당 연구 결과는 아로마테라피가 반려동물의 스트레스 관리에 있어 잠재적으로 효과적인 보완적 접근법이 될 수 있음을 보여주는 대표적인 사례로 평가된다. 더 나아가 스트레스 감소는 공격성 완화, 사회성 증진, 학습 능력 향상 등 반려동물의 전반적인 행동 개선에도 긍정적인 영향을 미칠 수 있다.

3) 기존 치료법의 한계와 대안적 접근의 필요성

현재 수의학적 행동 치료에서 가장 널리 사용되는 방법은 행동 수정 요법(behavior modification therapy)과 약물 요법(항불안제, 선택적 세로토닌 재흡수 억제제(SSRI) 등이다. 행동 수정 요법은 문제 행동의 원인을 분석하고 환경을 개선하며, 긍정적 강화를 통해 행동을 변화시키는 방법이지만, 시간과 전문성이 요구되고 보호자의 적극적이고 일관된 개입 없이는 효과를 보기 어렵다는 한계가 존재한다. 또한 행동 수정 요법의 효과는 문제 행동의 심각도, 동물의 학습 능력, 환경적 요인 등 다양한 변수에 의해 달라질 수 있다.

약물 요법은 비교적 빠른 효과를 기대할 수 있으나, 졸음, 식욕 부진, 구토, 설사, 운동 실조, 간·신장 부담과 같은 부작용이 보고되어 있다. 일부 반려동물은 약물 내성이나 반응 저하를 보이기도 하며, 장기적인 약물 사용은 건강에 잠재적인 위험을 초래할 수 있어 면밀한 관리와 주의가 필요하다. 더불어 약물 중단 후 행동 문제가 재발하는 사례도 적지 않으며, 약물 의존성 문제 또한 고려해야 한다.

이에 따라 부작용을 최소화하면서 심리적 안정과 생리적 회복을 동시에 기대할 수 있는 보완 및 대체 의학(Complementary and Alternative Medicine, CAM)에 대한 관심이 높아지고 있으며, 아로마테라피는 이러한 요구에 부합하는 유망한 대안으로 주목받고 있다. 아로마테라피는 기존 치료법과 병행하여 상호 보완적으로 작용하며 시너지 효과(synergistic effect)를 기대할 수 있고, 기존 치료법의 효과를 증진시키거나 약물 사용량을 줄이는 데 기여할 수 있다.

또한 아로마테라피는 비교적 간편하게 적용할 수 있으며, 보호자와 반려동물 간의 긍정적인 상호작용을 촉진하고 유대감을 강화하는 효과도 기대할 수 있다. 다만, 아로마테라피 역시 모든 반려동물에게 보편적으로 효과적인 것은 아니므로, 개체별 반응과 안전성을 고려한 세심한 적용과 주의가 필요하다.

4) 아로마테라피의 작용 기전 및 잠재적 효과

아로마테라피는 에센셜오일의 향기 성분을 이용하여 후각 자극을 통해 신경계, 내분비계, 면역계에 복합적으로 영향을 미치며, 반려동물의 정서적 안정, 행동 개선, 생리적 균형 회복에 기여할 수 있다. 주요 작용 기전은 다음과 같다.

(1) 후각-변연계-신경내분비 축(Olfactory-Limbic-Neuroendocrine Axis)

에센셜오일의 휘발성 방향족 화합물은 코의 후각 상피(olfactory epithelium)에 있는 후각 수용체 뉴런(olfactory receptor neuron)에 결합하여 전기적 신호로 변환되어, 후각 신경(olfactory nerve)을 통해 뇌의 후각망울(olfactory bulb)로 전달된다. 후각망울은 후각 정보를 후각 피질(olfactory cortex), 편도체(amygdala), 해마(hippocampus)를 포함하는 변연계(limbic system)로 전달한다. 변연계는 감정, 기억, 학습, 동기 부여와 관련된 뇌 영역으로, 시상하부(hypothalamus)와 밀접하게 연결되어 자율신경계 및 내분비계 조절에 중요한 역할을 한다.

특히 이러한 후각-변연계 경로는 스트레스 반응의 주요 조절 중추인 시상하부-뇌하수체-부신 축(HPA axis, hypothalamic-pituitary-adrenal axis)의 활성도를 조절하여 스트레스 반응을 완화하고 심리적 안정감을 유도할 수 있다. 일부 향기 성분은 변연계의 신경세포 활성을 조절하여 불안감을 감소시키고 긍정적인 감정을 높이는데 효과를 나타낼 수 있으며, 후각 자극은 뇌파(brain wave) 활동을 변화시켜 심리적 이완 반응과 인지 기능 향상에도 긍정적인 영향을 줄 수 있다.

(2) 신경전달물질 및 호르몬 조절

일부 에센셜오일은 특정 신경전달물질과 호르몬의 분비 및 활성에 영향을 미쳐 정서적 안정감을 촉진하고 행동 문제를 개선할 수 있다. 예를 들어, 라벤더 오일(Lavandula angustifolia)의 주요 성분인 리날룰(linalool)과 리날릴 아세테이트(linalyl acetate)는 GABA 수용체에 작용하여 억제성 신경전달을 활성화하고, 중추신경계 활동을 억제하여 진정 및 항불안 효과를 유도하는 것으로 보고되고 있다. 또한 일부 오일은 세로토닌, 도파민, 노르에피네프린과 같은 신경전달물질의 분비를 조절하거나 수용체 결합을 촉진하여 기분 개선, 불안 감소, 공격성 완화에 기여할 수 있다. 더불어 특정 에센셜오일은 멜라토닌 분비를 촉진하거나 코르티솔 분비를 억제하여 수면의 질을 향상시키고 스트레스 해소를 도울 수 있다.

(3) 항염·항균 및 피부 재생 효과

일부 에센셜오일은 monoterpene, sesquiterpene, flavonoid, phenylpropanoid, saponin, phenolic acid와 같은 다양한 생리활성 화합물을 함유하고 있어, 항염, 항균, 항진균, 항산화, 진통, 면역 조절 등 폭넓은 약리 효과를 보인다. 예를 들어, 티트리오일(Melaleuca alternifolia)의 주요 성분인 테르피넨-4-올(terpinen-4-ol)은 광범위한 항균 및 항진균 효과를 보여 피부 감염 및 상처 치유를 촉진할 수 있다. 프랑킨센스오일(Boswellia spp.)은 보스웰릭산(boswellic acid)을 함유하여 강력한 항염 효과를 나타내며, 알레르기성 피부염이나 관절염과 같은 염증성 질환 관리에 기여할 수 있다. 이러한 에센셜오일의 생리활성은 피부 질환, 외상, 감염으로 고통받는 반려동물의 증상 완화에 보조적으로 도움을 줄 수 있다. 특히 알레르기성 피부염, 습진, 지루성 피부염과 같은 만성 피부 질환 관리에 아로마테라피를 병행 적용함으로써 증상 개선을 기대할 수 있다.

(4) 장-뇌 축(Gut-Brain Axis)을 통한 정서 안정 가능성

최근 연구에 따르면, 일부 아로마 성분이 장내 미생물과 상호작용하여 간접적으로 신경계, 내분비계, 면역계에 영향을 미칠 수 있는 가능성이 제시되고 있다. 장-뇌 축(gut-brain axis)은 장내 미생물, 장 상피 세포, 면역 세포, 신경계(특히 미주신경)를 매개로 뇌와 장 사이의 양방향 소통을 담당하는 시스템으로, 장내 미생물 불균형(dysbiosis)이 뇌 기능, 감정 조절, 행동 양상, 면역 반응에 영향을 미치는 것으로 알려져 있다. 이에 따라 아로마테라피가 특정 에센셜 오일의 항균 활성을 통해 유해 미생물을 억제하고 유익균 성장을 촉진함으로써 장내 균형 회복 및 장-뇌 축 조절에 기여할 수 있다는 가능성은 흥미로운 연구 주제로 주목받고 있다. 예를 들어, 라벤더오일은 장내 미생물 다양성 증가 및 스트레스 관련 행동 개선 효과가 보고된 바 있다.

2. 반려동물의 후각 시스템과 향에 대한 반응

1) 반려동물의 후각 시스템 이해

반려동물의 후각 시스템은 단순한 냄새 감지를 넘어 생존, 사회적 상호작용, 먹이 탐색, 짝짓기, 위험 회피, 공간 인식 등 다양한 행동 양식을 결정하는 데 핵심적인 역할을 수행한다. 특히 개와 고양이는 인간과 비교할 수 없을 정도로 뛰어난 후각 능력을 지니고 있으며, 이는 특화된 뇌 구조, 방대한 후각 수용체 레퍼토리 및 독자적인 후각 정보 처리 메커니즘에 기인한다. 반려동물의 후각 능력은 품종, 연령, 건강 상태, 경험, 학습 등 다양한 요인에 따라 달라질 수 있다.

(1) 후각 기관의 해부학적 구조와 기능

반려동물의 후각 기관은 외부 코, 비강, 후각 상피, 후각 신경, 후각망울 및 뇌의 후각 피질로 구성된 복합적인 시스템이다. 각 구성 요소는 냄새 분자의 감지, 전달, 처리 과정에서 핵심적인 역할을 수행한다.

① **외부 코**(External Nose)

외부 코는 냄새 분자를 비강으로 효율적으로 유입시키는 역할을 한다. 특히 개의 경우, 콧구멍의 형태와 크기, 코의 습도 유지 능력, 콧등의 주름 패턴 등이 후각 능력에 영향을 미칠 수 있다. 젖은 코는 공기 중 냄새 분자를 더 잘 포착하고 용해시켜 후각 수용체와의 결합을 촉진하는 데 도움이 된다. 그러나 모든 개가 항상 코를 촉촉하게 유지하는 것은 아니며, 건강 상태나 환경 조건에 따라 변할 수 있다. 단두종(brachycephalic breeds)에서는 좁은 콧구멍과 압축된 비강 구조로 인해 후각 능력이 상대적으로 저하될 수 있다.

② **비강**(Nasal Cavity)

비강은 복잡한 터비네이트(turbinate, 비갑개) 구조로 이루어져 있으며, 이는 표면적을 극대화하여 냄새 분자와 후각 상피의 접촉을 촉진시킨다. 터비네이트는 얇은 뼈와 연골로 구성되어 있으며, 점막으로 덮여 있어 비강 내 습도를 유지하고 냄새 분자를 용해시키는 역할을 한다. 또한 비강 내부에는 점액을 분비하는 세포와 섬모(cilia)가 분포하여 먼지, 세균, 알레르겐 등을 포획하고 제거함으로써 후각 상피를 보호하는 기능을 보인다.

③ **후각 상피**(Olfactory Epithelium)

후각 상피는 비강의 가장 안쪽에 위치하며, 후각 수용체 뉴런(olfactory receptor neurons, ORNs)이 밀집되어 있다. ORNs는 냄새 분자를 인식하는 특수

단백질인 후각 수용체(olfactory receptors, ORs)를 발현한다. 개의 경우 후각 상피의 면적이 인간보다 훨씬 넓어 더 많은 ORNs를 포함하고 있으며, 이는 개의 뛰어난 후각 능력에 기여한다. 품종에 따라 후각 상피의 면적에 차이가 있으며, 일반적으로 대형견이 소형견보다 더 넓은 후각 상피를 가진다. 고양이의 후각 상피 면적은 개보다 작지만, 여전히 인간에 비해 현저히 넓어 뛰어난 후각 감지 능력을 보인다.

④ **후각 신경**(Olfactory Nerve)

후각 수용체 뉴런(olfactory receptor neurons, ORNs)에서 감지된 냄새 정보는 전기 신호로 변환되어 후각 신경(제1 뇌신경, cranial nerve I)을 통해 뇌로 전달된다. 후각 신경은 ORNs의 축삭돌기(axons)로 구성되어 있으며, 사골판(cribriform plate)을 관통하여 뇌의 후각망울(olfactory bulb)에 연결된다. 사골판 손상은 후각 신경의 손상을 초래하여 후각 기능 상실(anosmia)을 유발할 수 있다.

⑤ **후각망울**(Olfactory Bulb)

후각망울은 뇌의 가장 앞쪽에 위치하며, 후각 정보를 최초로 처리하는 핵심 구조이다. 후각망울 내부에는 사구체(glomeruli)라는 작은 구형 구조들이 존재하며, 각 사구체는 특정 유형의 후각 수용체 뉴런(ORNs)으로부터 전달된 신호를 수렴하고 처리하는 역할을 한다. 후각망울은 뇌의 다른 영역, 특히 변연계 및 후각 피질과 연결되어 후각 정보의 통합 및 해석을 촉진한다. 일부 연구에서는 개의 후각망울이 시각 정보 처리 영역과 연결되어 후각과 시각 정보를 통합할 가능성이 제기되었으나, 이에 대한 추가 연구가 필요하다.

(2) 후각 수용체의 유전적 다양성과 특이성

후각 수용체(ORs)는 G 단백질 연결 수용체(G protein-coupled receptors, GPCRs)의 일종으로, 수백 개의 서로 다른 유전자에 의해 암호화된다. 개는 약 800~1,200개의 기능성 후각 수용체 유전자를 보유하고 있으며, 이는 인간의 약 400개보다 훨씬 많은 수치이다. 고양이 역시 개와 비슷하거나 약간 적은 수의 후각 수용체 유전자를 가진 것으로 알려져 있다. 이러한 유전적 다양성은 반려동물이 다양한 냄새를 정교하게 구별하고 감지할 수 있도록 하는 핵심적인 기반이 된다.

각 후각 수용체는 특정 화학 구조를 가진 냄새 분자에 선택적으로 결합하며, 결합이 이루어지면 후각 수용체 뉴런(ORN)에서 전기 신호가 생성된다. 뇌는 활성화된 ORN들의 조합 패턴을 분석하여 특정 냄새를 인식하게 된다. 최근 연구에 따르면, 단일 ORN이 여러 종류의 냄새 분자에 반응할 수 있으며, 냄새 분자의 농도나 혼합 조성에 따라 ORN의 반응 패턴이 달라질 수 있음이 밝혀졌다. 이로 인해 개와 고양이는 복잡한 냄새 혼합물도 정교하게 구별하고, 미세한 냄새 변화까지 감지할 수 있다. 또한 품종에 따라 특정 후각 수용체 유전자의 수나 유형에 차이가 있을 수 있으며, 이는 품종별 냄새 인식 능력의 차이를 설명하는 데 중요한 단서를 제공한다. 예를 들어, 블러드하운드(bloodhound)는 특유의 뛰어난 추적 능력으로 유명한데, 이는 특정 냄새 분자에 매우 민감한 후각 수용체를 다수 보유하고 있기 때문일 수 있다. 다만, 품종 간 후각 수용체 구성의 차이에 대한 연구는 아직 제한적이며, 추가적인 과학적 검증이 필요한 상황이다. 이러한 후각 수용체의 유전적 다양성은 개와 고양이의 후각 능력을 이해하고, 향기 요법(aromatherapy) 적용 시 개체별 차이를 고려해야 함을 시사한다.

(3) 서골비기관(Vomeronasal Organ, VNO)과 페로몬 감지

서골비기관(Vomeronasal Organ, VNO)은 야콥슨 기관(Jacobson's organ)이라고도 불리며, 대부분의 포유류, 파충류, 양서류에서 발견되는 특수한 후각 기관으로, 주로 페로몬(pheromone)을 감지하는 데 사용된다. 페로몬은 동종 개체 간의 의사소통에 활용되는 화학 신호로, 사회적 행동, 짝짓기, 영역 표시, 모성 행동 등 다양한 생리적 과정에 관여한다.

개와 고양이 모두 VNO를 보유하고 있으나, 그 구조적 발달과 기능적 중요성은 종에 따라 차이를 보인다. 고양이의 VNO는 특히 발달되어 있으며, 고양이는 플레멘 반응(flehmen response)이라는 특유의 행동을 통해 페로몬을 효과적으로 감지한다. 플레멘 반응은 고양이가 입을 약간 벌리고 윗입술을 들춰 올리는 행동으로, 냄새 분자를 VNO로 능동적으로 전달하기 위한 생리적 반응이다. 최근 연구에 따르면, 고양이 VNO는 특정 페로몬 수용체를 발현하여 사회적 행동, 특히 영역 표시 및 짝짓기 행동에 핵심적인 역할을 하는 것으로 나타났다.

개의 경우, VNO는 고양이만큼 발달되어 있지는 않지만, 여전히 사회적 상호작용에 필요한 페로몬 감지 기능을 수행한다. 특히 어미 개는 새끼 강아지의 페로몬을 VNO를 통해 감지하여 돌봄 행동을 유도할 수 있다. 또한 일부 연구에서는 개의 VNO가 스트레스, 불안, 공격성과 관련된 페로몬 신호를 인식할 수 있다는 사실이 보고되었으며, 이는 개의 행동 문제 관리에 있어 새로운 가능성을 제시한다. 다만 개의 VNO 기능과 관련된 연구는 아직 초기 단계로, 향후 보다 체계적이고 심층적인 연구가 필요하다.

(4) 뇌의 후각 정보 처리 경로와 인지 작용

후각망울(olfactory bulb)에서 1차적으로 처리된 냄새 정보는 뇌의 여러 영역으로 전달되어 더욱 정교한 인지 과정을 거친다. 주요 후각 정보 처리 경로는 다음과 같다.

① **후각 피질**(Olfactory Cortex)

후각 피질은 냄새의 질(quality), 강도(intensity), 익숙함(familiarity) 등을 분석하고 식별하는 역할을 한다. 특히 냄새에 대한 정서적 의미 부여 및 기억 형성에도 관여하며, 다른 뇌 영역과의 광범위한 연결망을 통해 후각 정보를 통합, 해석하는 과정을 지원한다. 이러한 통합적 처리 과정은 냄새에 대한 행동 반응, 학습, 의사결정 등에 영향을 미친다.

② **편도체**(Amygdala)

편도체는 감정 처리에 핵심적인 역할을 하는 뇌 구조로, 냄새와 연관된 감정적 기억의 형성과 저장에 깊이 관여한다. 특정 냄새는 과거 경험과 연결된 강한 감정 반응을 유발할 수 있으며, 이는 반려동물의 행동에 직접적인 영향을 미친다. 예를 들어, 긍정적인 경험이 있었던 장소의 냄새는 안정감과 편안함을 느끼게 하는 반면, 부정적인 경험이 연관된 냄새는 불안감이나 공포 반응을 유발할 수 있다.

③ **해마**(Hippocampus)

해마는 기억 형성과 공간 인식에 핵심적으로 관여하는 뇌 영역으로, 냄새와 연관된 기억을 저장하고 회상하는 데 중요한 역할을 한다. 냄새 자극은 공간적 맥락과 결합되어 특정 장소나 상황에 대한 기억을 보다 생생하게 불러일으킬 수 있다. 예를 들어, 특정 숲에서 맡은 냄새는 과거 그곳에서의 즐거운 경험을 떠올리도록 하여 감정적 반응을 유도할 수 있다.

④ **시상**(Thalamus)

시상은 뇌에서 감각 정보를 중계하는 역할을 하며, 후각 정보를 포함한 다양한 감각 자극을 뇌의 다른 영역으로 전달한다. 시상은 특히 후각 정보를 전두엽으로 전달하여 의식적인 인식과 판단을 가능하게 한다. 그러나 후각 정보의 일부는 시상을 거치지 않고 직접 변연계로 전달되는 경로를 통해 처리되며, 이는 후각이 강력한 감정 반응을 유발하는 데 중요한 역할을 한다. 이러한 복잡한 후각 정보 처리 과정을 통해 반려동물은 냄새를 매개로 세상을 이해하고, 감정을 느끼며, 과거의 경험을 기억할 수 있다. 최근 연구에서는 후각 정보가 뇌의 다양한 영역과 상호작용하여 더욱 정교하게 통합·해석되며, 이는 반려동물의 행동 및 인지 능력에 깊은 영향을 미친다는 사실이 밝혀지고 있다. 또한 후천적 경험과 학습을 통해 후각 능력이 향상될 수 있다는 연구 결과도 보고되고 있다.

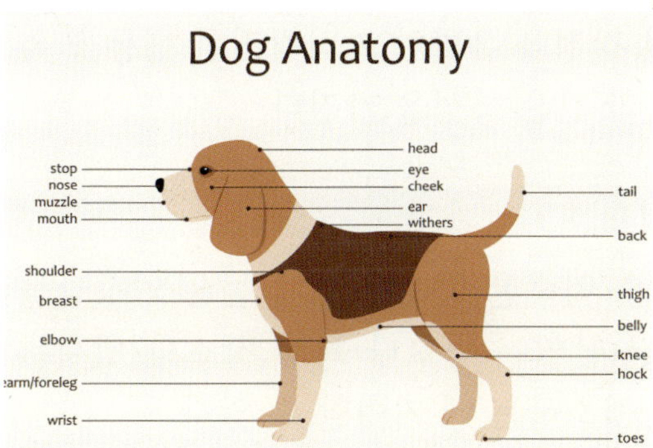

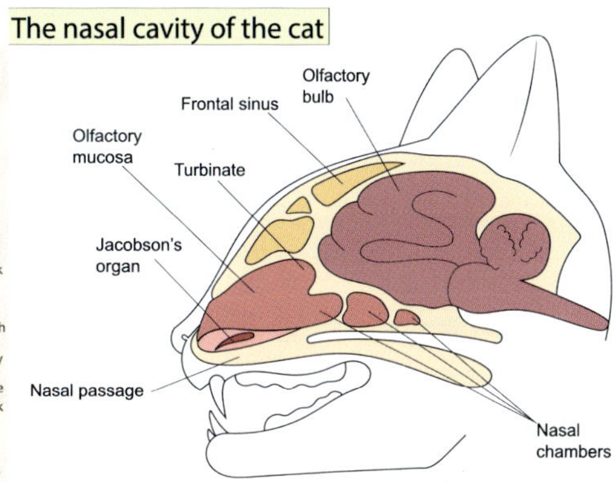

2) 향기에 대한 반응 및 행동 변화

향기는 반려동물의 행동과 감정에 광범위한 영향을 미친다. 후각은 단순한 감각을 넘어 생존, 사회적 관계 형성, 식습관 조절, 위험 감지, 짝짓기 등 다양한 행동 양식을 조율하는 데 핵심적인 역할을 한다. 특정 향기는 긍정적인 정서를 자극하여 안정감과 편안함을 제공할 수 있는 반면, 일부 향기는 불안, 스트레스, 심지어 공격성을 유발할 수도 있다.

따라서 반려동물이 특정 향기에 어떻게 반응하는지 이해하는 것은 그들의 복지를 증진하고 문제 행동을 예방하는 데 매우 중요하다. 아울러 반려동물의 품종, 연령, 건강 상태, 과거 경험, 학습된 연관성 등에 따라 향에 대한 반응은 개체별로 크게 달라질 수 있음을 고려해야 한다.

(1) 긍정적인 향기와 행동 변화

특정 향기는 반려동물에게 긍정적인 감정을 유발하고 바람직한 행동을 촉진할 수 있다. 이러한 향기는 대개 다음과 같은 특성을 가진다.

① 익숙함과 안정감

반려동물은 어릴 때부터 경험해 온 익숙한 향기에 대해 높은 안정감을 느낀다. 예를 들어, 어미의 냄새가 남아 있는 담요나 특정 장소의 냄새는 긍정적 연관성을 형성하여 불안감을 해소하는 데 기여할 수 있다.

연구에 따르면, 강아지는 어미의 페로몬에 노출되었을 때 스트레스 반응이 감소하며, 이는 코르티솔 수치의 감소 및 심박수 안정화로 나타난다 (Denenberg & Landsberg, 2008).

다만, 지나치게 익숙한 향기에만 의존할 경우 새로운 환경에 대한 적응력을 저해할 수 있으므로 주의가 필요하다.

② 자연 유래 향기의 진정 효과(안전성 주의)

라벤더(Lavandula angustifolia), 캐모마일(Matricaria chamomilla), 발레리안(Valeriana officinalis)과 같은 허브 향기는 진정 효과를 나타내는 것으로 알려져 있다. 이들 허브에 포함된 특정 성분(예: 라벤더의 리날룰(linalool)과 리날릴 아세테이트(linalyl acetate)은 신경계에 작용하여 불안감을 완화하고 안정감을 증진시키는 데 기여할 수 있다. 그러나 에센셜오일은 고농축된 물질이므로 사용 시 반드시 적절한 희석이 필요하며, 반려동물의 종류, 나이, 건강 상태를 고려해 사용 가능 여부와 농도를 신중하게 결정해야 한다.

연구에 따르면, 라벤더오일을 사용한 개는 심박수 감소 및 안정적인 행동 변화를 보였으나, 모든 개에게 동일한 효과가 나타나는 것은 아니다. 특히 고양이의 경우, 티트리오일(tea tree oil), 페퍼민트오일(peppermint oil), 유칼립투스오일(eucalyptus oil)과 같은 일부 에센셜오일은 간 대사 능력의 차이로 인해 제대로 배설되지 않아 중독 위험을 초래할 수 있으므로 사용을 피해야 한다.

③ 페로몬의 사회적 기능

특정 페로몬은 반려동물의 사회적 행동에 긍정적인 영향을 미칠 수 있다. 예를 들어, 고양이 얼굴 페로몬(Feline Facial Pheromone, FFP)은 고양이가 새로운 환경에 적응하는 데 도움을 주고, 불필요한 영역 표시 행동을 감소시키는 데 효과적인 것으로 알려져 있다. FFP는 고양이의 얼굴 부위에서 분비되는 화학 신호로, 안정감과 편안함을 유도하여 환경 변화에 따른 스트레스를 완화하고, 다른 고양이와의 사회적 상호작용을 촉진하는 역할을 한다.

개에서도 유사한 기능을 하는 페로몬이 존재한다. 어미 개가 강아지에게 분비하는 도그 어피징 페로몬(Dog Appeasing Pheromone, DAP)은 강아지의 불안을 완화하고 사회성 발달을 촉진하는 데 기여하는 것으로 밝혀졌다.

DAP는 성견에게도 적용 가능하며, 특히 분리불안, 환경 변화, 소음 공포증 등의 스트레스 상황에서 심리적 안정을 돕는 데 활용될 수 있다.

특정 향기는 반려동물의 정서적 안정과 함께 다음과 같은 긍정적 행동 변화를 이끌어낼 수 있다.

④ 스트레스 완화 및 진정 효과

불안하거나 스트레스를 받는 반려동물에게 진정 효과가 있는 향기를 제공하면 심박수와 호흡수를 감소시키고, 정서적 안정감을 높이는 데 도움을 줄 수 있다. 예를 들어, 동물병원 방문 전 라벤더오일을 안전하게 희석하여 반려동물의 목덜미에 소량 도포하거나, 디퓨저를 통해 공간에 은은하게 확산시키는 방법이 활용될 수 있다(단, 반드시 수의사 또는 전문가와 사전 상담 후 진행해야 한다). 에센셜오일 사용 시에는 반려동물이 오일을 핥거나 섭취하지 않도록 주의하고, 밀폐된 공간에서 장시간 확산시키는 것은 피해야 한다.

⑤ 수면의 질 개선

잠자리에 들기 전, 안전하게 희석한 라벤더 향을 디퓨징하거나 매우 낮은 농도로 희석한 라벤더오일을 반려동물의 침구에 가볍게 분사하면 수면의 질 향상에 도움을 줄 수 있다. 특히 노령견이나 불안 증세가 있는 반려동물에게 효과적일 수 있다(단, 고양이에게는 사용을 금지해야 한다). 다만, 수면의 질을 전반적으로 향상시키기 위해서는 향기 자극 외에도 적절한 온도, 습도, 조명, 소음 등 환경적 요인을 함께 고려하는 것이 필요하다.

⑥ 사회성 증진 및 공격성 완화

낯선 환경이나 사람에 대해 경계심을 보이는 반려동물에게 익숙하고 편안한 향기를 제공하는 것은 사회성 증진에 도움이 될 수 있다. 예를 들어, 새로운 강아지를 입양할 때 기존에 사용하던 담요를 함께 제공하면, 낯선 환경에 대한 적응력을 높이는 데 긍정적인 효과를 기대할 수 있다. 또한 특정 페로몬(Feline Facial Pheromone, Dog Appeasing Pheromone 등)은 공격성을 완화하고 사회적 상호작용을 촉진하는 데 기여할 수 있다.

다만, 공격성의 원인은 매우 다양하므로 페로몬 요법만으로 모든 공격성 문제를 해결하기는 어렵다. 행동 수정 훈련과 병행할 때 보다 효과적인 결과를 기대할 수 있다.

⑦ 문제 행동 감소 및 훈련 효과 증진

분리불안이나 파괴적 행동을 보이는 반려동물에게 긍정적인 향기를 제공하는 것은 불안감을 완화하고 문제 행동을 감소시키는 데 도움이 될 수 있다. 예를 들어, 보호자가 외출하기 전에 반려동물이 익숙한 향기를 맡을 수 있도록 하거나, Dog Appeasing Pheromone(DAP) 디퓨저를 사용하여 불안을 완화할 수 있다.

또한 훈련 과정에서 긍정적 강화와 특정 향기를 연계하면 학습 효과를 높일 수 있다. 예를 들어, 훈련 성공 시 특정 향기를 제공하거나, 훈련 장소에 은은하게 향기를 확산시켜 긍정적 연합(positive association)을 형성하는 전략이 효과적일 수 있다.

(2) 부정적인 향기와 행동 변화

특정 향기는 반려동물에게 부정적인 감정을 유발하고, 바람직하지 않은 행동을 촉진할 수 있다. 이러한 향기는 다음과 같은 특성을 지닌 경우가 많다.

① 강렬하고 자극적인 향

강한 향기는 반려동물의 민감한 후각 시스템을 과도하게 자극하여 불안, 스트레스, 심지어 공격성을 유발할 수 있다. 예를 들어, 방향제, 세제,

살충제 등 화학 제품의 냄새는 반려동물에게 불쾌감을 줄 수 있으며, 장기간 노출될 경우 호흡기 질환, 피부 질환, 신경계 이상 등 건강에 부정적인 영향을 미칠 수 있다.

특히 휘발성 유기 화합물(VOCs)을 다량 함유한 제품은 반려동물의 건강에 더욱 해로울 수 있으므로, 사용을 신중히 지양해야 한다.

② 낯설고 위협적인 향

낯선 향기는 반려동물에게 경계심과 불안감을 유발할 수 있다. 연구에 따르면, 고양이는 낯선 고양이의 소변 냄새에 노출되었을 때 스트레스 호르몬 수치가 증가하고, 영역 표시 행동이 증가하는 경향을 보인다. 이는 경쟁 상황에 대한 불안감과 영역 방어 본능이 활성화된 결과로 해석된다.

새로운 환경, 낯선 사람, 다른 동물의 냄새 등은 반려동물에게 스트레스를 유발할 수 있으므로, 노출 시에는 점진적이고 신중한 접근이 필요하다.

③ 혐오감을 유발하는 향

암모니아, 식초, 표백제와 같은 강한 화학 물질 냄새는 반려동물에게 강한 혐오감을 유발할 수 있다. 특히 개는 감귤류(레몬, 오렌지 등) 향을 싫어하는 경향이 있으며, 고양이는 감귤류, 페퍼민트, 유칼립투스 향에 민감하게 부정적 반응을 보인다. 이러한 냄새는 반려동물이 특정 장소를 피하거나 배뇨 실수를 유발하는 원인이 될 수 있다. 일부 보호자들은 이러한 혐오 향을 이용하여 접근 금지 구역을 설정하거나 행동 교정에 활용하려 하지만, 이는 오히려 스트레스와 불안을 가중시켜 문제 행동을 악화시킬 위험이 있으므로 신중한 접근이 필요하다.

이러한 부정적인 향기는 다음과 같은 구체적인 행동 변화를 유발할 수 있다.

① 회피 행동 및 은둔

반려동물은 불쾌한 냄새를 회피하기 위해 해당 장소를 떠나거나 은폐 행동을 보일 수 있다. 예를 들어, 청소 후 락스 냄새가 강하게 남아 있는 화장실을 피하거나, 특정 방에 들어가기를 꺼리는 행동을 나타낼 수 있다.

이러한 회피 행동은 반려동물의 활동 범위를 제한하고, 보호자 및 다른 동물과의 사회적 상호작용 감소로 이어질 수 있다.

② 스트레스 반응 및 과민 행동

강렬하거나 불쾌한 냄새는 반려동물에게 스트레스 반응을 유발하여 심박수 증가, 호흡 곤란, 과도한 짖음 또는 하울링 등의 증상을 나타낼 수 있다. 또한 평소에는 온순하던 반려동물도 특정 냄새에 노출되었을 때 과민 반응이나 공격적 행동을 보일 수 있다.

③ 영역 표시 행동 증가

불안하거나 위협적인 냄새는 반려동물의 영역 표시 행동을 증가시킬 수 있다. 예를 들어, 고양이는 낯선 동물의 냄새에 반응하여 소변을 뿌리거나 가구를 긁는 행동을 보일 수 있다.

이러한 행동은 실내 환경을 오염시키고, 다른 반려동물과의 갈등을 유발할 수 있다.

④ 배뇨 실수 및 식습관 변화

스트레스나 불안은 반려동물에게 배뇨 실수를 유발할 수 있다. 특히 낯선 환경이나 불쾌한 냄새가 나는 장소에서는 배뇨 실수 발생 빈도가 높아질 수 있다. 또한 특정 냄새는 식욕을 감소시키거나 음식에 대한 혐오 반응을 유발할 수 있다. 예를 들어, 음식이 담긴 그릇 주변에 강한 세제 냄새가 남아 있을 경우, 반려동물이 식사를 거부할 수 있다.

이러한 부정적인 향기에 대한 반려동물의 반응을 최소화하기 위해 다음과 같은 회피 전략을 고려할 수 있다.

⑤ 청결 유지

반려동물의 생활 공간을 청결하게 유지하여 불쾌한 냄새를 제거해야 한다. 정기적인 청소와 환기는 필수적이며, 적절한 위생 관리는 건강한 환경 조성에 기여한다. 냄새 제거를 위해 반려동물 전용 세제나 탈취제를 사용할 수 있으나, 반드시 안전성이 검증된 성분으로 제조된 제품을 선택해야 한다.

⑥ 적절한 환기

실내 공기를 자주 환기시켜 신선한 공기를 공급해야 한다. 환기는 냄새를 효과적으로 제거할 뿐만 아니라, 실내 공기질 개선에도 기여한다. 특히 요리, 청소, 흡연 등으로 인해 실내 공기가 오염되었을 경우 즉각적인 환기가 필요하다.

⑦ 천연 재료 사용

반려동물 제품을 선택할 때는 천연 성분 기반 제품을 우선 고려하는 것이 바람직하다. 천연 성분은 화학물질에 비해 자극성이 낮고 알레르기 반응 유발 가능성도 적다. 샴푸, 비누, 세제, 탈취제 등을 선택할 때는 성분표를 꼼꼼히 확인하여, 유해 화학 성분이 포함되지 않은 제품을 사용하는 것이 중요하다.

⑧ 향기 제품 사용 시 주의

향수, 방향제, 에센셜오일 등 인공 향기 제품은 반려동물의 건강에 해로울 수 있으므로 사용을 제한해야 한다. 특히 스프레이형 제품은 반려동물의 호흡기에 직접적인 자극을 줄 수 있어 사용을 지양한다. 디퓨저를 사용할 경우에도 반려동물이 접근할 수 없는 위치에 설치하고, 짧은 시간 동안만 사용하는 것이 안전하다. 고양이는 에센셜오일에 대한 대사 능력이 제한되어 있으며, 특히 라벤더, 유칼립투스, 페퍼민트 등의 오일에 노출될 경우 심각한 중독 증상을 유발할 수 있다. 이들 오일은 고양이의 간에서 제대로 해독되지 않아 신경계 억제, 무기력, 호흡 곤란 등의 증상을 일으킬 수 있으므로 고양이 주변에서는 절대 사용을 피해야 한다. 또한 고양이는 특정 식물(예: 백합, 튤립 등)에 노출될 경우에도 심각한 중독 반응을 보일 수 있으므로, 반려동물 생활 공간 내 식물 배치에도 각별한 주의가 필요하다.

3) 종별(개, 고양이 등) 향에 대한 민감도 차이

반려동물은 종에 따라 향기에 대한 민감도와 선호도가 뚜렷하게 다르다. 이러한 차이는 후각 수용체의 종류와 수, 후각 정보 처리 방식 그리고 각 종의 생태적 적응 특성에 기인한다. 따라서 향기 적용 시에는 각 종의 생리적, 행동학적 특성을 고려하여 접근해야 하며, 이를 통해 반려동물의 복지를 효과적으로 증진시킬 수 있다.

종별(개, 고양이 등) 향에 대한 민감도 차이

특징	개	고양이	기타 반려동물 (예: 토끼)
선호하는 향	익숙한 냄새, 가족 냄새, 긍정적 연관이 있는 향기	캣닢, 발레리안, 캣민트와 같은 허브 향기	신선한 풀 냄새, 과일, 채소 향기
피하는 향	감귤류(레몬, 오렌지), 식초, 암모니아, 강한 화학 제품 냄새	감귤류, 페퍼민트, 유칼립투스, 일부 에센셜오일	썩은 음식, 불쾌한 냄새

후각 특징	인간보다 훨씬 많은 후각 수용체, 뛰어난 냄새 구별 능력, 품종별 차이 큼	페로몬 감지에 특화된 서골비기관 발달, 개체별 차이 존재	후각을 주로 먹이 탐색과 동족 간 의사소통에 활용, 관련 연구 부족
에센셜오일 주의	라벤더, 카모마일(저농도, 단기 사용 시 비교적 안전, 고농도 또는 장기 노출 주의)	대부분의 에센셜오일 사용 금지(간 대사 능력 부족으로 중독 위험)	정보 부족, 사용 시 주의
활용 사례	마약 탐지견, 폭발물 탐지견, 인명 구조견, 질병 진단견	페로몬을 이용한 스트레스 완화, 환경 적응 보조	정보 부족
관리 팁	긍정적 강화 훈련 시 특정 냄새 활용, 불쾌한 냄새 제거, 천연 성분 기반 제품 사용 권장	깨끗한 환경 유지, 고양이 얼굴 페로몬(FFP) 활용, 싫어하는 냄새 차단	깨끗한 환경 유지, 신선한 먹이 제공, 화학 제품 사용 최소화

3. 반려동물 아로마테라피의 적용방법

1) 아로마테라피 적용 전 고려사항

반려동물에게 아로마테라피를 적용하기에 앞서, 반드시 고려해야 할 필수적인 사전 점검 항목들이 있다. 에센셜오일은 식물에서 추출한 고농축 화합물로, 항산화, 항염증, 항균 효과 등 다양한 생리활성 효과를 지니고 있지만, 반려동물의 생리적 특성과 건강 상태 그리고 오일의 종류와 사용 방법에 따라 잠재적 위험성도 함께 내포하고 있다. 특히 고양이는 간에서 특정 화합물을 대사하는 효소인 UDP-glucuronosyltransferase가 부족하여 특정 오일 성분을 제대로 대사·배출하지 못하는 경우가 많으며, 강아지 또한 체중, 나이, 건강 상태에 따라 에센셜오일에 민감하게 반응할 수 있다. 이로 인해 간 독성, 신경계 이상, 호흡기 자극 등의 부작용이 발생할 수 있으며, 심한 경우 발작이나 사망에 이를 수도 있다. 따라서 아로마테라피는 단순히 향기 치유의 수단으로 접근하기보다, 수의사 또는 동물 아로마테라피 전문가와의 충분한 상담을 거쳐 정확한 정보와 안전한 사용법을 숙지하고, '의학적 보완요법'의 하나로서 신중하게 시행하는 것이 필수적이다.

아로마테라피를 시작하기 전에 반드시 고려해야 할 사항은 다음과 같다.

(1) 수의학적 상담

아로마테라피를 적용하기 전에는 반드시 수의사 또는 동물 아로마테라피 전문가와 상담하여 반려동물의 건강 상태를 종합적으로 점검하고, 적용 가능 여부를 신중하게 판단해야 한다. 특히 임신, 수유 중이거나 8주 미만의 어린 개체, 노령견 또는 간 질환, 신장 질환, 호흡기 질환, 심혈관계 질환 등 만성 질환을 가진 경우에는 특정 오일이 기존 질환을 악화시키거나 예상치 못한 부작용을 초래할 수 있으므로, 사용 전 전문가의 세심한 검토와 지침이 반드시 선행되어야 한다. 또한 반려동물이 현재 복용 중인 약물이 있을 경우, 에센셜오일과의 상호작용으로 약물 효과가 감소하거나 부작용 위험이 증가할 수 있으며, 오일의 대사 경로 중복으로 인해 간과 신장에 부담을 줄 수 있으므로 더욱 주의가 필요하다. 따라서 수의사와의 충분한 상담을 통해 반려동물에게 적합한 오일 종류, 희석 농도, 사용 방법 및 사용 기간을 정확히 결정하고, 모든 잠재적 위험 요소를 사전에 최소화하는 것이 필수적이다.

(2) 에센셜오일의 품질 검증

시중에 유통되는 에센셜오일 제품 중 일부는 합성 향료, 인공 보존제 등이 혼합되어 있는 경우가 많아 반려동물에게 독성을 유발할 위험이 있다. 따라서 반드시 '100% 천연(therapeutic grade)' 에센셜오일임을 확인하고, 가능한 한 GC-MS(Gas Chromatography - Mass Spectrometry) 분석 결과가 제공되는 신뢰할 수 있는 브랜드의 제품을 선택해야 한다. GC-MS 분석은 오일의 주요 성분, 함량, 불순물 여부 등을 과학적으로 확인할 수 있어, 제품의 순도와 안전성 확보에 필수적인 기준이 된다.

(3) 알레르기 및 민감 반응 테스트

새로운 에센셜오일을 처음 사용할 때는 반드시 피부 알레르기 테스트(패치 테스트)를 실시해야 한다. 권장 희석 비율로 희석한 오일을 반려동물의 피부가 얇고 민감한 부위(예: 귀 뒤, 내측 허벅지 등)에 소량 도포한 뒤, 24시간 동안 발적, 가려움증, 부기, 핥음 등의 이상 반응이 나타나는지 세심하게 관찰한다.

특히 고양이처럼 민감성이 높은 동물의 경우, 직접 도포보다는 먼저 향기를 맡게 하는 간접 노출 방식으로 반응을 확인하는 것이 안전하다.

(4) 환경 설정 및 향 회피 가능성 확보

아로마테라피는 반려동물이 향기에 대한 선택권을 가질 수 있는 환경에서 진행해야 한다.

닫힌 공간에서의 강제 노출은 스트레스 반응, 호흡기 자극, 중추신경계 교란 등의 부작용을 초래할 수 있으므로, 항상 창문을 열어 환기 가능한 상태를 유지하고, 반려동물이 향기로부터 스스로 멀어질 수 있는 회피 공간을 확보해야 한다. 또한 적용 시에는 소음이 없는 안정된 분위기를 조성하여 반려동물이 이완된 상태에서 향기를 자연스럽게 받아들일 수 있도록 하는 것이 중요하다.

2) 반려동물 아로마테라피의 적용 방식

에센셜오일을 반려동물에게 적용하는 방식은 크게 공기 확산(디퓨징), 국소 도포, 하이드로솔 활용, 흡입 및 찜질, 경구 투여로 구분된다. 각 방식에 따라 적용 가능한 오일의 종류, 희석 농도, 사용 시간, 주의사항이 상이하므로, 반려동물의 종, 생리적 특성, 민감도를 충분히 고려해야 한다.

여기에서는 개와 고양이를 중심으로, 적용 방식별 구체적인 지침과 안전한 활용 방법을 제시한다.

아로마테라피 적용 방식별 요약표

적용 방식	개 적용 기준	고양이 적용 기준	주요 추천 오일	주의사항
디퓨징 (공기 확산법)	물 100ml당 1~3방울 30분 이내 사용, 1일 2회 이하	물 100ml당 1방울 이하 10~15분 이내 사용, 회피 공간 제공	라벤더, 캐모마일, 프랑킨센스, 시더우드	고양이는 회피 공간 필수, 페놀계 오일 금지, 환기 필수
국소 도포 (피부, 발바닥 등)	0.5~2% 희석 (피부질환·근골격계는 최대 2%) 캐리어오일에 희석 후 적용	일반적으로 금지 불가피한 경우 0.1% 이하 초저농도로 적용	라벤더, 카렌듈라, 프랑킨센스	고양이는 도포 후 핥지 않도록 주의, 티트리·시트러스 금지
하이드로솔 (스프레이, 목욕 등)	스프레이 또는 욕조에 10~20ml 희석 피부 진정, 기생충 억제 목적	간접 분사(수건, 공기 중) 직접 분사 금지	라벤더, 캐모마일, 로즈마리, 위치하젤	냉장보관 권장, 눈에 직접 닿지 않도록 주의

복합 응용 (2가지 이상 방식 병행)	하루 총 노출 시간 1시간 이내 권장 디퓨징 + 마사지 병행 시 휴식기 포함	병행 권장하지 않음 1회 1방식, 최소 48시간 휴지기	상황별 제한	고양이의 경우 복합 적용은 피하고 반응 관찰 필수

(1) 개 아로마테라피 적용 방식

개에게 아로마테라피를 적용할 때는 반려동물의 체중, 건강 상태, 피부 민감도 등을 고려하여 신중하게 접근해야 한다. 일반적인 피부 진정 및 보습을 목적으로 사용할 경우, 0.5~1% 수준의 저농도 희석이 안전하며, 관절 염증이나 외부 기생충 관리와 같은 국소적 치료에는 1~2% 농도를 적용할 수 있다. 다만, 2% 이상의 고농도 적용은 전문가의 지도하에 단기간 사용하는 것이 바람직하다.

희석비율

① 일반적 피부 관리: 0.5~1%(에센셜오일 10 - 20방울/캐리어오일 100ml)

② 염증/관절/기생충 등 국소 집중 관리: 1~2%(에센셜오일 20 - 40방울/캐리어오일100ml)

개 아로마테라피 적용 방식 요약표

적용 방식	설명	예시 오일	주의사항
국소 도포	캐리어오일(코코넛, 호호바 등)에 희석 후 피부, 발바닥 등에 부드럽게 도포	라벤더, 프랑킨센스	0.5~2% 희석 적정, 피부염·상처·건조함 관리. 핥는 행동 주의, 엘리자베스 칼라 병행 가능
디퓨징	초음파 디퓨저를 사용해 공간 내 확산. 하루 1~2회, 30분 이내	캐모마일, 시더우드	후각 자극이 강하지 않도록 낮은 농도 유지. 환기 필수

스프레이	정제수 또는 하이드로졸에 희석하여 실내 공간, 침구 등에 분사	팔마로사, 라벤더	직접 분사보다는 주변 환경에 간접 적용 권장
찜질	따뜻한 수건에 오일 희석액을 묻혀 부위에 덮어주기. 5~10분 유지	로즈마리	혈류 개선 · 이완 목적, 온도 체크 필수, 고열 금지
마사지	전신 또는 국소 부위에 부드럽게 문지름. 개 스드레스 완화 목적	제라늄, 라벤더	등 · 배 · 사타구니 등 혈관 밀집 부위 중심. 척추뼈 압박 금지
족욕	따뜻한 물에 오일을 0.5~1% 희석해 발 담금. 산책 후 진정, 냄새 제거에 효과	페퍼민트, 라벤더	5분 이내, 미끄럼 방지 바닥 필요, 물 온도 확인 필수
흡입	오일을 묻힌 수건이나 솜을 가까이에 두고 향을 맡게 함	진저, 시더우드	직접 코에 대지 않도록, 3~5분 이내. 호흡기 문제 있는 경우 피함
경구 투여	매우 제한적 상황에서만 시행. 반드시 수의사 또는 아로마 전문가의 지시 필요	생강, 오레가노	일반 보호자에게는 절대 권장되지 않음. 간 기능 부담 가능성 있음

(2) 고양이 아로마테라피 적용 방식

고양이에게 에센셜오일을 적용할 경우, 반드시 극히 낮은 농도로 희석하여 신중하게 사용해야 한다. 고양이는 후각이 매우 민감하며, 간에서 특정 화합물을 해독하는 UDP-glucuronosyltransferase 효소가 결핍되어 있어, 사람이나 개에 비해 에센셜오일 성분에 훨씬 취약하다. 이로 인해 잘못된 사용은 간 손상, 신경계 이상, 중독 등의 심각한 부작용을 초래할 수 있다. 따라서 고양이에게는 국소 적용을 일반적으로 권장하지 않으며, 불가피한 경우에도 0.1 - 0.25% 이하의 초저농도로 제한해야 한다. 디퓨징 시에도 물 100ml당 오일 1방울 이하로 희석하고, 향 노출 시간은 10~15분 이내로 엄격히 제한해야 한다. 또한 항상 고양이가 스스로 피할 수 있는 안전 공간을 제공해야 한다.

희석 비율

① 극소량 국소 적용 필요 시: 0.1 - 0.25% 이하(2 - 5방울/캐리어오일 100ml)

② 디퓨징 시: 물 100ml당 1방울 이하

고양이 아로마테라피 적용 방식 요약표

적용 방식	설명	예시 오일	권장 희석 비율	주의사항
국소 도포	원칙적으로 금지. 단, 피부 병변 등 특수 상황에서만, 털이 적고 핥기 어려운 부위에 최소량 적용	라벤더, 프랑킨센스	0.1% 이하 (2방울/100ml)	반드시 핥는 것 방지 (엘리자베스 칼라 사용 등). 자주 적용 금지. 사용 후 반응 24시간 관찰 필요
디퓨징	물 100ml당 1방울 이하. 은은하게 확산, 10~15분 이내 노출 제한. 회피 가능한 공간 확보	캐모마일, 프랑킨센스	매우 낮은 농도 (0.05% 이하)	환기 필수, 고양이가 나갈 수 있는 문 열린 공간. 하루 1회 이하, 연속 사용 지양
스프레이	하이드로솔 또는 희석 오일을 직접 분사하지 않고 수건에 묻히거나 공기 중 간접 분사	라벤더 하이드로솔	무첨가 또는 0.05% 이하 희석	직접 털에 분사 금지. 냉장 보관된 하이드로솔 사용 권장. 알코올 성분 여부 확인 필수
찜질	수건에 소량 묻혀 아주 짧은 시간 피부 위에 덮음. 극히 예외적 상황에만 적용	로만 캐모마일	0.1% 이하	찜질 시간 3분 이내 권장. 고양이가 거부 반응 보일 경우 즉시 중단
마사지	원칙적으로 권장하지 않음. 피부 흡수 및 핥음 가능성 높음	-	-	고양이의 자체 세척 행동으로 인해 도포 후 섭취 위험 있음

흡입	수건이나 솜에 소량 오일을 묻혀 근처에 두어 간접 향 노출, 직접 코에 닿지 않게 주의	진저, 라벤더	0.1% 이하	고양이가 스스로 향에서 벗어날 수 있어야 하며, 직접 코에 닿지 않게 주의
경구 투여	절대 금지	-	-	고양이는 간 대사 효소 부족으로 인해 오일 섭취 시 간독성, 신경장애, 사망 위험 있음

3) 질환별 적용 방법 및 주의 사항

반려동물에게 에센셜오일을 적용할 때는 과학적 근거에 기반하여 안전성이 입증된 오일을 신중하게 선별하는 것이 가장 중요하다. 에센셜오일은 다양한 생리활성 효과를 지니고 있으나, 반려동물의 고유한 생리적 특성과 향에 대한 민감성을 고려하지 않으면 오히려 건강에 악영향을 줄 수 있다. 따라서 적용 가능한 오일의 종류, 희석 농도, 적절한 적용 방법을 정확히 이해하고 사용하는 것이 필수적이다.

특히 일부 에센셜오일은 반려동물의 생리적 기전을 조절하여 치료적 효과를 나타낼 수 있다. 다음은 반려동물에게 비교적 안전하게 적용될 수 있으며, 적절한 방법과 농도로 사용할 경우 신체적·정신적 건강에 긍정적인 영향을 미칠 수 있는 에센셜오일들의 대표적인 작용 원리이다.

(1) 안전한 에센셜오일의 주요 효과

적절한 농도와 방법으로 사용될 경우, 특정 에센셜오일은 반려동물의 신체적, 정신적 웰빙을 증진하는 데 다양한 긍정적 효과를 제공한다. 이러한 오일들이 나타내는 주요 효과는 다음과 같다.

① 피부 건강 및 자극 완화

일부 에센셜오일은 테르펜, 페놀 등 다양한 생리활성 물질을 함유하고 있어 피부 염증을 완화하고, 세균 및 진균의 성장을 억제하는 데 도움을 줄 수 있다. 이러한 특성은 알레르기성 피부염, 습진, 가려움증 등의 증상 완화에 기여하며, 피부 장벽을 강화하여 외부 자극으로부터 보호하는 효과도 기대할 수 있다.

② 정서적 안정

특정 에센셜오일은 후각 경로를 통해 변연계에 작용하여 신경전달물질의 균형을 조절하고, 스트레스 호르몬 분비를 억제함으로써 정서적 안정을 촉진할 수 있다. 예를 들어, 라벤더오일의 주성분인 리날룰(Linalool)은 GABA 수용체에 작용하여 불안을 완화하는 효과가 있는 것으로 보고되었다. 이러한 오일은 분리불안, 낯선 환경에 대한 두려움, 과도한 짖음 등 행동 문제를 보조적으로 개선하는 데 활용될 수 있다.

③ 관절 불편 증상 완화

일부 에센셜오일은 cyclooxygenase(COX) 및 lipoxygenase(LOX) 경로를 억제하여 prostaglandin과 leukotriene의 생성을 감소시킴으로써 관절염증을 완화하고 통증을 줄이는 데 도움을 줄 수 있다. 또한 혈류를 촉진하여 관절 주변 조직의 산소 공급을 높이고, 근육을 이완시켜 관절의 움직임을 보다 원활하게 할 수 있다. 이러한 작용은 퇴행성 관절염이나 고관절 이형성증 등 만성 관절 질환의 보조 관리에 효과적으로 활용될 수 있다 (D'Agostino et al., 2020).

④ 메스꺼움 및 구토 완화

특정 에센셜오일은 위장관 운동을 조절하고 위산 분비를 억제하며, 신경계를 진정시키는 효과를 통해 메스꺼움과 구토 증상을 완화할 수 있다.

예를 들어, 생강오일의 주요 성분인 진저롤(gingerol)은 항산화 및 항염증 작용을 통해 소화 불량에서 오는 불편함을 줄이고, 멀미로 인한 구토를 억제하는 데 도움을 줄 수 있다. 이러한 오일은 항암 치료, 마취, 이동 등으로 발생하는 메스꺼움과 구토 증상 관리에 보조적으로 활용될 수 있다.

⑤ 과잉 활동 완화

일부 에센셜오일은 신경계를 진정시키고 안정화하는 작용을 통해 과도한 에너지 소모를 줄이고, 반려동물이 보다 차분하고 안정된 상태를 유지하는 데 도움을 줄 수 있다. 이러한 오일은 과잉 행동, 공격성, 충동성 등 행동 문제의 보조적 개선에 활용될 수 있으며, 수면의 질을 높이는 데도 긍정적인 영향을 줄 수 있다.

4) 질환별 적용 방법 및 주의사항

(1) 피부 질환

피부는 반려동물의 신체 중 외부 환경에 가장 넓게 노출되는 기관으로, 알레르겐, 진균, 기생충, 외상, 자극 물질 등 다양한 요인에 의해 손상될 수 있다. 피부 질환은 가려움, 통증, 염증, 발적, 탈모 등의 증상을 유발하며, 만성화될 경우 삶의 질을 현저히 저하시킬 수 있다. 이러한 증상에 대해 에센셜오일은 항염, 항균, 항진균, 진정 작용이 있는 자연 유래 성분을 통해 피부 회복을 촉진하고 증상 완화에 기여할 수 있는 보조 요법으로 활용될 수 있다.

오일 사용 전에는 반려동물의 종(개/고양이), 연령, 피부 상태, 기존 질환 유무 등을 면밀히 고려해야 하며, 반드시 적정 농도로 희석하여 사용하는 것이 중요하다. 일반적으로 개는 0.5 - 1%, 고양이는 0.1 - 0.5% 이하의 초저농도 적용이 권장된다. 알레르기 반응 또는 과민 반응 확인을 위해 패치 테스트를 선행하고, 최소 24시간 이상 반응을 관찰한 후 전신 적용으로 확대하는 것이 바람직하다.

사용 전 수의사 또는 동물 아로마테라피 전문가의 상담을 통해 적절한 오일 종류와 사용법을 확인하는 것이 필수적이며, 모든 반려동물은 오일에 대한 반응이 상이할 수 있으므로 사용 후 면밀한 관찰이 필요하다. 희석 시에는 코코넛오일, 호호바오일 등 안전성이 입증된 캐리어오일의 사용이 권장된다.

① 대표적인 피부 질환 유형 및 적용 예시

- 알레르기성 피부염, 환경성 알레르겐(꽃가루, 먼지, 곰팡이 등)**이나 식이 요인에 의해 발생하며, 피부 발적, 가려움증, 삼출**(진물)**, 탈모 등의 증상 동반**

→ 카모마일, 제라늄, 라벤더: 항히스타민 및 항염 작용을 통해 가려움과 염증 반응을 완화하며, 피부 진정에 도움을 줌.

- 세균성·진균성 감염

상처 부위의 오염, 습기, 면역 저하 등에 의해 세균 또는 진균이 과증식하면서 염증, 악취, 삼출 등이 발생할 수 있음.

→ 카렌듈라, 티트리, 헬리크리섬: 항균 및 항진균 효과가 있는 오일로 감염 억제 및 피부 보호에 도움을 줄 수 있음. 단, 티트리오일은 고양이에게 절대 금지이며, 개에게도 0.1% 이하로 국소 부위에 단기적으로만 적용해야 함.

- 벼룩·해충에 의한 피부 손상

해충 물림, 긁기, 이차 감염 등으로 피부 자극과 상처가 유발될 수 있음.

→ 제라늄, 라벤더: 천연 곤충 기피 성분을 함유하고 있으며, 진정 작용을 통해 가려움 완화에 기여할 수 있음.

- 상처 및 찰과상

긁힘, 외부 자극이나 충돌로 인한 물리적 외상은 국소적인 염증과 통증을 유발할 수 있음.

→ 라벤더, 헬리크리섬: 조직 재생을 촉진하고 상처 치유를 도와 회복 기간 단축과 통증 완화에 효과적임.

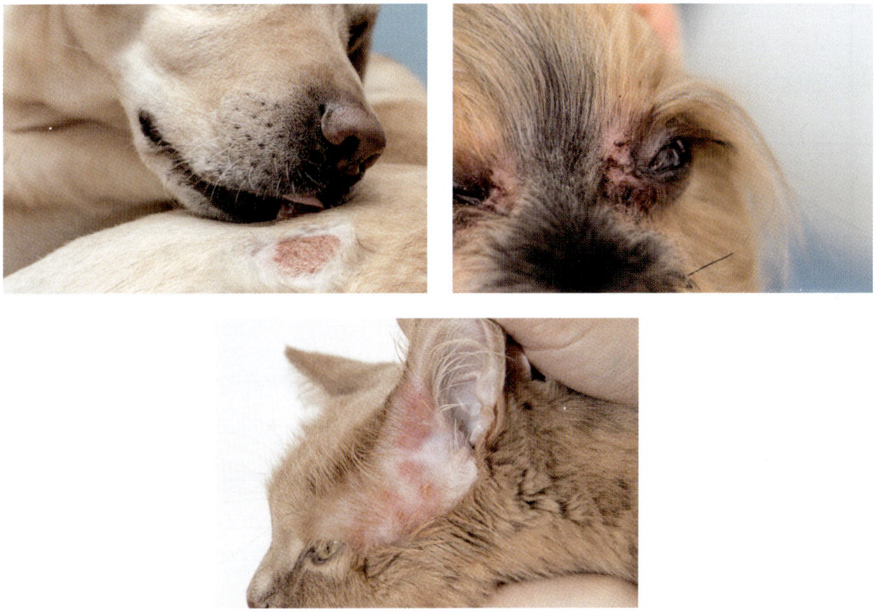

고양이 소화기계 질환

피부 질환 적용 에센셜오일 요약표

오일명	주요 효능	개 사용	고양이 사용	희석 비율	적용 방식	비고
라벤더	항염, 진정, 상처 치유	가능	극소량만	개: 0.5~2% 고양이: ≤ 0.1%	국소 도포, 하이드로솔, 디퓨징	고양이는 극소량, 간접 방식 권장
카모마일	진정, 항염, 알레르기 완화	가능	가능	개: 0.5~1.5% 고양이: ≤ 0.5%	국소 도포, 하이드로솔, 디퓨징	로만 카모마일 권장(저자극)
제라늄	항균, 항염, 곤충 기피	가능	제한적 허용	개: 0.5~1% 고양이: ≤ 0.25%	국소 도포, 하이드로솔, 스프레이	고양이는 반드시 패치테스트 후
헬리크리섬	염증 완화, 조직 재생, 통증 완화	가능	제한적 허용	개: 0.5~1.5% 고양이: ≤ 0.25%	국소 도포	고양이는 희석 후 극소량만 사용
카렌듈라	보습, 상처 진정, 진균 억제	가능	가능	개/ 고양이: 0.5~1%	인퓨즈드 오일 국소 도포	Infused 오일이 가장 안전함
티트리	항균, 항진균, 항염	매우 제한	금지	개: 0.1~0.25% 고양이: 절대 금지	국소 도포(전문가 지도 하 소량만)	고양이: 간 독성 위험 매우 높음

② 적용 시 주의사항

- 티트리오일은 강력한 항균 효과가 있지만 고양이에게는 절대 금지이며, 개에게도 반드시 희석 후 국소적 단기 적용만 허용된다.
- 피부 병변 부위에는 절대로 농축된 오일을 직접 바르지 말아야 하며, 반드시 희석하여 사용해야 한다.
- 모든 새로운 오일은 반드시 단일 성분으로 개별 테스트 후 사용하는 것이 바람직하다.
- 노령 동물, 임신 중인 동물, 면역 저하 동물에게는 보다 보수적인 접근이 필수적이며, 사용 전 전문가의 조언이 필요하다.

(2) 소화기계 질환

소화기계 증상은 반려동물에게서 매우 흔하게 나타나는 문제로, 주요 증상에는 구토, 설사, 변비, 가스 축적, 복부 팽만감 등이 있다. 이러한 증상은 식이 변화, 바이러스 또는 세균 감염, 장내 미생물 불균형, 스트레스, 운동 부족 등 다양한 원인에 의해 발생할 수 있다. 정확한 진단과 치료는 반드시 수의사에 의해 이루어져야 하며, 에센셜오일은 이러한 문제를 보완하는 보조적 요법(complementary therapy)으로 활용될 수 있다. 일부 오일은 소화기 점막을 진정시키고 위장 연동 운동을 촉진하며, 항염 및 항경련 작용을 통해 위장관 불편 증상 완화에 도움을 줄 수 있다. 그러나 모든 오일이 반려동물에게 안전한 것은 아니며, 특히 고양이는 UDP-glucuronosyltransferase 효소가 부족하여 특정 화합물에 과민 반응 또는 독성 반응을 일으킬 수 있다. 따라서 종별 적용 가능 여부를 반드시 확인하고, 적절한 희석 비율 및 적용 방법을 반드시 준수해야 한다.

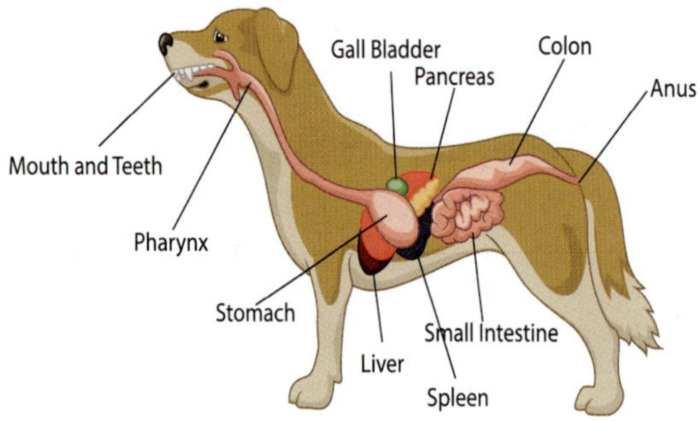

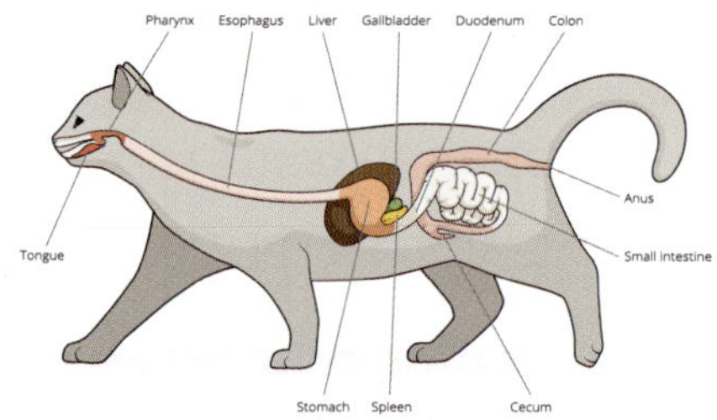

① 대표적인 소화기 질환 및 적용 예시

– 구토: 위염, 식이 부적응, 급성 스트레스 반응 등으로 인해 발생.

→ 생강, 로만 카모마일, 고수씨 오일: 위장관 연동운동 조절하고 진정 효과를 나타냄.

– 설사: 세균성 장염, 기생충 감염, 음식 과민, 장내 세균 불균형 등.

→ 페퍼민트, 회향, 고수씨: 항경련 작용, 장내 가스 억제, 항염 효과 제공.

– 변비: 수분 부족, 운동량 감소, 식이섬유 부족, 장 연동 저하.

→ 생강, 스위트 오렌지, 로즈마리: 위장 운동 촉진, 혈류 증가, 배변 유도.

소화기계 질환에 적용 가능한 에센셜오일 요약표

오일명	주요 효능	개 사용	고양이 사용	희석 비율	적용 방식	비고
생강	항염, 위장 운동 조절, 구토 완화	가능	제한적 허용	개: 0.5~1% 고양이: ≤ 0.1%	복부 마사지, 디퓨징	고양이는 디퓨징만 권장
페퍼민트	항경련, 가스 제거, 소화 촉진	가능	금지	개: 0.25~0.5%	복부 마사지, 디퓨징	고양이 간 독성 보고 다수
로만 카모마일	진정, 위장 자극 완화, 항경련	가능	가능	개: 0.5~1% 고양이: ≤ 0.1%	복부 마사지, 디퓨징, 하이드로솔	고양이는 간접 적용만 권장
회향(Fennel)	소화 촉진, 가스 억제, 배변 유도	가능	극소량만	개: 0.25~0.5%	복부 도포, 스프레이	고양이는 디퓨징만 허용
고수씨(Coriander)	항경련, 장내 균형 조절	가능	제한적 허용	개: 0.25~0.5%	복부 마사지, 디퓨징	고양이: 초저농도 디퓨징만 허용
스위트 오렌지	소화 촉진, 변비 개선, 기분 전환	가능	금지	개: 0.25~0.5%	디퓨징, 하이드로솔	광감작 주의, 고양이 금지
로즈마리	혈류 개선, 소화 촉진, 배변 유도	가능	금지	개: 0.25~0.5%	디퓨징	고양이는 신경계 자극 가능성 있음

② 적용 시 주의사항

- 구토, 설사, 변비 등의 증상이 지속되거나 반복될 경우에는 반드시 수의사의 진료가 우선해야 하며, 에센셜오일은 보조 요법일 뿐 근본적 치료를 대체할 수 없다.
- 고양이는 생강, 회향, 고수씨 오일 등에 대사 부담이 크기 때문에, 반드시 초저농도 디퓨징 방식만 허용되며, 복부 마사지는 피하는 것이 안

전하다.

- 복부 마사지 시에는 시계 방향으로 손바닥 전체를 이용해 부드럽게 문지르며, 마사지 후에는 반려동물이 오일을 핥지 않도록 주의 깊게 관찰해야 한다.
- 페퍼민트, 스위트 오렌지, 로즈마리와 같은 시트러스 및 멘톨 계열 오일은 고양이에게 절대 사용 금지이다. 이러한 오일은 고양이 간 기능에 심각한 손상을 줄 수 있다.
- 내복(경구 투여)은 반드시 전문 자격자(수의사)의 지도하에만 적용되어야 하며, 일반 보호자가 자의적으로 투여하는 것은 위험하므로 금지되어야 한다.

(3) 호흡기계 질환

반려동물의 호흡기계 질환은 기침, 콧물, 호흡 곤란, 기관지 염증, 알레르기성 비염, 폐렴 등 다양한 형태로 나타난다. 이러한 질환은 찬 날씨, 면역력 저하, 세균·바이러스 감염, 알레르겐 노출 등 외부 요인에 의해 유발되며, 특히 노령견, 고양이, 면역 저하 동물에게는 심각한 건강 위협이 될 수 있다.

에센셜오일은 점막 진정, 항염, 항균, 항바이러스, 거담 작용을 통해 호흡기계 증상의 완화에 보조적으로 기여할 수 있다. 하지만 근본적인 치료를 대체할 수 없으며, 반드시 수의사의 진단과 상담을 전제로 한 보조 요법으로만 활용해야 한다. 특히 고양이 및 어린 동물은 후각 자극과 대사 능력이 제한적이므로, 초저농도 적용, 충분한 환기, 회피 공간 제공 등의 안전 지침을 철저히 지켜야 한다.

Respiratory System of the Dog

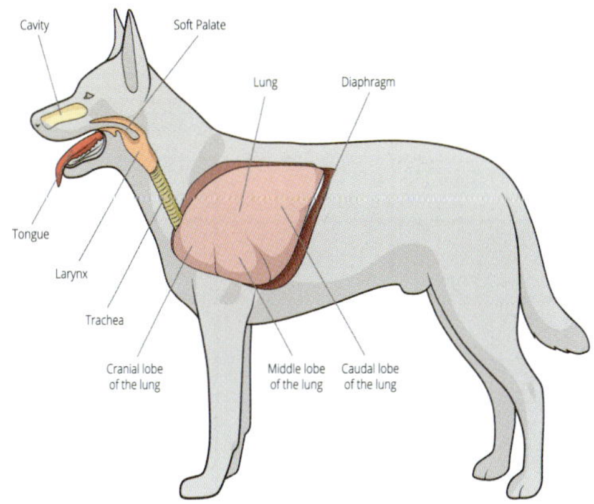

Respiratory System of the Cat

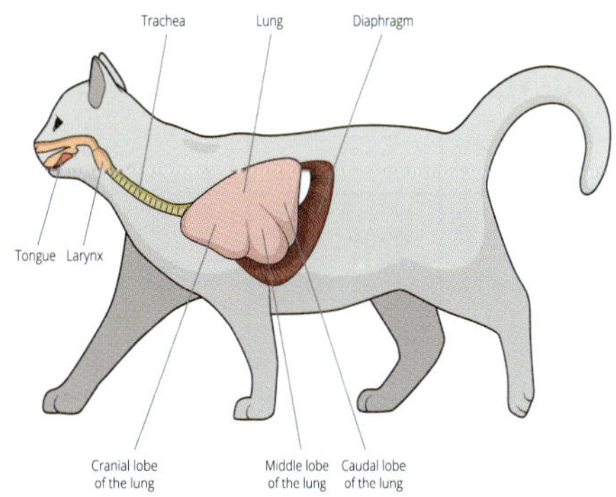

① 대표적인 호흡기 질환 및 적용 예시

– 기침 및 기관지염: 건조하거나 습한 기침, 기관지 염증, 발작성 기침
→ 프랑킨센스, 시더우드, 카모마일: 점막 진정, 항염, 항경련 작용

– 콧물 및 코막힘: 상기도 감염, 알레르기성 비염, 부비동염 등
→ 유칼립투스 라디아타, 라벤더: 기도 확장, 항바이러스, 점액 배출 유도

– 폐렴 및 하기도 감염: 세균성 또는 바이러스성 폐렴, 면역 저하성 감염
→ 프랑킨센스, 로즈마리, 카파이바: 면역 강화, 항염, 통증 완화

호흡기 질환에 적용 가능한 에센셜오일 요약표

오일명	주요 효능	개 사용	고양이 사용	희석 비율	적용 방식	비고
프랑킨센스	항염, 면역 조절, 점막 진정	가능	제한적 허용	개: 0.5~1% 고양이: ≤ 0.1%	디퓨징, 간접 흡입, 국소 도포	고양이: 회피 공간 필수, 반응 관찰 필요
라벤더	항염, 기도 진정, 점막 안정화	가능	제한적 허용	개: 0.5~1% 고양이: ≤ 0.1%	디퓨징, 하이드로솔, 수건 흡입	고양이: 간접 적용만 허용
카모마일	진정, 항염, 알레르기성 기침 완화	가능	가능	개: 0.5~1% 고양이: ≤ 0.1%	디퓨징, 하이드로솔	로만 카모마일 권장
유칼립투스 라디아타	거담, 항바이러스, 호흡 통로 확장	제한적 허용	금지	개: ≤ 0.25%	디퓨징, 수건 간접 흡입	고양이 독성 있음, globulus 종 포함 전종 금지
시더우드(아틀라스)	기관지 진정, 항균, 점액 배출 조절	가능	제한적 허용	개: ≤ 0.5% 고양이: ≤ 0.1%	디퓨징, 복부 마사지	향 강함 → 반응 관찰 필수
로즈마리	기도 방어 기능 강화, 항산화, 혈류 촉진	제한적 허용	금지	개: ≤ 0.5%	디퓨징, 간접 적용	고양이: 신경계 자극 위험, 간질 유발 가능성
카파이바	항염, 통증 완화, 면역 조절	가능	가능	개: 0.5~1% 고양이: ≤ 0.1%	디퓨징, 국소 마사지	안전성이 높아 관절 및 호흡기 질환 모두에 적합

② **적용 시 주의사항**

- 디퓨징은 하루 1~2회, 최대 30분 이내로 제한하고, 반드시 환기와 회피 공간을 확보해야 한다.
- 고양이는 시트러스, 멘톨, 페놀계 오일에 특히 민감하므로, 사용을 금지하거나 초저농도로만 제한해야 한다.
- 유칼립투스(라디아타 포함), 로즈마리, 페퍼민트, 시나몬 등의 오일은 고양이의 간 기능에 심각한 독성을 유발할 수 있다.
- 호흡기 질환이 있는 반려동물에게는 에센셜오일 노출로 증상이 악화될 수 있으므로, 반드시 수의사의 진단과 상담 후 사용해야 한다.
- 사용 중 켁켁거림, 과도한 침 흘림, 구토, 호흡 곤란, 비틀거림 등의 증상이 나타나면 즉시 사용을 중단하고 수의사에게 문의해야 한다.

(4) 근골격계 질환

반려동물에게 흔하게 발생하는 근골격계 질환으로는 퇴행성 관절염(Osteoarthritis), 고관절 이형성증(Hip Dysplasia), 근육통, 염좌, 운동 후 경직 등이 있다. 특히 노령견, 대형견, 비만 동물 또는 지속적인 운동 활동을 하는 개체에서 자주 관찰되며, 통증, 운동성 저하, 기립 곤란, 보행 장애 등의 증상을 동반할 수 있다. 이러한 질환은 반려동물의 삶의 질을 저하시킬 뿐만 아니라, 이차적 비만, 정서적 위축 등의 부수적인 문제로도 이어질 수 있어 조기 발견과 통합적 관리가 중요하다.

에센셜오일은 항염, 혈류 개선, 근육 이완, 진통 보조 효과를 통해 통증 완화와 회복 촉진에 기여할 수 있으며, 일부 연구에서는 NSAIDs(비스테로이드성 소염제) 사용량을 줄이는 데 도움이 된다고 보고되고 있다. 주요 적용 방식은 국소 도포와 마사지 방식으로 적용되며, 디퓨징을 병행할 경우 심리적 안정감 부여하는 데에도 도움이 될 수 있다.

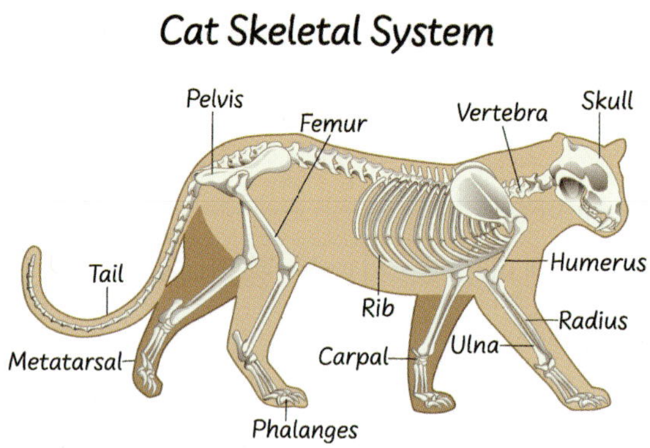

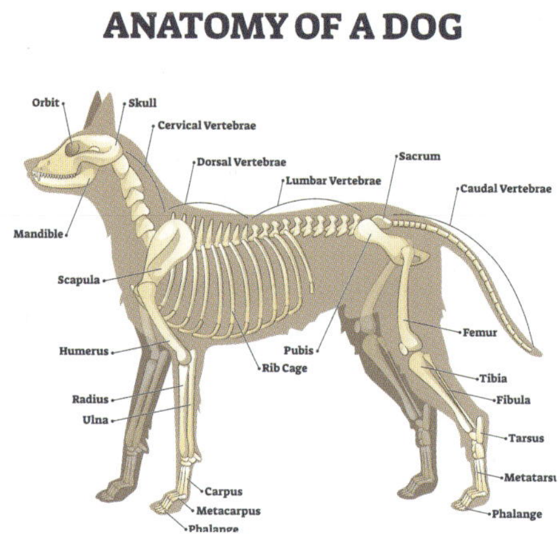

① **대표 증상 및 적용 예시**

– 관절염: 염증성 통증, 관절 뻣뻣함, 절뚝거림

→ 프랑킨센스, 카파이바, 생강, 라벤더: 항염, 진정, 통증 완화

– 근육통 및 경직: 과도한 운동 후의 근육 긴장, 통증, 경련

→ 로즈마리, 마조람, 페퍼민트: 근육 이완, 혈류 촉진, 냉각 효과

– 고관절 이형성증: 선천적 골반 이상으로 보행 장애 유발

→ 카파이바, 라벤더, 생강: 관절 기능 유지, 항염 및 통증 완화

근골격계 질환에 적용 가능한 에센셜오일 요약표

오일명	주요 효능	개 사용	고양이 사용	희석 비율	적용 방식	비고
프랑킨센스	항염, 통증 완화, 면역 조절	가능	제한적 허용	개: 1~2% 고양이: ≤ 0.1%	관절 마사지, 디퓨징	고양이는 간접 방식 위주 사용
카파이바	진통, 항염, 진정 효과	가능	제한적 허용	개: 0.5~1.5% 고양이: ≤ 0.1%	국소 도포, 마사지	β-카리오필렌 포함, CB2 수용체 작용
생강	따뜻한 작용, 항염, 근육 이완	가능	제한적 허용	개: 0.5~1% 고양이: ≤ 0.1%	국소 마사지, 디퓨징	고양이는 디퓨징 방식 우선
라벤더	진정, 항염, 혈류 개선	가능	제한적 허용	개: 0.5~1.5% 고양이: ≤ 0.1%	국소 도포, 하이드로솔, 디퓨징	고양이는 디퓨징만 권장, 스트레스 완화에 효과적
로즈마리	혈류 촉진, 근육통 완화	제한적 허용	금지	개: ≤ 0.5%	국소 도포, 마사지	고양이: 신경독성 가능성 있음
마조람	근육 경직 완화, 항경련, 이완	가능	제한적 허용	개: 0.5~1% 고양이: ≤ 0.1%	국소 도포, 마사지	고양이는 최소량으로만 사용
페퍼민트	근육 냉각, 진통, 항염	가능	금지	개: 0.25~0.5%	통증 부위 얇게 도포	고양이: 독성 보고 있음, 개도 국소 제한 적용
강황 (Turmeric)	항염, 항산화, 통증 완화	가능	제한적 허용	개: 0.25~0.5%	내복 (사료에 소량 혼합)	고양이는 신중 사용, 전문가 상담 필요

② **적용 시 주의사항**

- 관절 부위에 직접적인 압박보다는 주변의 근육 및 인대를 중심으로 부드럽게 마사지하여 혈액 순환을 유도하는 방식이 보다 안전하고 효과적이다. 마사지 시에는 호호바, 코코넛 등 안전성이 검증된 캐리어오일에 에센셜오일을 희석하여, 1일 1~2회, 약 5~10분간 부드럽게 적용한다.
- 고양이에게는 로즈마리, 페퍼민트 오일의 사용을 절대 금지하며, 프랑킨센스와 카파이바오일 또한 간접 적용 방식으로, 0.05~0.1% 이하의 초저농도에서만 제한적으로 허용된다.
- 고관절 이형성증과 같은 만성 질환의 경우, 에센셜오일은 보조 요법으로만 활용되어야 하며, 수의사의 진통제 및 운동 요법 처방과 반드시 병행해야 한다.
- 사용 중 과도한 침 흘림, 기침, 구토, 졸음, 호흡 곤란 등의 이상 반응이 나타날 경우, 즉시 사용을 중단하고 수의사의 진료를 받아야 한다.
- 경구 투여는 수의학적 전문 지도를 받는 경우에만 매우 제한적으로 허용되며, 보호자의 임의 사용은 중대한 건강 위험을 초래할 수 있으므로 절대 금지된다.

(5) 감각기계 질환

반려동물의 감각기계 질환은 주로 눈(안구)과 귀(외이, 중이)에서 발생한다. 주요 증상으로는 눈곱, 결막 충혈, 눈물 과다, 결막염, 귀 냄새, 가려움, 귀 흔들기, 균형 이상, 청력 저하 등이 나타난다. 이러한 증상은 세균·바이러스 감염, 알레르기, 귀 진드기, 종양, 외상, 이물질, 면역 이상 등 다양한 원인에 의해 발생하며, 심화될 경우 이차 감염이나 감각 기능 저하로 이어져 반려동물의 삶의 질을 크게 떨어뜨릴 수 있다.

에센셜오일은 항염, 항균, 항진균, 진정, 보습 등의 생리활성을 통해 귀 주변 피부의 청결 유지, 염증 완화, 진정 효과에 보조적으로 활용될 수 있다. 다만, 눈, 코, 귀 안쪽 점막과 같은 점막 조직에는 절대 직접 적용해서는 안되며, 반드시 귀 주변 국소 도포, 수건 흡입, 디퓨징 등 간접적인 방법으로만 제한적으로 사용하는 것이 안전하다.

사용 전에는 반드시 수의사의 정확한 진단과 치료 지침을 우선해야 하며, 에센셜오일은 어디까지나 보조적 요법으로 제한적으로 사용해야 한다. 또한, 사용 후 반려동물의 이상 반응(눈 비빔, 귀 떨기, 발적, 침 흘림 등)을 면밀히 관찰하고, 이상 징후 발생 시 즉시 사용을 중단하고 수의사와 상담해야 한다.

① 대표 증상 및 적용 예시

– 외이염 및 귀 진드기 : 귀 긁기, 냄새, 검은 귀지, 귀 흔들기, 가려움

→ 라벤더, 카렌듈라, 네롤리, 티트리(개만) :항염, 항균, 항진균, 진드기 억제, 피부 진정

– 눈물 자국 및 안구 자극 : 눈가 붉어짐, 과도한 눈물, 점막 주변 불편감

→ 로만 카모마일, 라벤더 :점막 인접 부위 진정, 항염 작용, 알레르기 완화

– 알레르기성 과민 반응 : 귀 떨기, 눈 비비기, 불편한 행동, 잦은 긁기

→ 헬리크리섬, 카모마일 : 항히스타민 효과, 혈류 개선, 피부 및 감각기관의 불편 완화

감각기계 질환에 적용 가능한 에센셜오일 요약표

오일명	주요 효능	개 사용	고양이 사용	희석 비율	적용 방식	비고
라벤더	항염, 진정, 귀 청결 보조	가능	극소량 허용	개: 0.5~1% 고양이: ≤ 0.1%	귀 주변 도포, 수건 흡입	점막 접촉 절대 금지
로만 카모마일	항염, 항히스타민, 점막 진정	가능	가능	개: 0.5~1% 고양이: ≤ 0.1%	눈물 자국 주변 도포, 디퓨징	눈 직접 접촉 금지
헬리크리섬	항염, 혈류 개선, 조직 재생	가능	제한적 허용	개: 0.5~1% 고양이: ≤ 0.1%	귀 주변 마사지, 디퓨징	고양이는 간접 방식만 사용
카렌듈라	항염, 진정, 상처 회복	가능	가능	개/고양이: 0.5~1%	인퓨즈드 오일 도포, 귀 주변 마사지	피부 자극 반응 시 즉시 중단
티드리	항균, 항진균, 진드기 억제	가능	금지	개: 0.1~0.25%	귀 주변 국소 도포 (귀 안 아님)	개도 신중 사용, 고양이 절대 금지
네롤리	진정, 알레르기 반응 조절	가능	제한적 허용	개: 0.5~1% 고양이: ≤ 0.1%	귀 주변 도포, 수건 흡입	고양이는 패치 테스트 후 사용 권장

② 적용 시 주의사항

- 눈, 귀 안, 점막 부위 절대 직접 적용 금지: 안구 및 외이 내부는 매우 민감한 점막 조직이므로, 에센셜오일이 직접 닿지 않도록 해야 한다.
- 귀 주변 사용 시 화장솜 활용: 소량을 화장솜에 묻혀 피부에 먼저 테스트한 후, 부드럽게 마사지하여 흡수시키며, 자극 반응이 없는 경우에만 지속 사용한다.
- 고양이는 간접 적용만 허용: 디퓨징, 수건 흡입, 하이드로솔 간접 분사 방식만 권장하며, 로만 카모마일과 카렌듈라 외에는 대부분 오일 사용을 제한해야 한다.
- 티트리오일은 고양이 절대 금지: 고양이는 간 대사 능력이 떨어져 티트리오일 성분에 중독될 위험이 매우 높다. 개에게도 반드시 0.1% 이하의 희석으로, 단기간만 사용한다.
- 사용 후 이상 반응 모니터링 필수: 눈물 증가, 결막 충혈, 귀 긁기 증가, 무기력, 식욕 감소 등의 증상이 나타날 경우 즉시 사용을 중단하고 수의사에게 문의한다.

(6) 행동장애 및 스트레스 완화

반려동물의 행동 문제는 불안, 공격성, 과잉 행동, 분리불안, 외부 자극에 대한 과민 반응 등 다양한 형태로 나타난다. 이러한 행동장애는 단순한 습관의 문제가 아니라, 유전적 소인, 환경적 스트레스, 사회화 부족, 과거의 트라우마, 호르몬 불균형, 신경전달물질의 이상 등 복합적인 요인에서 기인한다.

행동 문제는 반려동물의 삶의 질을 저하시킬 뿐 아니라, 보호자와의 관계를 악화시키고 파괴적 행동으로 이어질 수 있어 조기 개입과 적극적인 관리가 필요하다. 에센셜오일은 후각 자극을 통해 뇌의 변연계(limbic system)를 활성화함으로써 정서적 안정을 유도하는 데 도움을 줄 수 있다. 특히, GABA(감마 아미노부티르산) 작용을 촉진하여 신경계를 안정시키고 긴장을 완화하며, 수면 유도에도 도움을 줄 수 있다. 다만, 이는 어디까지나 보조 요법(complementary therapy)으로, 행동 교정 훈련, 환경 조성, 수의학적 치료 등과 병행할 때 가장 효과적이다.

① 대표 증상 및 적용 예시

– 분리불안 : 외출 시 짖음, 물건 파괴, 배변

→ 라벤더, 네롤리, 로만 카모마일 : GABA 촉진, 진정, 안정 효과

– 과잉 행동 및 과민 반응: 산책 시 과도한 흥분, 외부 자극에 민감

→ 시더우드, 베르가못, 마조람 :감정 진정, 신경계 안정화

– 공격성 및 공포 반응 :낯선 사람·소리에 대한 공격, 움츠림

→ 자스민, 프랑킨센스, 패츌리 : 정서 안정, 불안 완화

행동장애 및 스트레스 완화에 적용 가능한 에센셜오일 요약표

오일명	주요 효능	개 사용	고양이 사용	희석 비율	적용 방식	비고
라벤더	진정, 불안 완화, 숙면 유도	가능	극소량 허용	개: 0.5~1% 고양이: ≤ 0.1%	디퓨징, 국소 도포, 하이드로솔	고양이는 디퓨징 위주 사용
로만 카모마일	항불안, 진정, GABA 촉진	가능	가능	개: 0.5~1% 고양이: ≤ 0.1%	디퓨징, 수건 흡입	안전성 높음
자스민	신경 안정, 공포 완화	가능	제한적 허용	개: ≤ 0.5% 고양이: ≤ 0.1%	디퓨징, 수건 흡입	향이 강함 → 반응 관찰 필수
프랑킨센스	정서 안정, 신경 염증 완화	가능	제한적 허용	개: 0.5~1% 고양이: ≤ 0.1%	디퓨징, 국소 도포	고양이는 디퓨징만 권장
시더우드	안정, 감정 균형, 스트레스 완화	가능	제한적 허용	개: 0.25~0.5% 고양이: ≤ 0.1%	디퓨징, 수건 흡입	고양이 향 회피 반응 관찰 필요
마조람	근육 긴장 완화, 신경 안정	가능	제한적 허용	개: 0.5% 이하 고양이: ≤ 0.1%	디퓨징, 복부 마사지	고양이는 최소량만 허용
베르가못	기분 전환, 자율신경 안정화	가능	금지	개: 0.25~0.5%	디퓨징, 하이드로솔	광감작 주의, 고양이 독성 위험
패촐리	불안 해소, 감정 진정, 집중력 향상	가능	제한적 허용	개: 0.25~0.5% 고양이: ≤ 0.1%	디퓨징	향 강함 → 사용 시 반응 관찰 필수

② 적용 시 주의사항

- 디퓨징은 하루 1~2회, 30분 이내로 제한하며, 반드시 환기를 병행해야 한다.
- 고양이에게는 가능한 한 디퓨징 또는 수건을 이용한 간접 흡입 방식만 사용하고, 피부 도포는 피한다.
- 공격성이나 신경계 질환 병력이 있는 반려동물의 경우, 반드시 수의사와의 상담 후 사용 여부를 결정한다.
- 향기가 강한 에센셜오일은 처음 사용할 때 소량부터 시작하고, 반려동물의 반응을 면밀히 관찰하여 불편해하는 경우 즉시 사용을 중단한다.
- 켁켁거림, 과도한 침 흘림, 무기력, 비틀거림 등의 이상 반응이 나타날 경우 즉시 사용을 중단하고 수의사에게 문의해야 한다.
- 에센셜오일은 행동 교정 훈련과 병행할 때 가장 효과적이며, 단독 사용만으로는 효과가 제한적일 수 있다.

4) 반려동물에게 위험한 오일과 안전 사용 지침

(1) 반려동물에게 위험한 오일

에센셜오일은 반려동물의 건강 증진과 정서적 안정을 위한 자연 요법으로 주목받고 있지만, 모든 오일이 모든 동물에게 안전한 것은 아니다. 특히 고양이는 간의 UDP-glucuronosyltransferase 효소 시스템이 결핍되어 특정 화합물을 효과적으로 대사하지 못하며, 이로 인해 극소량의 에센셜오일에도 심각한 중독 반응이 나타날 수 있다.

강아지 역시 후각이 매우 예민하고, 체중·나이·건강 상태에 따라 에센셜오일에 민감하게 반응할 수 있으며, 사용 방식과 농도에 따라 유익한 효과뿐만 아니라 잠재적 독성도 함께 존재한다.

따라서 반려동물의 종별 특성과 개체별 반응을 고려해 금기 오일을 정확히 이해하고, 반드시 적절한 희석과 올바른 적용 방법을 숙지해야 하며, 사용 후 이상 반응을 세심하게 관찰하고 신속히 대처하는 것이 중요하다. 에센셜 오일 사용 전에는 반드시 수의사 또는 반려동물 아로마테라피 전문가와 상담을 통해 안전성을 확인해야 한다.

반려동물에게 위험한 오일

오일명	주의 대상	주요 유해 성분	주요 유해 반응	비고
티트리(Melaleuca)	고양이(금지)/개(주의)	Terpinen-4-ol	신경계 억제, 무기력, 마비, 사망	고양이 절대 금지, 개도 0.1% 이하
유칼립투스(Eucalyptus globulus)	고양이(금지)/개(주의)	1,8-Cineole	호흡 억제, 경련, 의식 저하	고양이 금지, 개는 낮은 농도로 디퓨징만
시트러스류(레몬, 오렌지, 베르가못 등)	고양이(금지)/개(주의)	Limonene, Linalool	간 손상, 피부염, 광감작	고양이는 대사 불가, 디퓨징도 제한적
윈터그린(Wintergreen)	고양이(금지)/개(금지)	Methyl salicylate	간 손상, 위장 장애, 전신 중독	전 종 금지, 소량도 치명적
페니로열(Pennyroyal)	고양이(금지)/개(금지)	Pulegone	간 괴사, 발작, 사망	전 종 절대 금지
계피(Cinnamon)	고양이(주의)/개(주의)	구토, 설사, 점막 자극	구토, 설사, 점막 자극	고양이는 경구 노출 시 위험, 피부 자극 강함
소나무(Pine)	개(주의)	α-Pinene	구토, 설사, 무기력	장기 노출 시 간·신장 자극 가능
페퍼민트(Peppermint)	고양이(금지)/개(주의)	Menthol	구토, 침 흘림, 호흡기 자극	고양이 금지, 개는 얇게 도포만

(2) 중독 및 과민 반응의 주요 징후

에센셜오일에 노출된 이후 반려동물에게 다음과 같은 증상이 나타날 경우, 즉시 사용을 중단하고 수의사에게 진료를 받는 것이 중요하다.

① 신경계 이상: 마비, 떨림, 비틀거림, 발작

② 소화기 이상: 구토, 설사, 식욕 저하, 과도한 침 흘림

③ 호흡기 이상: 헐떡임, 호흡 곤란, 기침, 코막힘

④ 피부 반응: 발적, 발진, 가려움, 탈모 부위 발생

⑤ 행동 변화: 무기력, 과민 반응, 방향 감각 상실

(3) 안전한 사용을 위한 사용지침

① 희석은 필수: 모든 에센셜오일은 반드시 캐리어오일과 혼합하여 사용해야 하며, 고양이는 0.1% 이하, 개는 0.25~1% 이내로 희석해야 안전하다.

② 직접 도포 주의: 눈, 코, 입, 생식기, 점막 부위에는 절대로 직접 적용해서는 안 된다.

③ 디퓨징 시간 제한: 하루 1~2회, 최대 30분 이내로 제한하며, 반드시 환기가 가능한 공간에서 시행해야 한다.

④ 소량부터 시작: 처음 사용할 때는 반드시 소량으로 시작해 반려동물의 반응을 관찰하며, 점진적으로 적용 범위를 확장한다.

⑤ 사용 중단 기준: 과민 반응 또는 이상 징후가 나타날 경우 즉시 사용을 중단하고, 필요 시 오일 잔여물을 제거한 뒤 수의사 상담을 받는다.

참고문헌

13살을 위한 놀라운 동물사전 321, 마릴타 마스터로스, 최진영, 라우이저 패트릭스, 그림북스, 2021

반려동물과 함께 아로마 들판으로의 산책. 강연희. 바른북스. 2020

반려동물을 위한 아로마테라피와 약용식물. 최승환 외 저. 반려동물을 위한 아로마테라피와 약용식물. 의학서원, 2021

반려동물을 위한 허브-아로마테라피. 유미나 외 저. 학지사메디컬, 2025

아로마테라피 기초에서 치료까지. 김수경 외. 도서 출판 빅애플. 2022

아로마테라피 완벽가이드 3rd 에디션, 살바토레 바탈리아, 이은정 외 옮김, 영국아로마테라피센터, 2019

아로마테라피. 고혜정 외. 청구문화사. 2011

아로마테라피. 김문주 외. 청구문화사. 2014

아로마테라피. 장윤정 외. 메디시언. 2019

알기쉬운 해부생리 5판, Barbaraa Herlihy, 권영은 외 옮김, 정담미디어, 2017

에센셜 아로마테라피, 최승완, 의학서원, 2024

조향 독학(전자책). 황승욱

조향 실습 입문 1. 박미경. 도서 출판 일일사. 2021

착향제의 구성 성분 중 알레르기 유발성분 (제3조 관련), 식품의약품안전처

펫 아로마테라피. 유온유. 다락원, 2024

향료와 향수 마스터. 김민준, 이햇님. 북앤미디어 디엔터. 2022

향료와 향수. 한상길. 신광출판사. 2007

Aroma tree, 살바토레 바탈리아, Black Pepper Creative, 2019

Aromatherapy and Chakras, 살바토레 바탈리아, Black Pepper Creative, 2020

Bismarck, D., Dusold, A., Heusinger, A., & Muller, E. (2020). Antifungal in vitro activity of essential oils against clinical isolates of Malassezia pachydermatis from canine ears: A report from a practice laboratory. Complementary Medicine Research, 27

Blaskovic, M., Rosenkrantz, W., Neuber, A., Sauter-Louis, C., & Mueller, R. S. (2014). The effect of a spot-on formulation containing polyunsaturated fatty acids and essential oils on dogs with atopic dermatitis. The Veterinary Journal, 199(1), 39-43.

Bowen, J., & Heath, S. (2005). Behaviour problems in small animals: Practical advice for clinicians. Elsevier/Butterworth Heinemann.

Cerrato, S., Ramio-Lluch, L., Fondevila, D., Rodes, D., Brazis, P., & Puigdemont, A. (2013).

Effects of essential oils and polyunsaturated fatty acids on canine skin equivalents: Skin lipid assessment and morphological evaluation. Veterinary Medicine International, 2013, 231526.
D'Agostino, B., et al. (2020). Essential oils and bioactive components against arthritis: A novel perspective in the treatment of rheumatic diseases. International Journal of Molecular Sciences, 21(9), 3423.
de Souza, R. B. M., Soares, N. M. M., Bastos, T. S., Kaelle, G. C. B., de Oliveira, S. G., & Felix, A. P. (2023). Effects of dietary supplementation with a blend of functional oils to fecal microbiota, and inflammatory and oxidative responses, of dogs submitted to a periodontal surgical challenge. Animal Feed Science and Technology, 295, 115527.
Denenberg, S., & Landsberg, G. M. (2008). Effects of dog-appeasing pheromones on anxiety and fear in puppies during training and on long-term socialization. Journal of the American Veterinary Medical Association, 233(12), 1874-1882.
Ebani, V. V., & Mancianti, F. (2020). Use of essential oils in veterinary medicine to combat bacterial and fungal infections. Veterinary Sciences, 7(4), 193.
Ebani, V. V., Nardoni, S., Bertelloni, F., Najar, B., Pistelli, L., & Mancianti, F. (2017). Antibacterial and antifungal activity of essential oils against pathogens responsible for otitis externa in dogs and cats. Medicines, 4(2), 21.
Ebani, V. V., Pieracci, Y., Cagnoli, G., Bertelloni, F., Munafo, C., Nardoni, S., Pistelli, L., & Mancianti, F. (2023). In vitro antimicrobial activity of Thymus vulgaris, Origanum vulgare, Satureja montana and their mixture against clinical isolates responsible for canine otitis externa. Veterinary Sciences, 10(1), 30.
Graham, L.; Wells, D.L.; Hepper, P.G.(2005) The influence of olfactory stimulation on the behaviour of dogs housed in a rescue shelter. Appl. Anim. Behav. Sci. 91, 143-153.
Horvath, G., & Acs, K. (2015). Essential oils in the treatment of respiratory tract diseases highlighting their role in bacterial infections and their anti-inflammatory action: A review. Flavour and Fragrance Journal, 30(5), 331-341.
Kępińska-Pacelik, J., & Biel, W. (2023). Turmeric and curcumin—Health-promoting properties in humans versus dogs. International Journal of Molecular Sciences, 24(19), 14561.
Kim, S.-H., Kim, S., Jun, H.-K., & Kim, D.-H. (2009). Efficacy of aromatherapy for the treatment of otitis externa in dogs. Korean Journal of Veterinary Research, 49(1), 85-89.
Kim, Y., & Lee, S. (2016).The effect of aromatherapy on stress and stress-related behavior of dogs. Journal of Veterinary Clinics, 33(2), 88-92.
Kogan, L. R., Schoenfeld-Tacher, R., & Simon, A. A. (2012). Behavioral effects of auditory and olfactory enrichment on shelter dogs. Journal of Veterinary Behavior, 7(3), 179-185.Owen, C., &

Grigg, E. (2020). Effects of Lavender Aromatherapy on Dogs Undergoing Veterinary Procedures. Veterinary Behavior Journal, 25(3), 72-79.

Komeh-Nkrumah, S. A., Nanjundaiah, S. M., Rajaiah, R., Yu, H., & Moudgil, K. D. (2012). Topical dermal application of essential oils attenuates the severity of adjuvant arthritis in Lewis rats. Phytotherapy Research, 26(1), 54-59.

Komiya, M., Sugiyama, A., Tanabe, K., Uchino, T., & Takeuchi, T. (2009). Evaluation of the effect of topical application of lavender oil on autonomic nerve activity in dogs. American Journal of Veterinary Research, 70(6), 764-769.

McGreevy, P., & Masters, A. M. (2008). The role of the vomeronasal organ in canine behavior. Veterinary Journal, 176(1), 60-66.

Sim, J. X. F., Khazandi, M., Chan, W. Y., Trott, D. J., & Deo, P. (2019). Antimicrobial activity of thyme oil, oregano oil, thymol and carvacrol against sensitive and resistant microbial isolates from dogs with otitis externa. Veterinary Dermatology, 30(6), 524-e159.

Sisubalan, N., Sivamaruthi, B. S., Kesika, P., & Chaiyasut, C. (2023). Composition, bioactivities, safety concerns, and impact of essential oil on pets' and animals' health. Preprints, 202311.2008.v1.Ruiz-Cano, D., Sanchez-Carrasco, G., El-Mihyaoui, A., & Arnao, M. B. (2022). Essential oils and melatonin as functional ingredients in dogs. Animals, 12(16), 2089.

Soares, N. M. M., Bastos, T. S., Kaelle, G. C. B., de Souza, R. B. M., de Oliveira, S. G., & Felix, A. P. (2023). Digestibility and palatability of the diet and intestinal functionality of dogs fed a blend of yeast cell wall and oregano essential oil. Animals, 13(15), 2527.

Štrbac, F., et al.(2021) "Possibilities and limitations of the use of essential oils in dogs and cats." Veterinary Journal of Republic of Srpska (Banja Luka), vol. XXI, no. 1-2, pp. 238-25 1, DOI 10.7251/VETJEN2101238S. UDK 636.7/.8.083:665.528.2.

Taylor, S., & Madden, J. (2016). The effect of Pet Remedy on the behaviour of the domestic dog (Canis familiaris). Animals, 6(11), 64.

Tisserand, R., & Young, R. (2014). Essential Oil Safety (2nd ed.). Edinburgh: Churchill Livingstone.

Weerasinghe, P. (2024). The anti-inflammatory and analgesic potential of essential oils in rheumatoid arthritis. Advances in Complementary & Alternative Medicine, 8(2), 843-850.

Wells, D. L. (2006). Aromatherapy for travel-induced excitement in dogs. Journal of the American Veterinary Medical Association, 229(6), 964-967.

인터넷자료

아로마전문가, 서윤희, 국제자격검정원
American College of Healthcare Sciences. (2023, October 20). Essential oils for pets. ACHS Health and Wellness Blog. https://achs.edu/blog/essential-oils-for-pets/
Benson, K. (2025, March). Toxicoses from essential oils in animals. Merck Veterinary Manual. https://www.merckvetmanual.com/toxicology/toxicities-from-household-products/toxicoses-from-essential-oils-in-animals
https://www.ili.or.kr/member/log_in.asp
Innovative Veterinary Care Journal. (2024, October 22). Essential oils for arthritis in dogs. Innovative Veterinary Care Journal.
https://ivcjournal.com/essential-oils-for-arthritis-in-dogs/
Mitchell, J. (2023, June 20). Essential oils for pet skin disorders. IVC Journal. https://ivcjournal.com/essential-oils-for-skin-disorders/